21 世纪农业部高职高专规划教材
全国农业职业院校教学工作指导委员会审定

园 林 生 态 学

谷 茂 主编

中国农业出版社

内 容 提 要

本书共分8章，主要内容包括：生态学基本知识，园林生态系统的组成、类型、结构与功能，植物与环境的关系，生态因子的作用原理及其对园林植物生长发育的影响与调控，园林生态系统的物种流动及其科学利用，园林植物的生态配置与造景，园林生态系统的管理与调控，园林生态规划与设计及园林生态系统评价与可持续发展。构建了有园林科学特色的、符合园林生态规律的园林生态学科学体系，使其在理论体系上与植物生态学、城市生态学和景观生态学有明确的界别。较为清晰地介绍了园林生态学的必需知识、基本理论和专业技术，反映了近年来园林生态学领域形成的新知识、新成果和新技术。

本教材在编排上充分考虑高职高专院校的培养目标和教学要求，注重理论知识的简洁、完整和系统性，应用技术的实用、先进和易操作性。全书内容新颖、文字精炼、通俗易懂，便于教学安排和选择学习。每章后附有复习思考题，便于学生课外自我检验和巩固学习效果。

本书可供高职高专院校园林专业学生学习使用，也可供相关专业学生和广大园林科技工作者参考。

主　编　谷　茂（深圳职业技术学院）
副主编　谢小玉（西南农业大学）
编　者　张春华（黑龙江畜牧兽医职业学院）
常介田（河南农业职业学院）
鲁朝辉（深圳职业技术学院）
王日明（湖南怀化职业技术学院）
主　审　邹志荣（西北农林科技大学）

前　言

生态学在自然科学中是一门年轻的学科，也是最有活力的学科之一。作为一门新兴的学科，在应用中产生了许多应用性分支，如农业生态学、城市生态学、景观生态学、森林生态学、环境生态学等等。园林生态学即是现代生态学体系中一个年轻而活跃的分支。

园林生态学的科学体系是怎样的？它与城市生态学和景观生态学怎样分工？它在园林科学中应该扮演怎样的角色？它在园林生态实践中主要解决什么问题？这是本教材编者深入思考的问题。接受编写任务后，我们编写组前后召开了两次编写会议，研讨编写思路，完善编写大纲，努力探索有园林科学特色的、符合园林生态规律的园林生态学的科学体系，使其在理论体系上与植物生态学、城市生态学和景观生态学有明确的界别。在编写过程中，我们充分考虑高职类院校的教学任务和教学特点，努力融会园林生态学领域的最新研究成果和发展，注重理论知识的新颖、系统和完整，兼顾技术和技能知识的规范、易学和可操作性。初稿完成后，经过副主编和主编把关，并请西北农林科技大学邹志荣教授审定全书。

本教材的编写分工为：谷茂编写绪论和第五章，并参与编写第一章第一、二节，第四章第一、二节；谢小玉编写第六章，第八章，并参与编写第四章第三节；张春华编写第一章第三、四、五节；常介田编写第二章；王日明编写第三章；鲁朝辉编写第七章并参与了全书的总策划。实训指导由谢小玉、常介田、鲁朝辉编写。深圳职业技术学院刘学军为第五章提供了图片并进行编辑。本教材广泛参阅、引用了国内外数十位专家、学者的著述、论文和图片，限于篇幅不能一一列出，在此一并致以诚挚的谢意。

由于时间仓促，编者水平有限，虽倾力撰著，然难免不足，诚请同行专家、学者批评指正。

编　者

2006年9月

目　录

绪 论

一、园林及其演进

园林是人类在一定的地段范围内，依据一定的自然资源条件和文化、社会发展背景，利用地形地貌，通过配置花草树木、楼台亭榭以满足人类游览、休闲、驰情怡神的境域。园林是人类在社会发展中为摆脱烦嚣嘈杂、尘俗污染的都市生活，回归大自然、再享自然美，“虽由人作，宛自天开”的杰出创造。园林是人类按照自己的审美要求，在叠山理水的自觉活动中由山水、动植物、建筑组成的有限空间里创造出无穷的意境。园林是人工再造或改进了的自然，它直接反映了人类的经济、文化、政治生活的水平，凝聚了特定的民族文化、风俗和地域等具体的社会历史内容。园林的出现对人类生活及其生存环境都有重大影响。因而园林是人类社会实践的产物，是造园思想的物化形态。

世界园林分三大体系，即中国园林、欧洲园林和伊斯兰园林（西亚园林）。它们都是人类造园艺术的结晶，体现了人类对自然的观念和再塑自身环境的美好追求。其中中国园林历史最为悠久，已有3 000多年的发展史。春秋时吴王夫差建造消夏湾和馆娃宫，将造园设计与山水景物密切地联系起来，首开宫苑园林之先河。到秦汉时期，宫苑园林有了长足的发展，先后出现了秦朝的阿房宫、汉代的上林苑等园林杰作。魏晋南北朝时，园林始走向民间，这一时期的代表作有西晋石崇的金谷园、北魏张伦的宅园。值得一提的是，这一时期还出现了大量的寺观园林，如宝光寺、河间寺等，都是当时盛极一时的名园，成为都城居民游赏娱乐的中心。唐宋时期，中国园林渐趋成熟，达到古代园林艺术的高峰。唐宋文人更明确地提出了园林的精神功能和社会功能：要求园林除为满足居憩游赏的功能外，更应注重园林陶冶情性、抒发襟怀的功效。这一时期较为典型的园林有王维的辋川别墅、白居易的履道里宅园等。明清时期，中国园林艺术已臻于化境，造园思想越来越丰富，造园手法越来越巧妙，创造并遗留下来许多闻名于世的园林艺术杰作。如皇家园林有颐和园、避暑山庄等；私家园林有掘政园、网师园、留园等。新中国成立后，特别是改革开放以来，中国园林建设进入一个新的发展时期，几乎每一个城市都规划建设了富有时代和地方特色、融会了现代文明和现代科技的园林佳作，如深圳的欢乐谷、中山的歧江公园等。

二、生态学与园林生态学

生态表征一种关系，即生物与生物、生物与环境之间的关系。因而生态现象是与生物产生而具有的现象。自有人类以来，人为了生存不得不与大自然进行艰苦卓绝的不懈的斗争，在斗争中逐渐加深了对自身与周围生物（包括植物、动物和微生物）的关系以及自身与生存环境之间的关系的认识，积累了生物与其环境相互关系的深厚的知识。直至19世纪，人们逐步将这种认识和知识上升为理论，生态学由此登上学科建设的舞台。

生态学在自然科学中是一门年轻的学科。1866年，德国生物学家海克尔首次提出生态学的概念，将生态学定义为：研究生命有机体与其外部环境之间相互关系的科学。1935年，英国植物生态学家坦斯列第一次提出生态系统的概念，指出生态系统是在特定的地段上相互作用的全部生物与无机环境的总和，把生物与环境的关系看作是一个动态整体。1952年，美国生态学家奥德姆出版了《生态学基础》一书，第一次将经济学、数学、物理学等相关学科的一些概念引入生态学中，将之前独立研究发展的植物生态学与动物生态学结合在一起，以生态系统为中心建立了完整的生态学理论体系，明晰地阐述了生物——环境——人之间相互影响、相互制约、协同进步的关系。20世纪60年代以后，生态学进入定量、控制和应用方向发展的阶段。作为一个新型的学科，在应用中产生了许多应用性分支，如农业生态学、城市生态学、森林生态学、环境生态学等等。园林生态学即是现代生态学体系中一个年轻而活跃的分支。

在生态学发生、发展、成型的过程中，有许多生态学家穷毕生精力为生态科学的建立和发展做出了独到的创造性的贡献，美国生态学家林德曼就是其中杰出的一人。林德曼在生态学研究中第一个以实验科学的方法，定量研究生态系统中能量和物质流动的规律，揭示了生物在食物链转移中的数量关系，提出了著名的“食物链”和“生态金字塔”理论，实现了生态学由描述性科学向实验科学进步的重大转折。我国生态学家马世骏先生在1985年首次提出生态工程的概念，指出生态工程是应用生态系统中的物种共生与物质循环再生原理，结合系统工程的最优化方法所设计出来的分层多级利用物质的生产工艺系统。他主编出版了《中国的农业生态工程》一书，使生态学由实验科学进入应用科学的范畴。

现代生态学经过100多年的发展，已成为一门研究领域相当广泛，研究方法日臻成熟、研究内容更为丰富、研究目标更加明确的综合性学科。它的主要发展趋势为：

(1) 生态系统生态学的研究成为主流。

(2) 系统理论在生态学中得到广泛应用。系统科学与生态学结合，用系统分析的方法研究生态系统，建立生态模型，预测系统的变化，使应用优化原理控制、管理生态系统得以实现。

(3) 从描述性科学走向实验科学。随着科学技术的进步，电子仪器、遥感技术、地理信息系统、卫星导航技术和计算机应用技术等被引入生态学研究，使对生态系统的定量研究成为可能。产生了生理生态学、行为生态学、化学生态学、环境生态学、城市生态学等生态学的热点学科领域。

(4) 研究对象继续向宏观和微观两个方向发展。在宏观方面已经从生态系统扩展到景观生态学和全球生态学；在微观方面则出现了微生态学、分子生态学。

(5) 应用生态学迅速发展。20 世纪 60 年代后，由于人类迷失于对自然资源和自然环境的控制开发能力，盲目追求经济效益，以牺牲资源与环境为代价获取高额利润，带来了全球性的五大危机，即“人口爆炸”、“粮食紧缺”、“资源减少”、“能源不足”、“环境污染”。美国著名生物学家卡森出版了《寂静的春天》一书，引起世界对生态问题的广泛关注。人类开始重新审视科学发展观，生态学被视为解决这些危机的科学基础，应用生态学因此而得到迅速发展。园林生态学就是在这样的背景下伴随着城市物质文明和精神文明的发展而发展起来的。

园林是一个典型的生态系统。不论是人类改造天然山水地貌，再配之以合适的植物造景和景观建筑物而形成供人们观赏、游憩、居住的环境，亦或是人为地开辟山水地貌、结合植物的栽植和景观建筑的配置而形成供人们观赏、游憩、居住的环境，这两类园林都有系统的共同特点：它们有边界，边界内外的生物与环境依各自的运动规律生存和发展；边界内外的系统有物质、能量的交流和信息交流；它们有多个组分：植物、动物、微生物以及地貌地物等；它们以整体的方式完成为人类服务的功能。园林是一个以生物为主体的系统，植物是园林的主干，人类是园林的主导。作为一个典型的生态系统，就有必要用生态学理论和方法去研究和发展园林。

园林生态学是运用生态学和系统论的原理和方法，把园林生物与其自然和社会环境作为一个整体，研究其中的相互关系、协同演变、调节控制和持续发展规律的科学。广义地讲，园林生物与其环境的相互关系的有关内容都属于园林生态学的研究范畴。然而，就园林本身而言，是以园林植物为主干生物的客观实体。围绕园林植物的研究，从实际的学科分工看，植物生态学、种群生态学、群落生态学、土壤生态学以及昆虫生态学等均可以从各自学科的角度着重研究园林植物的个体、种群、群落及土壤、昆虫的生态学规律，解决园林设计、建设、管理中出现的一些具体问题。园林生态学与上述生态学科不同的是：它是从系统的角度或曰高度来分析、研究、解决园林设计、建设、管理中出现的问题。因而，就园林研究而言，园林生态学与上述生态学科是系统与组分的关系，纲与目的关系。园林生态学的任务是揭示园林生态系统各种内外因素相互关系的规律，探讨最佳园林生态系统或生态园林模式的建立，协调园林的社会效益、经济效益和生态效益，促进园林的可持续发展。

园林生态学的出现从生态系统的层次弥补了园林科学（包括园林设计、园林建设、园林管理等学科）的不足，在整体和相互作用方面揭示出由多种园林生物与多样生态环境构成的园林生态系统的规律，研究其结构、功能、调节、控制。园林生态学与传统的园林科学相互补充，既见“树木”，又见“森林”，共同推动园林科学和园林建设的发展。

应该说园林生态学的产生和发展是几千年来人类造园实践和园林艺术化过程的结果。但作为一个学科，园林生态学是近十几年兴起和蓬勃发展的，并已在园林建设的实践中发挥了巨大的指导作用。园林生态学之所以能在短短十几年发展成一门热门学科，就是因为我国城市化过程的加速使人们对园林化的休憩场所要求更迫切，就是因为它植根于几千年的园林发展实践的沃土，奠基于几千年来园林艺术进步的宏厚的基础。

三、园林生态与社会发展的关系

由园林的演进我们知道，中国园林从产生到现在已有 3 000 多年的历史。从园林诞生时起，园林发展就深深地打上人的烙印，与社会发展息息相关。也就是说园林从一开始就与人类社会的物质生产不可分割，并且随着人类社会物质生产实践的发展而变化。只有当社会的物质资料的生产发展到一定的程度，并且出现了与之相适应的精神财富的时候，才会产生供人安乐享受的园林。因而园林生态与社会发展密切相关。

商周时期，社会生产力初步发展，出现了园林的初始形态——“囿”，那时的园林主要是利用自然界固有的山泽、水泉、林木以及鸟兽聚集之地而形成的天然山水园，是商周君王用于种植刍秣、放养禽兽以供狩猎游乐的场所。其园林生态是纯自然生态。

春秋战国时期，社会生产力有了较大的发展，天然山水园逐渐向人工造园转变，这时的园林，休闲、游赏的功能已趋突出，人类开始以人工手段对自然加以改造，使之成为人们的审美对象。园林生态表现为半人工的自然生态，园林也是半人工的自然山水园。到秦汉时期，人类已开始调动一切人工因素来造园——再造第二自然。不仅掘池筑台、建宫修亭，而且移草植树、征养珍贵动物，甚至在园林内设置射猎、跑马、游船的场所。园林整体及内部景观的思想寓意和主题已然明确，园林的规模之大、数量之多、景象之华美均开创造园史之记录，确立了后代主题园林的基调。此时的园林，主要限于帝王将相享用，对社会发展贡献较小。但园林生态系统却由此独立于自然生态系统之外，初步形成有特色的、按照园林自身发展规律运动的园林生态系统。

魏晋以后，园林始进入民间，一方面是达官贵人、文人墨客“争修园宅，互相竞夸。”“高台芳榭，家家而筑。花林曲池，园园而有。莫不桃李夏绿，竹柏冬青”。另一方面，园林建设与寺观庙宇建设相联系，使园林进一步向社会普及，使自然山水园林得到新的发展。经唐宋而至明清，社会经济不断发展，人类文明持续进步，古典园林发展至巅峰。前人在长期的造园实践中，逐渐观察、深入认识园林植物之间、园林植物与环境之间的相互关系，积累了大量丰富的园林生态知识，人工造园技艺臻于成熟，园林生态系统趋于完善。此时的园林已能较好地发挥生态功能，除为满足人们居憩游赏的需求外，更多地展现了陶冶性情、抒发襟怀的功效。园林的审美意向与特征明确，从园内的物质内容到精神功能，从园林的立意布局到园内景区的主题分配，从物景本身的表义内涵到景物之间的相关关系都有了独到深刻的见解和相应的表现原则。

应该说，整个封建社会时代，不论是帝王的宫苑或是士大夫、文人墨客的宅园、别墅、游园，都是为了他们自己放怀适情、游心玩思而建造的生活境域，都是为少数人服务的。园林的主要形式是山水园，造园宗旨在于充分反映封建士大夫的生活、心理、美的概念。换句话说，中国古典园林的审美主体是王公贵族、封建士大夫、文人学士，而不是劳动大众。园林主要表现的不是公益性场所。当时社会生产力的发展也不可能允许大量的社会财富用于园林建设。因而园林建设的规模、数量是有限的，改善区域生态环境，增进社会生态效益的作用也是有限的。

新中国成立后，在中国共产党领导下劳动人民当家做了主人，整个国家的经济蓬勃发展，社会兴旺发达，造福于社会的园林得到了前所未有的发展。园林被赋予空前广泛的社会意义，城市绿化和园林建设都取得了很大的成就：不仅古典园林焕发生机，传承生态文明，作为园林奇葩展示于世，昭示我国的园林事业源远流长。而且在全国各地的大中城市建立了成千上万个公园、观赏景区、游乐场所、自然保护区，使生态园林在城市生态系统中占据了重要的位置。

园林发展到今天，已成为现代化的新型园林，它既是人们生活、休息和保健活动的物质生活境域，又是人们释放情绪和调整身心状态的自由空间。人们在紧张的工作中，在快节奏的生活中，在激烈竞争的角逐中，本能地产生回归自然的意识。园林中巧夺天工的自然山水，独具匠心的园林景物配置，特别是接近自然的大范围立体空间组合形式以及能引发出人们更丰富的想像和联想的意象空间的创构形式，使人们获得可视可闻可听可感可触可思的综合审美感受。这种“通感”欣赏将自然无比多样的美协调起来，呈现在人们面前，唤起人们的生命活力，令人充分感受到大自然的和谐与温馨。在生态和谐的园林中亲近自然，享用绿色，丰富和满足了城市人民的物质生活和精神生活。

随着社会生产力发展和科学技术进步，人们的欣赏意识、欣赏能力和欣赏水平大为提高，舒放感情、调整心态、缓解身心疲惫的需求更为迫切。人们对园林生态已不再局限于古典园林式的小庭院或小景区，已不能满足于古典园林中一树一石、一亭一榭的实体空间独乐园构成形式所寄托的孤芳自赏的情绪，而是青睐于以自然山水为基础的市区公园、郊区公园和风景名胜区，更喜欢城市中专用绿地与建筑物相适应的小园林、生态长廊或郊野自然风景区，漫步其中，逍遥自在，乐得休闲。现代人要求园林绿意盎然，生态平衡，环境幽雅，内涵丰富，自然景观与人文景观完美组合，能够满足现代人多层次的审美需要和情趣。这是社会需求，它决定了园林生态的发展方向。因此，从事园林生态研究和应用工作的人承担着新的历史使命：引领园林满足社会需求，走向更加广阔的自然空间、更为和谐的生态景观和更深层次的美学领域。

改革开放以来，随着我国经济建设的快速发展，城市化进程加快，大量人口流入城市，城市的结构、规模、范围急速扩大。虽然园林建设数量增加很多，但与城市发展的总体状况相比，园林建设仍相对滞后，远远不能满足城市人民对良性生态环境的渴望与追求，生态园林城市的概念应运而生。

随着人类文明的发展与进步，人类对园林功能的要求不断扩大和提高，园林的内容与规模也就随着丰富和扩大起来。随着社会文化和艺术的发展，园林也充实了文化的成分和显示出艺术的风貌。人类生产的发展和科学技术的进步扩充了建造园林的素材，提供了先进的造园手段和造园技术。园林、造园思想和造园实践，这三者的内在关系越来越密切。园林生物与园林生物、园林生物与园林环境，特别是园林生物与人的关系被人类认识得越来越清晰。

我们知道，随着现代科技的发展和人们对环境认识的深入，生态学研究日趋系统化和复杂化，研究层次向宏观和微观两个方向扩展。但不管是宏观发展还是微观深入，生态学始终是研究某个层次上各个组成成分的相互关系和相互作用，并从系统整体上研究其结构、功能、动态、优化和调控。

四、园林生态学的内容与学习、研究方法

作为生态科学在园林领域的应用，园林生态学主要研究城市及其周边区域内园林生物之间、园林生物与其环境之间的生态关系、合理配置、功能开发与科学管理。

为什么要学习园林生态学？学习园林生态学有什么意义？

如前所述，园林是人类社会实践的产物，它直接反映人类的政治、经济、文化生活的水平，因而园林的发展是伴随着城市的发展而发展起来的。现代园林的范畴已扩展至传统园林和城市绿地系统两大部分。有的学者甚至提出生态园林城市的概念。我们知道，现代园林的功能有两点：一是供人们游乐欣赏，休闲放松，缓解疲劳，释放压力，调整身心状态；二是在整个城市生态系统中产生良好的生态效益和景观效益，提升城市形象。要在园林设计和建设中实现这两个功能，没有园林生态学的指导是不行的。园林不仅仅是独具匠心地植树、种草、栽花以追求风景优美，城市绿地系统也不单是讲究艺术地栽几行树，铺铺草坪以展示景观幽雅。在现代社会，经济文化发达，科学技术进步，大范围的物种流动已不困难。造园材料之丰富、园林设计手段之多样、工程实施技术的保障都有了跨越式的进步。然而，在园林实践中，众多的园林绿化行为尽管目的良好，资金投入也不少，但由于缺乏园林生态学理论的指导，达不到应有的效果。更有些园林设计师一味追求空间美学，却忽视园林生态学在其实践中的作用，使建成的园林生态学效果及其对城市环境的改善作用大打折扣。

中国古典园林十分注重园林空间的设计与构建，这种空间是由山水、花木、建筑等组成的具有特定气氛的环境，它的造型特征可以归纳为“以小见大，咫尺山林，曲折婉转，对比变化”十六字。因而有专家称“中国园林中最具艺术价值的就是园林空间”。中国古典园林也十分注重追求自然美、崇尚自然、表现自然、道法自然。如果说园林建设中有需要人工作为的话，那也是人工地再现自然之美。现在保留下来的古典名园，无不是“妙在自然”、“浑然天成”。就是说当时的园林建设者们在对自然的模仿和提炼中悟出了潜埋在自然之中的生态学道理，并自发地将悟出来的道理应用到实践中，创造出了经世不朽之作。而那些未能应用生态学原理构建的园林，也许由于其造型别致，空间环境幽雅或景物搭配明晰，曾呈一时之美，但在历史的长河中早已消逝得无影无踪。

古今中外的园林建设史告诉我们，要实现园林建设的质的提升与突破，要

建设符合现代文明和现代社会需求的园林，没有文化知识不行，没有美学知识不行，没有园林专业知识不行，没有园林生态学的知识和技能更不行。

园林生态学是生态学在园林领域的分支，是生态学理论、方法在园林领域的具体应用。是运用生态学和系统论的原理和方法，把园林生物与其自然和社会环境作为一个整体，研究其中的相互关系、协同演变、调节控制和持续发展规律的科学。是一门新兴的园林学与生态学的交叉学科，涉及面广，与多门课程有密切关系，如气象学、土壤学、植物生理学、树木学、花卉学、草坪学、植物生态学、森林生态学、城市生态学、景观生态学、城市绿地规划、园林设计、树木栽培与养护、遥感与地理信息系统等。

随着人类认识事物、利用生物的能力增强，生态学研究方法趋于专门化，针对不同对象和问题，设计了各种专用的方法技术；另外，还强调系统化，表现为对各类生物系统制定出生态综合方法程序。在进行生态学研究的过程中，最常用的方法有3种。

1. 野外考察 野外考察是考察特定种群与自然地理环境的空间分异的关系。先划定生境的边界，然后在确定的种群或群落生存活动空间范围内，进行种群行为或群落结构与生境各种条件相互作用的野外记录。野外考察目前仍是生态学研究中最基本的方法。现代生态学野外考察除了经常用生物学、化学、物理学等方面的考察手段外，还使用了 GPS、GIS 和 RS 等现代科学技术手段。

2. 实验分析 实验分析是在模拟自然生态系统的受控生态实验系统中，研究单项或多项因子相互作用及其对种群或群落影响的方法技术。生态学中的实验主要有原地实验和人工控制实验两类。原地实验是指在自然或半自然条件下通过某些措施，获取某些因素变化对生物的影响；人工控制实验是指在受控条件下研究各环境因子对生物的作用。不过，受控实验分析无论怎样都不可能完全再现自然的真实，总是相对简化的，存在不同程度的干扰，因而模拟实验取得的数据和结论，最后都需回到自然界中去进行验证。

3. 生态模型与模拟 对生物种群或群落系统行为的时态或空间变化的数据概括，统称为生态模型。广义的生态模型还泛指文字模型和几何模型。生态数学模型仅仅是实现生态系统的抽象思维，每个模型都有其一定的限度和有效范围。因为生态学所研究的问题是复杂的，我们不可能把所有的物种和环境全部理解，而生态模型和模拟可以从错综复杂的问题中把问题简单化，进而解释问题。所以，生态模型与模拟成为生态研究中不可缺少的研究方法。

随着园林生态的发展和学科间的交融，园林生态研究领域会不断拓宽，研究深度不断增加，同时研究手段也在不断发展，除传统的野外考察、园区试验和室内分析方法外，遥感技术、地理信息系统技术、仪器分析技术、生态环境的自动观测技术、数字模型及生态制图技术等也逐渐受到研究者的重视和应用。因此，学习园林生态学要注重理论与实践的结合与统一。

复习思考题

1. 请查阅资料，试述园林的概念和中国园林的演进。

2. 试述园林生态学产生的学科基础和发展背景。

3. 为什么说“园林是一个典型的生态系统”？简述园林生态学的任务及其与其他生态学科的关系。

4. 试述园林生态与社会发展的关系。你认为学习园林生态学有什么重要意义？

5. 试述园林生态学的学习与研究方法。

第一章　生态学基本知识

第一节　生态学概述

近几十年来，人类对生态学问题的认识越来越清晰，对生态问题的兴趣与知识与日俱增。作为一门科学，生态学的研究进展帮助人类解决了自身发展面临的许多重大问题，因而获得空前的重视。在报纸、杂志、电视、广播等媒体上，几乎每天都有生态问题的报道，公众的生态意识越来越强。

然而，究竟什么是生态学？生态学主要解决什么问题？却不是知道生态学名词的人们都能回答的。换句话说，尽管生态学作为名词已广为人知，但生态学的知识和思想还远远没有在大众中普及。本节将着重介绍生态学的基本概念，以使读者能对生态学的概念与内涵、学科特点、研究内容、学科的作用及其发展有一个大致的了解。为在以后章节中学习园林生态学的有关知识和技能奠定基础。

一、概念与内涵

诚如绪论中表述的，生态表征一种关系，分两个层次：一是生命系统中生物有机体之间的关系，二是生物有机体与环境之间的关系。因而有人说生态学就是关系学，就是研究这两种关系的科学。从 1869 年海克尔第一次明确定义“生态学是研究生物有机体与其周围环境相互关系的科学”，至今 130 多年来生态学已经有了很大的发展，许多生态学家都尝试提出能更确切地表述生态学内涵的定义，极大地丰富和发展了生态学定义的科学意义。我国学者常杰等将生态学定义为：生态学是研究生命系统与环境相互关系的科学。这一概念较为准确地表述了生态学的科学内涵。

作为一门已臻成熟的科学，生态学像物理学、化学一样，分为理论生态学和应用生态学两大类。理论生态学着重研究生态学的基本理论，探索生物与生物、生物与外界环境关系的基本规律，为人类应用生态学理论提供扎实的科学基础；应用生态学就是应用已有的生态学原理，将生态学规律转化为人类认识世界和改造世界的方法、技术，帮助人类提出治理环境、规划工程、处理生态危机、着眼生态经济的解决方案，在改造世界的进程中创造出更大的活力、更高的生产力和更好的环境。

生态学是生命科学的一个分支，因而它像众多的生命学科一样，基于生命现象的两个特点：其一，生命是由一系列在尺度上从小到大的组织层次或称等级层次构成的一个生物学谱；其二，每一个层次的结构和功能都极其复杂，并且数量众多，类型各异。根据最新的知识，生命由小到大排列着生物大分子、大分子种群、细胞器、细胞、组织、器官、有机体、种群、生态系统和全球生命系统，这是生命系统的纵向结构。从横向看，地球上有千万种生物物种，每个物种都有数量众多的品种（或称类型），每个品种通常都有数量众多的，甚至不计其数的个体。其层次复杂、功能复杂、系统之庞杂是难以用简单的文字描述的。因而生态学已发展成一个庞大的学科体系，按不同的分类方式可将生态学划分为不同的学科：

1. 按生物组织水平划分　可将生态学划分为分子生态学、个体生态学、种群生态学、群落生态学、生态系统生态学和全球生态学等。

2. 按研究对象的分类学类群划分　可分为动物生态学、植物生态学、微生物生态学、菌类生态学、人类生态学等。

3. 按生物的生活环境划分　可分为森林生态学、草地生态学、荒漠生态学、冻原生态学、淡水生态学、海洋生态学、河口生态学、陆地生态学等。

4. 按交叉学科划分　可分为数学生态学、化学生态学、物理生态学、生理生态学、进化生态学、行为生态学、遗传生态学、经济生态学等。

5. 按研究方法划分　可分为野外生态学、实验生态学、理论生态学等。

二、生态学与相关学科的关系

由上文可知，生态学是一门博大的科学，它涵盖了生物、生物所在环境及与它们相联系的所有方面。随着现代科学的迅猛发展，不仅数学、化学和物理学已作为研究生态学的工具，一些新兴科学如计算机、地理信息系统、卫星定位系统、遥感科学等大量地被引入生态学研究。同时，由于生态学与人类生活和社会活动息息相关，所以生态学与经济学、哲学、社会学，甚至文学艺术都有密切联系。

以生态学与经济学的关系为例，研究发现，在自然界中，从小到大各个等级层次生命系统中的运行都遵循经济规律，高度自组织的系统具有很高的经济效率，如细胞和个体的能量传递和转换效率都相当高，可达到 40%～60%。但就生态系统而言，其能量传递和转换效率较低，只有 10%～20%，这就需要生态学家应用经济规律来研究和解决这一问题。有人说经济学的对象是短期的生态行为，而生态学的对象则是长期的经济行为。这种说法也许从一个侧面说明了生态学与经济学的关系。

又如生态学与分子生物学的关系，我们知道，一个生物个体的表现型是它的基因型与其生长环境相互作用的产物，即表现型＝基因型＋环境。由这个表达式可见，对生物的表现型而言，基因和环境都很重要，缺一不可。学习生态学重要的是理解环境和基因的基本特征及它们之间的相互作用。

特别需要注意的是，对于微观层次的研究来说，它们往往是相对独立地研究某个组织、细胞、或者生物大分子，这种分析往往容易割断研究对象与生物其他部分千丝万缕的联系，造成只见“树木”不见“森林”，不仅看不到有机体内的许多动态联结，而且还有可能获得被歪曲的或片面的研究结果。因此，当微观研究积累到一定程度后，一定要把它们整合到个体和更高的水平去探讨。此外，即使是从事微观系统的研究，也要考虑其宏观行为，才能既见“树木”又见“森林”，提高研究水平。

三、生态学的研究方法

科学发展史告诉我们，任何一个学科发展都要靠正确的研究方法来实现。任何一项研究，只有采取正确的方法，才能顺利地达到研究目的。经过近百年的发展，生态学研究形成一些基本的研究方法。

1. 观察方法和实验方法　科学观察是指在自然条件下，人们对自然现象进行搜集、描述和记载的一种手段。在各种科学手段十分发达的今天，观察依然是生态学研究中的基本方法。目前生态学中的观察主要有野外观测（包括野外考察和定位观测）和实验室（包括试验田）观察两大类。

针对研究目的，使用科学仪器和设备，有意识地去控制自然过程或条件，模拟自然现象，避开次要矛盾，突出主要因素，在特定条件下去探索客观规律，认识客观世界，这种方法即实验方法。生态学中的实验方法主要有原地实验和人工控制实验两类。原地实验是在野外条件下通过某些措施，以获得某个因素的变化对生物的影响及生物的响应数据。例如，在牧场进行围栏可以分析出食草动物对群落结构和生产力的影响；在田间人工“小岛”上接种昆虫，以观测昆虫出现后的生态关系变化等等。人工控制实验是在受控条件系统中研究单项或多项因子对目标的作用，如人工气候箱中的实验等。

2. 逻辑思维与抽象方法　在生态学研究中，由观察、实验获得的大量第一手资料，首先需要经过比较与分类，并进一步通过归纳、演绎、分析、综合，进行逻辑思维与抽象，形成概念，提出假说，经实践验证，才能最后发展成理论。

3. 模型方法　从表面上看，生态学让人难以理解——成千上万的物种，每一种含有数量巨大和不断变动的行为，生活在一个结构复杂、变化多端的环境中。显然，我们不能一下子全部理解它。解决的办法是个二步骤过程：首先确定一个小的具体的问题，例如问："为什么雄的乌鸫要建立生活领域?"然后提出并检验一个具体的假设，例如"雄的乌鸫建立生活领域是为了获得一个得到雌鸟的机会"。我们所有要做的就是首先构建一个关于问题的模型，然后进行检验。

有时候，我们所要测试的模型是很复杂的，例如"当一只白头翁为它的雏鸟收集食物时需要考虑的事实是，它飞离巢越远并且嘴中噙猎物越多时，它们飞得就会越来越慢。但是，如果离巢很远，多花费点时间去搜寻猎物是值得的"。遇到这种复杂的模型时，最好是利用数学术语构建它，以便能够使其明了。复杂程度不等的数学模型目前已在生态学中被广泛采用。

在生态学研究中，采用正确的研究方法十分重要，但更重要的是要有正确的研究观点。正确的研究观点是能够采取正确的研究方法并获得正确的研究结果的前提。这些观点主要有：

整体观　整体观要求研究者始终把生态系统中不同层次的研究对象作为一个生态整体来对待，注意其整体的生态特征。对一个系统而言，每一高级层次都具有其下级层次所不具有的某些整体特性。这些特性不是低级层次系统特性的简单叠加，而是低层次系统以特定方式组建在一起时产生的新特性。我们既要研究"树木"（部分，较低层次），更要研究"森林"（整体，较高层次），同时还要研究制约"森林"和"树木"的一致性规律。

综合观　生态学是处理复杂问题的学问。任何一个生态过程都不仅仅是某一个或几个因子起作用，而是多个因素共同作用，所以在考虑任何问题时都要用综合的观点。当然，综合观并不意味着要"胡子眉毛一把抓"，找关键因素同样是生态学的最重要的思想方法，这与综合考虑问题并不矛盾。

层次观　生命物质存在着从大分子到细胞、器官、个体、种群、群落等不同的结构层次。生态学研究各个层次的生命体之间及其与环境的关系。虽然每一生命层次都有各自的结构和功能特征，但高级层次的结构、过程和功能是由构成它的低级层次发展而来的，因此，研究高级层次的宏观现象必须了解低级层次的结构功能及运动规律，从低级层次的结构功能动态中可以得到对高级层次宏观现象及其规律的深入理解。对低层次的运动来讲，其生物学意义也只有以较高的层次为背景，才能看得更清楚。

系统观 在生态学中，系统观点与层次观、整体观是不可分的。生物的不同层次，既是一个生态整体，也是一个系统，应该用系统的观点进行研究。系统分析的方法既能区分出系统的各要素，研究它们的相互关系和动态变化，又可综合各要素的行为，探讨系统的整体表现。此外，系统研究还必须探讨各要素间作用与反馈的调控，以指导实际系统的科学管理。

进化观 自古以来，生物在形态、生理和行为等方面的极丰富的多样性都留下了进化的印迹。用进化的观点研究这些印迹，有助于我们弄明白今天所能看到的生物格局的内部和外部原因。例如，当我们想知道为什么鸵鸟不能飞时，关键是要知道它们拥有一个共同的不会飞的祖先，并且各个种类由于古老的冈瓦纳大陆的分解而被隔离在各个不同的大陆块上。从一个更广范围的水平上来说，生物适应环境并趋向完美的进化倾向，为生态学家们在结构和行为方面的研究提供了有用的工具。例如，对孔雀尾巴的长度研究表明，越是具有大尾巴的孔雀其适合度越高，相关研究证明了这个假设。

第二节 系 统

一、系统的概念与特征

20世纪20年代，奥地利理论生物学家贝塔郎菲首次提出系统论，并定义系统是“相互联系的诸要素的综合体。”系统论的提出，为人类认识世界提供了一个有力的工具，也为生态学的发展提供了重要的科学基础。经过80多年的发展，人类对系统有了更深刻的认识，我国著名科学家钱学森定义系统是“由相互作用和相互依赖的若干组成部分结合而成的具有特定功能的有机整体”。这一概念比较清楚、完整地描述了系统的本质，它说明构成系统必须具备三个条件，即有两个或两个以上的组分，组分之间有密切联系，所有的组分以整体方式共同完成一定的功能。

系统是一个相对的概念，是事物客观存在的形式。系统可大可小，小到一个分子，一个细胞，一棵树；大到一片园林，一个城市，地球和银河系，都可视为一个系统。系统有以下基本特征：

1. 系统的整体性 系统是由两个或两个以上组分构成的，各组分之间相互联系、相互制约，共同构成一个统一的整体。系统内任一组分的变化，都将影响到其他组分的相应变化，最终使系统的整体发生变化。系统的整体性还表现为系统的目标、性质、运动规律，系统功能只有在整体上才能体现出来，系统的各要素的功能必须服从系统整体的功能。

2. 系统的有序性 系统都是有序的，杂乱无章的要素集合不能构成系统。系统的有序性表现为：①系统的构成有序，即系统有层次性；②系统的行为有序，如系统内能量流动是从植物→动物→微生物；③系统都有稳态机制，只要这种稳态机制没有被破坏，系统就不会发生质变，否则就会发生系统更新。

3. 系统的功能整合效应 由于系统各组成成分之间相互作用的结果，使系统整体所表现出来的功能，大于各组成成分功能的简单相加，可表示为：1＋1＞2。系统的这种表现称为系统的功能整合效应。换句话说，系统的整体功能中既有系统各组分的功能，又有各组分之间相互作用产生的新功能，因而产生了1＋1＞2的效应。这种效应就是系统的功能整合效应。

二、系统的结构特点

1. 系统有边界 系统不论大小，都有自己的边界。这条边界是区分系统及其环境，判断某一过程是内部过程、外部过程，还是系统输入、输出的依据。系统的边界可能是自然形成的，如一片森林；也可能是人为构成的，如一片园林。明确边界是为了便于研究系统内的事物与外界环境的关系。

2. 系统分层次 系统具有层次性，系统的各个层次本身也是系统，称为子系统，子系统又可能有更低级的子系统。另一方面，系统本身可能是一个更大系统的子系统。系统的这种层次结构是普遍存在的。从生物大分子到细胞、组织、器官、个体、种群、群落，每一种生态系统就是一种典型的自然生态系统的层次，而每一个层次本身就是一个系统。例如，一所大学是一个系统。大学内各个系构成其子系统，每个系内各学生班级又构成系的子系统。大学本身则是一个城市或其教育系统的子系统。

系统分层次的第二个特点是：在不同层次中组分间关系的强度不同。通常层次越低，组分间的关系强度越大。例如，维持蛋白质大分子三级结构的氢键强度是0.5×10^6eV，而维持蛋白质分子一级结构的共价键强度是5×10^6eV，连接原子中质子和中子的介子场强度达140×10^6eV。又如人际关系在校内、系内和班内的密切度（强度）不同，一般而言，校内同学关系弱于系内同学关系，系内同学关系弱于班内同学关系。

系统分层次的第三个特点是：不同层次的系统行为频率也不一样，例如群落的演变要数百年，种群发展和个体发育常以年或月为单位，细胞更新则以天和小时计算，生物分子的新陈代谢则要用分和秒来测度。

3. 系统组分的量比关系 构成系统的多个组分在数量上有一定的比例关

系。如水分子是由两个氢原子和一个氧原子构成的系统，若数量比不同，增加一个氧原子，构成的系统就不是水分子而是过氧化氢分子了。随着系统层次的上升，组分间作用强度的减弱，组分间的量比关系有一定的弹性，然而组分间量比变动的制约范围仍然是构成一个系统的特征。在动物中每个种都有特定的繁殖系数。通常不能给子代以足够的保护和抚育的物种，都有较高的繁殖系数。由被捕食动物（如老鼠）和捕食动物（猫）所构成的系统中，一般被捕食者的繁殖系数高于捕食者的繁殖系数，因为只有这样，才能使两者长期共存。

4. 系统组分的空间关系 构成系统的多个组分在空间上有一定的位置排列关系。生物的遗传基因都是由 4 种基本的去氧核糖核酸（DNA）构成的系统，然而由于 DNA 的排列顺序不同即形成不同种的遗传基因型。丙酮和丙醛的原子构成相同，但原子的空间排列不同，二者对氧化剂的敏感性和沸点表现不同。前者较不敏感，沸点 56℃，后者较敏感，沸点 48.3℃。随着系统层次的上升和组分间作用强度的减弱，组分间的空间关系也有所松动。然而组分在空间位置的格局仍然是一个系统在结构上的特征。如一个国家的大都市一般都坐落在自然条件相对优越、交通相对方便的位置上，大都市之间都有一片广阔的农村作为依托，这是社会系统的格局之一。动物的视觉器官一般都着生在其行进方向的前方，这是生物系统的格局之一。

三、系统研究的基本途径

由于系统具有功能整合效应，系统的研究不可能完全被组分的研究所代替。研究系统必须首先确定研究的边界和研究的层次。划定系统边界时应注意把与完成系统整体功能有密切关系的组分包括在系统之内。

系统内组分划分方式与研究的层次有关。例如，研究国家范围的系统时，水稻可能与其他粮食作物合在一起成为一个组分，用于分析不同国家的粮食生产水平。研究农场范围的系统时，水稻可能作为一个单独的组分考虑。当研究的层次为农田时，水稻田中的水稻有必要与稻田中的杂草、昆虫等划分为不同的组分。研究水稻的植株个体层次时，水稻植株的根、茎、叶、穗则可划分为不同的研究组分，研究它们之间的相互关系。随着研究层次及其相应的组分联系强度、系统行为频率的差异，选定的研究时间尺度、揭示相互关系的手段也有所不同。

通常研究系统的方法可分为“黑箱”和“白箱”两大类。“黑箱”研究方法是只了解系统的转换特性，了解系统输出对输入的响应规律，而不揭示引起这种转化特性或响应规律的系统内部原因。“白箱”研究方法则着重通过了解系统内部的结构与功能对系统的行为和表现作出解释。中医通过“望、闻、问、切”进行疾病诊断就是典型的黑箱方法。西医通过解剖、病理、生理方法研究人体系统则属白箱方法。在实际研究之中，人们更常用“灰箱”方法，即在重点层次、重点组分、重点关系上用白箱方法，在次要层次、次要组分、次要关系上倾向于用黑箱方法。由于受研究手段、时间和方法的制约，也常在开展白箱研究之前用黑箱方法确定研究重点。

第三节　生态系统

一、生态系统的组成要素与作用

1. 生态系统的概念　生态系统的概念最早是英国植物生态学家坦斯列于1935年提出的。他认为，“生态系统不仅包括生物复合体，而且还包括了人们称为环境的各种自然因素的复合体”，他强调生物与其所处的环境是不可分割的有机整体，强调一定地域内各生物组分之间、生物组分和非生物组分之间在功能上的统一，把生物组分和非生物组分当作一个统一的自然实体，这样的自然实体就是生态系统。

生态系统的理论提出后，为生态学研究提供了重要的科学依据，引起世界范围的生态研究热，使生态系统的研究成为现代生态学发展最快的领域，生态系统的定义也随着研究的深入而得到不断的发展和完善。目前比较公认的定义是：生态系统是指在一定的时间和空间范围内，由生物群落与其环境组成的一个整体，该整体具有一定的大小，各组成要素间借助物种流动、能量转移、物质循环、信息传递和价值流通而相互联系、相互依存、相互制约，并形成具有自我组织、自我调节功能的复合体。

生态系统是生态学上的功能单位，其范围非常广泛，具有大小和类型变化，根据研究的目的和具体的对象不同可划分为不同类型，如生物圈是地球上最大的生态系统，它包括了地球一切的生物及其生存条件。通常根据生态系统空间环境性质及其所处的地理区域不同，从宏观上进一步划分为陆地生态系统和水域生态系统，并可如此类推，划分出不同层次的许多生态系统。

2. 生态系统组成要素与作用　生态系统是由生物组分和非生物组分组成，即生命系统和环境系统。在生态系统中，各要素之间紧密联系缺一不可。一般而言，生态系统由生产者、消费者、分解者和非生物环境四种基本要素组成（图1-1）。

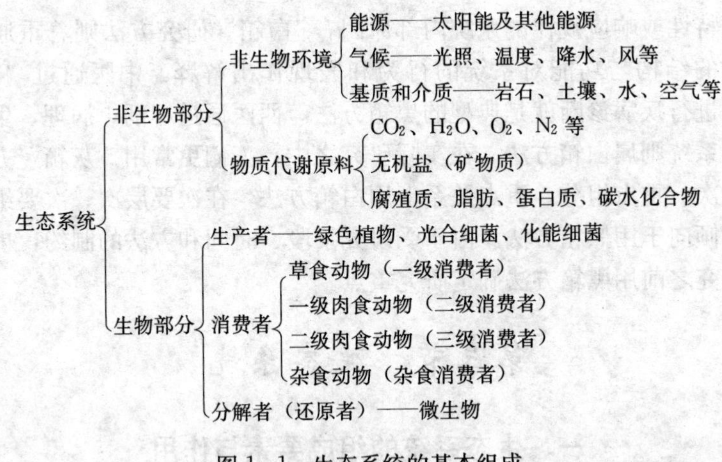

图1-1　生态系统的基本组成

(1) 生产者。生产者是指能利用以太阳能为主的各种能源，将简单的无机化合物合成复杂的有机物的所有自养生物，包括绿色植物和一些光能和化能合成细菌，其中以绿色植物为主。绿色植物通过光合作用把水和二氧化碳等无机物合成碳水化合物、蛋白质和脂肪等有机物，并把太阳辐射能转化为化学能，贮藏在有机物的化学键中，同时释放出氧气。这个过程不仅为生产者自身的生长发育提供所必需的营养物质和能量；也为整个生物圈内包括人类在内的所有异养型生物，直接或间接地提供进行生命活动所必需的营养物质和能量；同时又为生态系统中其他生物提供栖息场所，并在一定程度上决定生活在该生态系统中的生物物种和类群；绿色植物以多种方式强有力地改变生态环境，它的种类构成及其生长状况决定生态系统的组成、结构和功能状态，是生态系统的核心。

(2) 消费者。消费者是指不能直接利用无机物制造有机物，直接或间接地依赖于生产者所合成的有机物而获得营养物质和能量的异养生物，主要是各种动物。消费者包括的范围比较广，根据其营养方式的不同又可分为多种类型。消费者在生态系统中起着重要的作用，不仅对初级生产物起着加工再生产的作用，而且其中许多消费者对生态系统中其他生物种群数量和质量起着调控的作用。

(3) 分解者。又称还原者，属于异养生物，包括细菌、真菌、放线菌及土壤原生动物和一些小型无脊椎动物等，其中主要以细菌和真菌为主。分解者体型微小、数量惊人、分布范围广，几乎在生物圈的各个部分都有分布。它们能将动植物残体的复杂有机物逐步分解为简单的化合物和无机元素，最终归还给环境，供生产者再利用。正是由于分解者的分解作用，使生态系统的物质循环不断进行，避免地球表面动植物尸体堆积如山。

（4）非生物组分。又称生命支持系统，由许多环境要素组成，主要分为以下3部分：

①气候或其他物理条件：光照、温度、湿度、风、霜、雨等。

②无机元素或化合物：氧气、二氧化碳、水、各种矿物元素和各种无机盐类等。

③有机物质：蛋白质、糖类、脂类和腐殖质等。

非生物组分的功能主要是为生物组分的生存与发展提供物质支撑。

二、生态系统的基本特征

生态系统是系统，因此具有系统的共性。生态系统是以生物为主体的系统，因而又具有以下区别于一般系统的基本特征：

1. 一定的空间特征　生态系统通常与特定的空间范围相联系，并以生物为主体。不同空间的生态条件存在着差异，并栖息着与之相适应的生物类群。生物在长期进化过程中对各自生存空间环境的长期适应和相互作用的结果，使生态系统的结构和功能等方面具有特定的空间特征。

2. 一定的时间特征　生态系统中的生物组分具有生长、发育、繁殖和衰亡的时间特征，因而生态系统可分为幼期、成长期和成熟期。在不同时期，生态系统的结构和功能都会发生变化，从而使生态系统具有从简单到复杂、从低级到高级的演变发展规律。

3. 具有自我调控的功能　自我调控能力是指生态系统受到外来干扰而使稳定状态改变时，系统靠自身内部的机制再返回稳定状态的能力。生态系统自我调控功能主要表现在三方面：即同种生物的种群密度的调控、异种生物种群之间的数量调控、生物与环境之间相互适应的调控。生态系统调控功能主要靠反馈（即正反馈和负反馈）调节机制来完成，并受生态系统的结构及生物种类和数量的影响。

值得指出的是：生态系统的自我调控功能只能在一定范围内、一定条件下起作用，如果干扰过大，超过一定限度，即生态阈值，生态系统的调控功能就会失去作用。

4. 具有动态的、生命的特征　生态系统具有生命存在，并与外界环境不断地进行物质交换和能量传递。生态系统主要靠三大类群生物（生产者、大型消费者、小型消费者）协调能量转化与物质循环过程的完成，这种联结使得系统内生物之间、生物与环境之间处于一种动态平衡关系。

三、生态系统的结构与功能

(一) 生态系统的结构

1. 物种结构 指生态系统中各物种的种类与其数量方面的分布特征。由于自然界中物种的种类和数量千差万别，对其研究非常复杂。因此，在实际工作中，主要以生物群落中的优势种类、生态功能上的主要种类和类群为主，进行种类组成的数量特征的研究。

2. 空间结构 也称空间配置，包括水平结构和垂直结构。

(1) 水平结构。是指生物群落在水平方向上的配置状况。可以分为随机分布型、均匀分布型和聚集分布型（或成群分布型）。

(2) 垂直结构。也称分层现象，是指生态系统的各生物组分在垂直方向上的分布状况。

3. 时间结构 是指生态系统的结构和外貌随着时间变动而反映出的动态变化。如植物群落的季相变化、植物的落叶现象、动物的冬眠和季节迁移现象等，都赋予了生态系统时间结构的特征。

4. 营养结构 是指生态系统中生物组分与非生物组分之间以营养为纽带的依存关系。每一个生态系统都有其特殊的、复杂的营养结构，它是能量流动

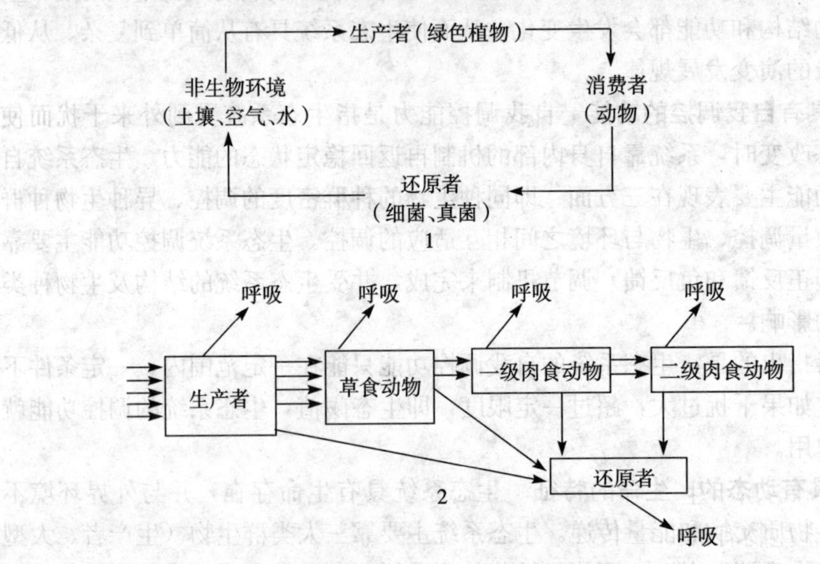

图 1-2 生态系统的营养结构

1. 以物质循环为基础 2. 以能量流动为基础

和物质循环的基础，可以分为两种类型（图1-2）。

环境中的营养物质不断地被绿色植物吸收，转化为植物体的有机质，通过消费者取食，这些有机质逐级传递，最终被还原者分解，转化为无机物归还到环境中，这是以物质循环为基础的营养结构模式；从另一角度看，太阳能不断地被绿色植物吸收，并贮存在植物体内，通过消费者取食，能量传递给草食动物、肉食动物、还原者，最终以热的形式散失到环境中，形成以能量流动为基础的营养结构模式。

（二）生态系统的基本功能

1. 能量流动　能量是一切生命活动的基础，所有生物的生命活动都伴随着能量的转化，能量作为生态系统发展和运行的动力，它的运动与转化贯穿于生态系统的生物组分与非生物组分相互作用的全过程。

2. 物质循环　物质循环又称生物地球化学循环，是指生态系统从大气圈、水圈和土壤圈等环境中获得营养物质，通过绿色植物吸收，进入生态系统，被其他生物重复利用，最后，以可被生产者吸收的形式再归还于环境中的过程。因此，物质循环的特点是物质的循环利用。

3. 信息传递　是指生态系统中各生物组分之间及生物组分与非生物环境之间的信息交流与反馈。信息传递的特点：信息传递是双向运行的，既有从输入到输出的信息传递，又有从输出到输入的信息反馈，因此，生态系统在一定范围内具有自动调节机制。

4. 物种流动　指物种的种群在生态系统内或系统之间时空变化的状态。是生态系统的一个重要过程，它扩大和加强了不同生态系统间的交流和联系，提高了生态系统的服务功能。自然界中众多的物种在不同生境中发展，通过流动汇集成一个个生物群落，赋予生态系统以新的面貌。物种流动扩展了生物的分布区域，扩大了新资源的利用，改变了营养结构，促进了种群间基因物质的交流。

5. 生物生产　生态系统不断运转，生物有机体在能量代谢过程中，将能量、物质重新组合，形成新的产品（碳水化合物、脂肪和蛋白质）的过程，称为生态系统的生物生产。生态系统的生物生产常分为个体、种群和群落等不同层次，也可分为植物性生产和动物性生产两大类。

6. 资源分解　生态系统中的动、植物和微生物死亡后，它们的残体、尸体成为其他生物有机体的物质资源，将这些资源分解为简单有机物和矿物质的过程即为生态系统的资源分解。生态系统的资源分解是一个极为复杂的过程，包括降解、碎化和溶解等。通过生物摄食和排出，并有一系列酶参与到各个分解的环节中。资源分解的意义在于维持系统的生产和分解的平衡。

四、生态系统平衡

（一）生态系统平衡

生态系统平衡是指在一定时间和相对稳定的条件下，生态系统的结构与功能处于相对稳定状态，其物质和能量的输入、输出接近相等，在外来干扰下能自我调控（或人为控制），并恢复到原初的稳定状态。生态系统和生物有机体一样，具有从幼期到成熟的发育进化过程，始终处于动态变化之中，即使群落发育到顶极阶段，演替仍在继续进行，只是持续时间更久、形式更加复杂而已，因此生态平衡是动态平衡。

生态平衡是一种相对平衡，因为任何生态系统都不是孤立的，都会与外界发生直接或间接的联系，会经常遭到外界的干扰。生态系统对外界的干扰和压力具有一定的弹性，但其自我调节能力是有限度的，如果外界干扰或压力在其所能忍受的范围之内，当这种干扰或压力去除后，它可以通过自我调节能力而恢复；如果外界干扰或压力超过了它所能承受的极限，其自我调节能力就遭到了破坏，生态系统就会衰退，甚至崩溃。通常把生态系统所能承受干扰或压力的极限称为“阈值”（即自我调控能力的极限值），生态平衡阈值的大小取决于生态系统的成熟性。系统越成熟，表示它的种类组成越多，营养结构越复杂，稳定性越大，对外界的干扰或冲击的抵抗也越大，即阈值高。相反，生态系统越简单，其阈值越低。

（二）影响生态平衡的因素

生态平衡是通过生态系统的自我调控能力来维持的，当外界干扰程度超过其内部自我调控能力的范围，就不能恢复到原初状态，引起生态平衡失调甚至发生生态危机。

引起生态平衡失调的因素很多，主要分两大类：自然因素和人为因素。由自然因素引起的生态平衡破坏称为第一环境问题，包括火山喷发、地震、海啸、泥石流和雷击、火灾等。这些因素都可能在很短时间内彻底毁灭整个生态系统，并且是突发的、局部的和低频率的；由人为因素引起的生态平衡破坏称为第二环境问题，包括对自然资源的不合理开发利用、引进或消灭某一生物种群，建造某些大型工程以及现代工农业生产中排放某些有毒物质和喷洒大量农药对环境的污染等。这些人为因素都能破坏生态系统的结构和功能，引起生态平衡失调。人为因素引起的生态平衡破坏，其影响是长期的，危害性较大。因此，研究各种人为因素对生态平衡所造成的影响，是生态学的重要任务之一。

（三）生态系统的恢复和重建

生态系统是一个动态的系统，具有演替和进化两个过程。在外界因素的干扰和系统内部自我调控机制的作用下，随着时间的推移，生态系统会有三种基本演替趋势（图 1-3）。

1. 正过渡状态　又称增长系统，是指生态系统的物质输入量超过输出量，生物量不断地积累，使生态系统呈现增大状态。

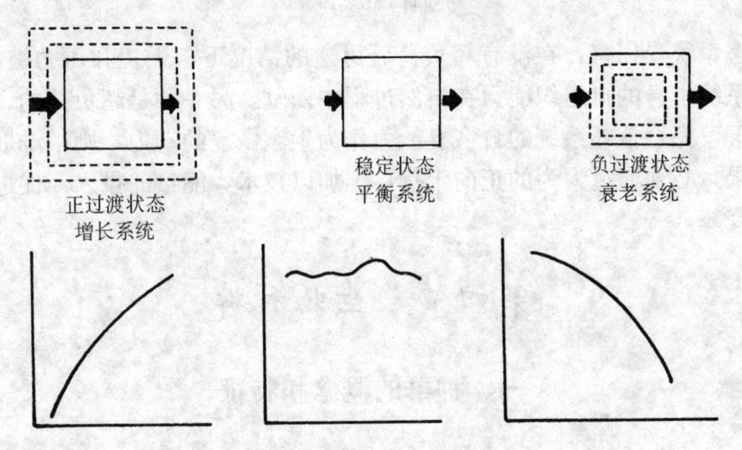

图 1-3　生态系统随时间而改变的三种系统状态
（引自 E. P. Odum，1972）

2. 稳定状态　又称平衡系统，是指生态系统的物质输入量与输出量相等，生物量没有净增长，生态系统处于稳定状态。

3. 负过渡状态　又称衰老系统，是指生态系统的物质输入量小于输出量，以至于消耗生态系统的库存量，使生态系统生物量下降，生产力衰退，环境变劣，甚至生态失调。

在自然状态下，生态系统总是向着生物种类多样化、结构复杂化、功能完善化的方向演替，最终形成顶极生态系统，即平衡系统。同时，处于平衡状态的生态系统，也可能在人类干扰或自然因素干扰下，或者两者叠加作用下，其结构和功能发生“位移”。位移的结果打破了原有的生态系统平衡，形成一种偏正常演替轨道的状态，使固有的功能遭到破坏或丧失，稳定性和生产力降低，抗干扰能力和平衡能力减弱，生态系统退化或受损。对于退化或受损的生态系统可恢复或重建。所谓“恢复”，是指生态系统原貌或其原有功能的再现；

“重建”，是指在不可能或不需要再现生态系统原貌的情况下营造一个不完全雷同于过去状态的甚至是全新的生态系统。目前，恢复被赋予新的生态学内涵，包含重建、改建、改造、再植等内容，称为生态恢复。生态恢复就是恢复生态系统合理的结构、高效的功能和协调的关系。

受损生态系统的生态恢复和重建一般可遵循以下两种模式（图 1-4）。

生态系统 → 没有超负荷的生态系统 → 消除压力 → 自然恢复过程 → 恢复

生态系统 → 超负荷、不可逆的 → 消除压力 → 人工措施和自然恢复过程 → 恢复

图 1-4　受损害生态系统恢复的两种模式

（引自 Patt，1977）

生态系统受损害，在没有超负荷、可逆的情况下，干扰和压力被解除后，可依靠系统本身的自组织能力在自然过程中恢复。另一种是超负荷的、不可逆的情况下，完全依靠系统的自恢复能力作为生态恢复的动力，则很难取得较理想的效果，必须通过人为的正向干扰，施加以技术、能量的投入，促进生态系统迅速恢复。

第四节　生物种群

一、种群的概念和特征

（一）种群的概念

种群是指在一定时间内占据特定空间的同种生物个体的集合群。它由同种生物的个体组成，但不等于个体的简单聚合，从个体到种群是一个质的飞跃。正如同生物是由细胞构成的，但细胞的简单相加不会形成生物。通过种内个体间的相互作用，种群成为一个具有独立特征、结构和功能的有机整体。在生态系统中，种群是物种存在的基本形式，也是生物群落和种间关系的基本组成单位。从进化论的角度看，种群是一个演化单位。

（二）种群的特征

种群是由生物个体组成的、相互关联的有机整体。因此，种群具有组成种群的每个个体的群体特征。这些特征大都具有统计性质，如种群密度、出生率、死亡率、年龄结构、性比率、基因频率、平均寿命、生殖个体百分数、滞育个体百分数以及种群在空间上和时间上的分布格局等特征。这些特征都是对

环境条件能较完整和更多方面利用的一些具体适应方式。一般说来种群有三个基本特征：

1. 数量特征　种群数量又称种群大小，是指一个种群所包含的生物个体的数目。如果用单位面积或单位容积内的生物个体数目来表示种群大小，则称为种群密度。每一个生物都只能在适宜的生长空间中生活和生长，因而，在生态学上种群密度不是按种的分布区来计算，而是按照种在分布区内实际所占有的空间来计算，称之为生态密度。种群数量大小受种群的出生率和死亡率、迁入率和迁出率两对参数的影响。

2. 空间特征　任何种群都具有一定的分布区域，有时种群的界限非常清楚，但是在大多数情况下，种群边界是生态学家根据研究目的而划分的。种群还具有一定的空间格局，即种群在一定地区的分布方式。空间格局是指种群个体在水平空间的配置状况或在水平空间上的分布状况。这种状况在一定程度上反映了环境因子对种群个体生存、生长的影响作用。种群的空间格局一般可分为三种类型：均匀型、随机型和集群型。

3. 遗传特征　由于种群是同种生物的个体集合群，因而，种群具有一定的遗传组成，是一个基因库。不同种群的基因库不同，不同地域的相同种群间也存在基因差异。但应该指出，在一定时段内，种群的遗传组成是稳定的，世代传递的。

二、种群的数量动态与增长模型

（一）种群的数量动态

种群的数量大小是种群在一定环境条件下，种内、种间相互作用的结果。这种相互作用的矛盾运动受外界条件的影响，并通过种群内在的遗传特性而起作用。影响种群数量的因素主要是出生率与死亡率、迁入率与迁出率。出生率和迁入率是使种群数量增加的参数，而死亡率和迁出率是使种群减少的参数。

出生率是指单位时间内种群新出生的个体数。表示种群生殖状况的指标，指的是种群增加新个体的能力。通常用种群中每单位时间每 1 000 个个体的出生数来表示，或者用特定年龄出生率表示。特定年龄出生率就是按不同的年龄或年龄组计算其出生率。这样不仅可以知道整个种群的出生率，而且可以知道不同年龄或年龄组在出生率方面所存在的差异。出生率可分为生理出生率和生态出生率，生理出生率又称最大出生率，是指种群在理想条件下所能达到的最大出生数量；生态出生率又称实际出生率，是指种群在特定的生态条件下的实际出生数量。

死亡率是指单位时间内种群死亡的个体数。与出生率一样，死亡率可以分为生理死亡率和生态死亡率。生理死亡率是指种群在最适宜条件下的死亡率，即种群中每一个个体都能活到该物种的生理寿命，此时种群的死亡率最低；生态死亡率是指在特定条件下死亡的个体数。最大出生率和最低死亡率都是理论上的概念，实际很难实现，反映的是种群潜在能力，具有比较意义。

种群常常会发生迁移扩散现象，尤其是在植物种群中迁移扩散现象相当普遍。种群的迁入或迁出也会影响一个地区种群的数量变动。在研究种群迁入和迁出时，需要测定迁移率。种群的迁移率是指一定时间内种群的迁出数量与迁入数量之差占总体的百分率。实践中，要区分种群的迁出与死亡、迁入与出生是很困难的，因此，很难精确地测出某个种群的迁移率。

（二）种群增长的基本模型

1. 指数增长模型 种群在生理、生态条件“理想”的环境中，即假定环境中空间、食物等资源是无限的，其种群增长率与种群本身密度无关，种群内的个体都具有同样的生态学特征，这样的种群增长表现为指数式增长。

自然界中，由于环境中食物、空间和其他资源的限制，种群数量的指数式增长，只是理论上的数值，它能够反映出物种的潜在增殖能力，又称内禀增长率。实际上，指数增长不可能长期维持下去，否则将导致种群爆炸。但是在短期内，一些具有简单生活史的生物可能表示出指数增长，如细菌、一年生昆虫甚至某些小啮齿类和一些一年生杂草等。

2. 逻辑斯谛克增长模型 种群在有限的资源下增长，随着种群内个体数量的增多，由于不利因素如竞争、疾病、环境胁迫等引起的妨碍生物潜在增殖能力实现的作用力即环境阻力逐渐增大，种群增长曲线将不再是指数增长模型，而是逻辑斯谛克增长模型（图1-5）。换句话说，当种群的个体数量增长到环境所允许的最大值即环境负荷量或最大承载力时，种群的个体数量将不再继续增加，而是在该水平上保持稳定增长。同时，随着种群密度上升，种群增长率逐渐减少，这种趋势符合逻辑斯谛克方程，故称之为逻辑斯谛克增长模型。

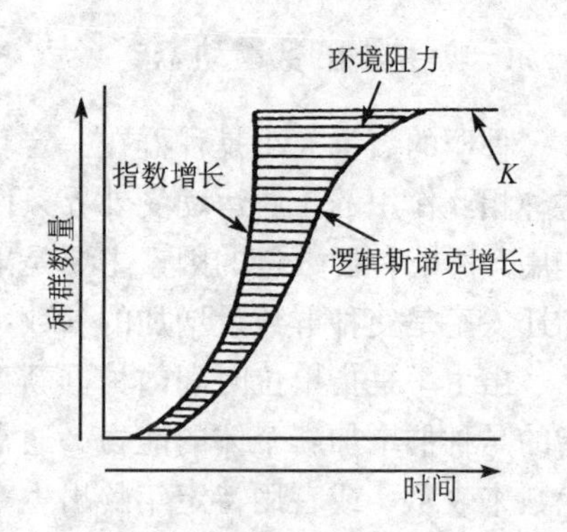

图1-5 种群增长的指数曲线与逻辑斯谛克曲线

逻辑斯谛克增长模型通常可划分为五个时期：①开始期，也可称为潜伏期，由于种群个体数目很少，密度增长缓慢；②加速期，随着个体数增加，密度增长逐渐加快；③转折期，当种群密度达到饱和密度一半时，密度增长最快；④减速期，个体数超过饱和密度一半后，密度增长逐渐变慢；⑤饱和期，也可称为平衡期，种群个体数达到饱和，不再增加。

三、种群的结构

种群的结构主要指年龄结构。研究种群的年龄结构和性别比，可以进一步分析种群的发展动态。种群的年龄结构又称年龄分布或年龄组成，是指种群中各年龄组的个体在种群中所占的比例和配置情况。种群的年龄结构划分为3种基本类型：增长型种群、稳定型种群和衰退型种群。

1. 增长型种群　这类种群幼年个体数量多，老年个体数少。幼、中年个体除补充死亡的老年个体外还有剩余。种群的出生率高，死亡率低，因而种群处于增长状态。

2. 稳定型种群　这类种群各个年龄级的个体比例大致相近，即种群中的幼年个体、中年个体和老年个体比率接近。种群的出生率和死亡率基本平衡，种群增长处于相对稳定状态。

3. 衰退型种群　这类种群幼年个体很少，而老年个体数量很多。种群的出生率低，死亡率高，因而种群数量处于负增长状态。

四、种间关系

种间关系是构成生物群落的基础，是群集在一起的生物物种经过长期的相互适应及自然选择，所形成的直接或间接的相互关系。种间关系的形式很多，有的是相互之间有利的关系，称为正相互作用；有的是相互之间对抗的关系，称为负相互作用；也有的相互之间是既无利也无害的关系，称为中性作用。种间关系可以归纳为9种基本形式（表1-1）。

1. 种间竞争　是指两个或更多具有相似要求的物种，共同利用同一短缺资源（食物、空间等）时，所产生的相互抑制作用。种间竞争有两种类型：一种是干扰性竞争，即物种之间借助于行为相互排斥，使一方得不到资源，通常是对领域的直接竞争；另一种是利用性竞争，即物种间不发生直接的相互作用，通过竞争相似的有限资源而发生间接抑制。种间竞争的结果常是不对称的，竞争排斥原理（Gause，1934）认为，竞争的结果会有两种情况：

一个物种完全排除掉另一个物种；或者是两个竞争种间会产生生态要求的分化，使其中的一个物种利用不同的资源，结果两个物种之间形成平衡而共存。

表 1-1　两个种群间相互作用关系的基本类型

相互作用类型	物种		相互作用的一般特征
	甲	乙	
中立	0	0	两个物种间彼此不受影响
竞争：直接干涉型	—	—	两个种群直接相互抑制
竞争：资源利用型	—	—	资源缺乏时种群双方受抑制
偏害	—	0	种群甲受抑制，种群乙不受影响
寄生	+	—	种群甲寄生于种群乙，种群乙受抑制
捕食	+	—	种群甲捕食种群乙，种群乙受抑制
偏利	+	0	对种群甲有利，种群乙不受影响
原始合作	+	+	对两个种群都有利，但不发生依赖关系
互利共生	+	+	两个物种相互依赖，互为有利，必不可少

注："0"表示没有意义的相互关系；"+"表示对生长存活或其他种群有益；"—"表示种群生长或其他种群特征受抑制。

2. 种间捕食　是指一物种摄取另一物种活体的全部或部分，获得营养以维持自身生命活动的现象。前者称为捕食者，后者称为猎物或被捕食者。广义的捕食关系包括 4 种类型：①典型的捕食，是一种动物捕杀其他动物而食之，即狭义的捕食关系；②类寄生，常发生在昆虫界，成虫自由生活，雌虫一般把卵产在寄主的体表或体内，待卵孵化为幼虫后则取食寄主的组织，幼虫成长后便在寄主体内或体表化蛹，并伴随寄主的死亡，③植食，是动物取食绿色植物，且只消费其个体的一部分；④同种相残，是捕食的一种特殊形式，捕食者和猎物均属于同一物种。

捕食是一种重要的生态学现象。捕食可以在对猎物种群的数量和质量上起着至关重要的调节作用，如果猎物的种群是有害动物，则捕食现象可以用于生物防治；捕食者—猎物关系在进化过程中所形成的"负作用"减弱的倾向，即协同进化，促进了种群发展，进而促进整个生物界的进化。

3. 种间寄生　是指一种生物寄居于另一种生物的体内或体表，从中获取其体液、组织或已消化物质营养而生存，并对其产生危害而不会引起死亡的行为。以寄生方式生存的生物称为寄生物，被寄生的生物称为寄主或宿主。寄生可分为体外寄生和体内寄生两种类型。寄生在寄主体表的称体外寄生，寄生在寄主体内的称体内寄生。

4. 互利共生　对两个种群都有利的种间关系，彼此紧密相关，缺少一方则另一方不能生存，称为共生或专性共生。共生现象在自然界中普遍存在，有植物与真菌共生、昆虫与真菌共生、植物与昆虫共生等。如菌根，是真菌菌丝与许多高等植物根的共生体；地衣，是单细胞藻类与真菌的共生体，单细胞藻进行光合作用，菌丝吸收水分和无机盐，彼此交换养料、相互补充，共同适应更恶劣的环境。

5. 种间偏害共生　是指两个物种共生在一起时，其中一个物种对另一物种起抑制作用，而对自身却无影响的共生关系。自然界中常见的抗生现象属于偏害范畴，抗生现象是指一个物种通过分泌化学物质抑制另一个物种的生长和生存。在细菌和真菌、某些高等植物和动物中都有发生。如胡桃分泌一种叫胡桃醌的物质，它能抑制其他植物生长。

6. 种间偏利共生　是指两个种群共同生活在一起，对一方有利，而对另一方无利也无害的共生关系。前者为附生生物，后者为宿主。最典型的是宿主植物为附生植物提供栖息场所的现象，如树皮上生长的苔藓和地衣；某些动物或植物为其他动物提供隐蔽场所和残食或排泄物的现象，如豆蟹栖息附生在某些海产蛤贝的外套腔内、小型动物以植物为庇护场所等都是偏利作用的表现。

7. 原始协作　是共生的另一种类型，是指两个种群双方都获利，这种关系是松散的，解除关系后双方仍能独立生存。原始协作存在于动物之间、动物与植物之间。如海葵和寄居蟹，海葵利用寄居蟹作为运输工具，使它能更有效地获得食物，而寄居蟹利用海葵有毒的刺细胞作保护；虫媒植物和传粉昆虫，虫媒植物一般都具有鲜艳的花朵，具有蜜腺，以此吸引各种昆虫为其传粉，而昆虫则在传粉的过程中获得食物。

第五节　生物群落

一、群落的概念与特征

（一）群落的概念

群落是各种生物种群在特定地区或自然生境里的集合体，是生物生存、发展、演替和进行生物生产的基本单元。在长期的发展过程中，群居在一起的生物一方面受着环境的影响，同时又作为一个整体影响并改造着环境。在群落内部通过各种生物种群间的相互作用，使群落成为具有一定结构、功能、外貌和演替特征的有机整体。一个群落中生物的种类和数量很多，根据物种的特性，群落可以分为植物群落、动物群落和微生物群落三大类群。其中植物群落是基本的群落，它影响着动物群落和微生物群落的种群数量和分布，也影响着生态系统的稳定与变化。

（二）群落的基本特征

1. 具有一定的种类组成　每个群落都是由一定的植物、动物和微生物种群组成。不同的种群类型构成不同的群落类型，因此，种类组成是区别不同群落的首要特征。一个群落中物种的丰富度和物种个体数目的多少，是衡量群落多样性的基础。

2. 群落中不同物种之间相互联系　生物群落并非是各种群的简单集合，一个群落的形成必须经过生物对环境的适应以及生物种群之间的相互适应、相互竞争，形成一个相互联系、相互依存的有机集合体。这种相互关系随着群落的发展而不断地发展和完善。

3. 群落与其居住环境紧密联系　任何一个群落在形成过程中，其生物对环境具有双重作用：适应和改造。并伴随着群落发育成熟，群落的内部环境也发育成熟。群落内部的环境条件如光照、温度、湿度和土壤等都不同于群落外部。不同的群落，其群落环境存在明显的差异。

4. 具有一定的结构和相对一致的外貌　每一个生物群落都具有自己的外貌和一系列的结构特征，表现在空间上的成层性（包括地上和地下）、物种之间的营养结构、生态结构以及时间上的季相变化等。但这种结构常常是松散的，不像一个有机体结构那样清晰，因而有人称之为松散结构。群落类型不同，其结构特点也不相同。

5. 具有一定的动态特征　生物群落同其他生命系统一样，具有其发生、发展、成熟（即顶极阶段）和衰亡的过程。表现出了动态的特征。其动态形式包括季节动态、年际动态、演替与演化等。

6. 具有一定的分布范围　任何一个生物群落都分布在特定地段或特定生境中，不同群落其生境和分布范围不同。无论从全球范围看还是从区域角度讲，不同生物群落都按一定的规律分布。

7. 群落的边界特征　在自然条件下，有些群落具有明显的边界，可以清楚地加以区分。常见于环境梯度变化较陡，或者环境梯度突然中断的情形下，如地势变化较陡的山地的垂直带，陆地环境和水生环境的交界处等。而另外一些群落不具有明显边界，而处于连续变化中。常见于环境梯度连续缓慢变化的情形下，如大范围的变化有森林和草原的过渡带、草原和荒漠的过渡带等；小范围的变化如沿一缓坡而渐次出现的群落替代等。但在多数情况下，不同群落之间都存在过渡带，被称为群落交错区，并形成明显的边缘效应。

二、群落的外貌和结构

（一）群落的外貌

群落的外貌是指生物群落的外部形态和结构。它是群落中生物与生物、生物与环境相互作用的综合反映。陆地群落的外貌主要是由组成群落的植物的生活型所决定的。

不同种的生物，由于长期生活在相同或相似的环境条件下，发生趋同适应，并经过自然选择或人工选育而成的具有相同或相似的形态和生理、生态特性的物种类群，称为生活型。换句话说，生活型是指不同生物对外界环境适应所形成的相对一致的外貌形态。不同物种在相同或相似的环境条件下的趋同适应，形成相同的生活型，它们不但体态相似，而且其适应特点也是相似的。因此，生活型能够综合地反映指示植物所生长的环境条件。

（二）群落的结构

群落的结构是指生物在环境中的分布及其与周围环境之间相互作用形成的各物种在时间和空间上的分布状态，即群落的垂直结构、水平结构、时间结构以及与其相关的环境梯度和边缘效应问题。

1. 垂直结构　群落的垂直结构主要指群落成层现象，即群落中各生物间为充分利用营养和空间而形成的一种垂直方向上的群落层次。

陆地植物包括地上成层和地下成层。地上成层主要取决于光照、温度和湿度等条件，如发育成熟的森林中，上层乔木可以充分利用阳光，而林冠下则为那些能有效利用弱光并适应下层相对温度较低和湿度较大的环境条件的灌木、草本甚至苔藓等；地下成层主要取决于土壤的理化性质，特别是水分和养分状况使根系在土壤中达到的深度不同而形成的，最大的根系生物量集中在表层，土层越深，根量越少；对于水生群落则是在水面以下不同深度由于对不同深度的环境条件（主要是光照条件）形成适应而分层排列。

成层现象是生物群落与环境条件长期相互适应的结果，群落分层结构的程度能够指示生态环境的优劣。一般情况下，生物群落所处的环境条件越丰富，群落层次越多，垂直结构越复杂；反之，群落的层次越少，垂直结构越简单。群落分层结构愈复杂，对环境条件利用得愈充分，生产能力也愈高。

2. 水平结构　群落的水平结构是指群落在水平方向上的种群配置状况。群落水平结构的主要特征即为群落的镶嵌性。大多数情况下，陆地植物群落中各个物种的分布不均匀，常呈现局部高密度的斑块相间排列，这种现象称为镶嵌性。具有这种特征的群落称为镶嵌群落。每一个斑块就是一个小群落，它们彼此组合，形成了群落镶嵌性。其形成原因主要有 3 个方面：

（1）植物的生物学特性。如种子的扩散分布习性，风播植物、动物传播植物、水播植物可能散布得很广泛，而种子较重或无性繁殖的植物，往往在母株周围呈群聚状分布。

（2）环境异质性。由于成土母质、土壤质地和结构、水分条件的异质性，常导致动植物在同一群落中镶嵌分布的现象。如松嫩平原盐碱化羊草草地，在过度放牧的情况下，由于碱斑分布不均匀性，往往导致羊草群落与盐生群落呈现镶嵌分布的植物景观。

（3）种间相互作用。植食动物明显地依赖于它所取食的植物的分布，还有竞争、化感作用、互利共生、偏利共生等正、负种间关系，都有可能导致群落中的植被在水平方向上出现复杂的镶嵌性。

3. 时间结构 群落的时间结构是指受许多具有明显的时间节律（如昼夜节律、季节节律等）的环境因子的影响，群落的结构随着时间的推移而发生明显变化的特征。时间结构包括两个方面：一是由自然的时间节律变化而引起的群落结构在时间上的周期性变化。如一年中春夏交替，寒来暑往，一日中日升日落，夜昼更迭，自然界的这种年周期和日周期变化，直接影响群落中生物的生理、生态发育，并与这种自然周期变化规律相适应，构成群落的周期性波动，进而引起群落中物种组成和数量上的升降变化。在我国四季分明的温带或寒温带地区，植物有落叶现象、草被枯黄等，使群落面貌一年四季迥然不同。形成随着气候季节性交替呈现不同外貌的现象，被称为季相。二是在长期历史发展过程中，群落由一种类型转变为另一种类型的顺序变化，即群落的演替。

4. 群落交错区和边缘效应 群落交错区又称生态交错区或生态过渡带，是指在两个群落之间或多个群落之间的过渡区域。群落交错区实际上是一个过渡地带，例如在森林带和草原之间的森林草原地带，软海底与硬海底的两个海洋群落之间也存在过渡带，两个不同森林类型之间或两个草本群落之间也都存在交错区，并随着人类活动对自然环境影响范围的扩大，交错区的种类及数量在不断地增加。因此，这种过渡带有的宽、有的窄，有的是逐渐过渡、有的是变化突然。群落的边缘有的是持久性的，有的在不断变化。

由于群落交错区的环境条件比较复杂，其植物种类也往往更加丰富多样，从而也能更多地为动物提供营巢、隐蔽和摄食的条件，因而在群落交错区中往往包含两个重叠群落的一些生物种类以及交错区本身所特有的生物种类。这种在群落交错区中生物种类增加和某些生物种类密度加大的现象，叫做边缘效应。

但是，并不是所有的交错区都有边缘效应。边缘效应的形成需要一定的条件，如两个相邻生物群落的渗透大致相似，两类环境或两种生物群落所造成的过渡地带相对稳定，相邻生物群落各自具有一定的均一面积或群落内只有较小面积的分割，具有两个群落交错的生物类群等。群落的边缘效应的形成需要较长的时间，是与群落协同进化的产物。

三、群落的生态位

（一）生态位的概念

生态位是生态学中非常重要的概念。近百年来，许多生态学者研究生态位并给出生态位的概念。如美国学者约瑟夫·格林尼尔将生态位定义为“物种的要求及在一特定群落中与其他群落关系的地位”。英国学者查尔斯·埃尔顿定义生态位为“物种在生物群落中的地位与功能作用”。哈钦森发展了生态位的概念，他把生态位看成是一个生物单位（个体、种群或物种）生存条件的总集合体，提出了 n 维生态位概念，其含义为：“一个生物的生态位就是一个 n 维的超体积，这个超体积所包含的是该生物生存和生殖所需的全部条件，而且它们还必须彼此相互独立”（图 1-6）。

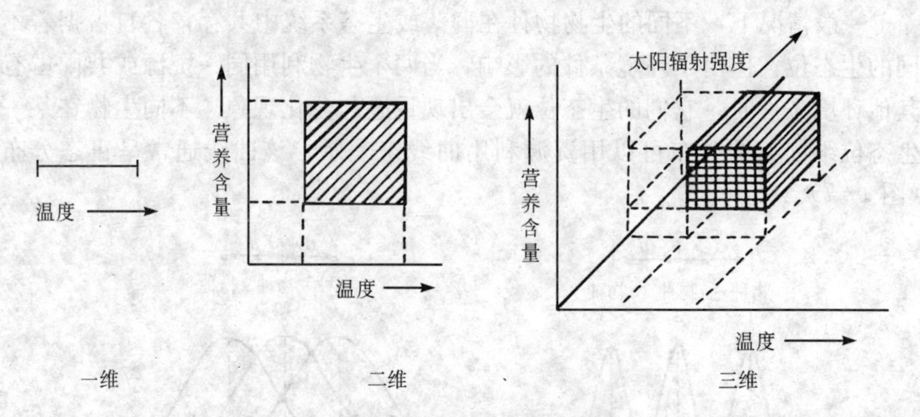

图 1-6　某植物的三维生态位模型

（引自 Begon，1981）

当我们分析单一的环境因子如温度对物种生态位的影响时，这个种只能在一定的温度范围内生存和繁殖，可用单轴线的宽度表示一维生态位；但我们知道，生物生存离不开其他的生态因子，假如我们同时分析两个环境变量如温度和营养时，生态位成为二维，可用平面图表示二维生态位；当环境变量增加到3个时，就用三维空间表示生态位。实际上，每一种生物在环境中能够生存繁衍，必须适应远超过三个生态因子的变化对其产生的影响。而生物对每一种生态因子都有一定的适应范围，就形成了多维生态位，又称为超体积生态位或 n 维生态位。

哈钦森的超体积生态位被广泛接受，并在许多领域得到利用和扩展。他还进一步把生态位分为基础生态位和实际生态位。所谓基础生态位是指在生物群落中，能够为某一物种所栖息的、理论上的最大、最适宜的空间。但实际上，由于竞争者和捕食者等因素存在，每一个物种所遇到的环境条件并不像基础生态位的环境条件那么理想。因而一个物种实际上占有的生态位空间为实际生态位。他强调了由于竞争的作用使物种只能占据基础生态位的一部分，竞争的种类愈多，占有的实际生态位愈小。

著名生态学家奥德姆综合前人有关生态位的概念，把生态位定义为“一个生物在群落和生态系统中的位置和状况，而这种位置和状况则决定了该生物的形态适应、生理反应和特有行为”。他强调生物的生态位不仅决定于该生物生活在什么地方，而且决定于它在干什么。就是说生态位不仅决定于生物种在哪里生活，而且也决定于它们如何生活以及它们如何受到其他生物的约束。

（二）物种间的生态位关系

一般情况下，不同的生物物种在群落或生态系统中共存，各自占据着不同的生态位；但由于环境条件的影响，当两个生物利用同一资源或共同占有其他环境条件时，它们的生态位就会出现重叠与分化现象。不同生物在某一生态位维度上的分布可以用资源利用曲线来表示，该曲线通常呈正态分布（图1-7）。

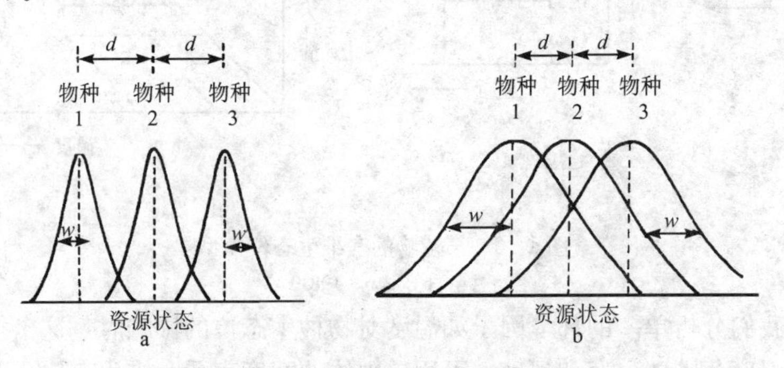

图1-7　三个共存物种的资源利用曲线

（引自 Begon，1981）

由图可见，3条曲线分别表示3个物种的生态位，两个相邻曲线峰值之间的距离用d表示，称为平均分离度；每一物种散布在最适点周围的宽度w称为变异度，用以表示种间的变异情况。比较两个或多个物种的资源利用曲线，就能全面分析生态位的重叠和分离情形：如果两个物种资源利用曲线完全分开（即生态位不重叠），则物种间不会有竞争；如果各物种的生态位狭窄，相互重叠较少，$d>w$（图1-7a），表明物种之间的竞争小，而其种内竞争会很激烈，这样会使物种扩大资源利用范围，有利于物种的进化；如果物种的生态位宽，物种间相互重叠增加，$d<w$（图1-7b），表明种间竞争激烈。随着生态位重叠越多，种间竞争越激烈，这样将导致竞争力弱的物种灭亡，或者通过生态位分化得以共存。

将竞争排斥原理与生态位概念应用到自然生物群落上，则：

（1）如果两个物种在同一个生物群落中占据了相同的生态位，其中一个种最终要灭亡。换句话说，在同一生境中，不存在两个生态位完全相同的物种。在自然生物群落中如此，在园林生物群落中也如此。也就是说，在同一生境中，只有生态位差异较大的物种，竞争才较缓和。这就提示我们，在园林生态实践中进行园林植物配置时，一定要考虑不同植物的生态位。

（2）在同一生境中，不同或相似物种必然进行某种空间、时间、营养或年龄等生态位的分化和分离。因而在一个稳定的生物群落中，各种群在群落中必然具有各自的生态位，种群间能避免直接的竞争，从而保证群落的稳定。

（3）群落乃是一个相互起作用的、生态位分化的种群系统，这些种群在它们对群落的空间、时间、资源等利用方面，以及相互作用的可能类型，都趋向于互相补充而不是直接竞争。因此，由多个物种组成的生物群落，就要比单一种的生物群落更能有效地利用环境资源，维持长期较高的生产力，并具有更大的稳定性。

生态位的上述理论在园林生态实践中有十分重要的实践意义。

四、群落的动态变化

动态变化是生物群落普遍存在的现象，生物群落和其他任何生命系统一样，始终处于动态变化之中。群落动态内涵十分广泛，根据变化持续时间划分类型（表1-2）。

由表可见，群落的动态变化时间尺度可大可小。尺度大的，可考察古生物学与古气候学水平的群落演化；尺度小的，可考察一天中群落的变化情况。下面重点讨论群落年际间变化情况和群落演替。

表 1-2　群落变化类型

持续时间	变化类型举例
天	蒸腾作用、光合作用等植物生理过程，动物的昼夜活动节律
年	植物生长及动物活动的季节动态
几年	植物生产力及动植物种群的波动
十年到百年	群落演替
百年到千年	长期气候变化引起的生物地带界线的移动
万年到亿年	地史尺度的群落演化

生物群落的年变化是指生物群落在不同年度之间所发生的明显的变动。这种变动是群落本身内部的变化，不影响整个群落的性质，不会出现群落的更替现象，一般又称为群落波动。群落波动是短期而可逆的，逐年的变化方向不确定，常围绕着一个平均数波动；群落区系成分相对稳定，不发生新种的替代现象。波动中，群落在生产力、各成分的数量比例、群落的外貌与结构等方面发生相应的改变。

引起群落波动的原因主要有以下 3 种：①环境条件（主要是气候条件）的波动变化，如多雨年与少雨年、突发性灾变、地面水文年度变化等；②生物本身的活动周期，如种子产量的波动（即大小年）、动物种群的周期性变化及病虫害爆发等；③人为活动的影响，如放牧强度的改变等。

各种群落都有其特定的波动类型，其波动特点也不相同。一般情况，木本植物占优势的群落较草本植物群落稳定；常绿木本群落较非常绿木本群落稳定；在一个群落内部，许多定性特征（如种类组成、种间关系、分层现象等）较定量特征（如密度、盖度、生物量等）稳定；成熟的群落较之发育中的群落稳定。

有些波动变化是相当大的，如果不知道它可以恢复到原来面貌，往往误认为是演替，如森林草原区域低湿地上的无芒雀麦、冰草草甸在湿润年份常由其伴生成分看麦娘占优势，成为看麦娘草甸，但湿润年份过后又恢复到无芒雀麦与冰草占优势。这种变化可在 1～3 年内实现，是一种摆动性的波动。而有些波动仅在各组分的数量比例上或生物量上发生一些变化，外貌上变化不明显。

需要指出的是：虽然群落波动具有可逆性，但这种可逆是不完全的。一个生物群落经过波动之后的复原，通常不是完全地恢复到原来的状态，而只是向平衡状态靠近。群落中各种生物的生命活动产物有一个积累过程，土壤就是这种产物的一个主要积累场所。这种量上的积累到一定程度就会发生质的变化，从而引起群落的演替，使群落基本性质发生改变。

五、群落演替

（一）群落演替的概念及原因

1. 群落演替的概念　生物群落同生物个体一样，有其发生、发展、成熟、衰老、消亡的发展变化过程。在这一发展变化过程中，群落由低级到高级、由简单到复杂逐级被替代，最后形成一个更适合当时、当地环境条件的、相对稳定的群落，这种自然演变现象称为群落演替。其中，从最早定居的先锋植物开始，直到出现一个稳定的群落（可能经由地衣、苔藓、草本植物、灌木直到森林），这一系列的演替过程称为一个演替系列；演替系列中的每一个明显的步骤称为演替阶段或演替时期；在一个演替系列中所包含的各个群落称为演替系列群落；在一个地点最早出现的演替系列群落称为先锋群落。群落演替可以按照不同的原则划分为不同的类型（表1-3）。

表1-3　群落演替类型

划分原则	延续时间	起始条件	基质性质	主导因素	群落代谢特征	演替方向
演替类型	世纪演替 长期演替 快速演替	原生演替 次生演替	水生演替 旱生演替	内因演替 外因演替	自养型演替 异养型演替	进展演替 逆行演替 循环演替

2. 群落演替的原因　生物群落与外界环境中的各种生态因子之间、群落内生物因素之间经常处于相互矛盾的状态中，这种矛盾导致适于这个环境的生物在群落中生存下来，不适应的死亡或迁出，因而使群落不断地进行演替。弄清演替过程中每一步发生的原因，可以更有效地预测和控制演替的方向和速度。但到目前为止，对于群落演替的机制了解还不够明确，归结起来，影响群落演替的因素主要有以下几种：

（1）植物繁殖体的迁移、散布和动物的活动性。植物繁殖体的迁移和散布普遍而经常地发生着，因此，任何一块地段都有可能接受这些扩散来的繁殖体。当植物繁殖体到达一个新环境时，植物的定居过程就开始了。植物的定居包括发芽、生长和繁殖三个方面。我们经常可以观察到这样的情况：植物繁殖体虽到达了新的地点但不能发芽，或发芽了但不能生长，或虽然生长但不能繁殖后代。只有当一个种的个体在新的地点上能繁殖时，定居才算成功。任何一块裸地上生物群落的形成和发展，或是任何一个旧的群落为新的群落所取代，都必然包含有植物的定居过程。因此，植物繁殖体的迁移和散布是群落演替的先决条件。

对动物来说，植物群落成为它们取食、营巢、繁殖的场所。当然，不同动物对这种场所的需求是不同的。当植物群落环境变得不适宜它们生存的时候，它们便迁移出去另找新的合适生境；与此同时，又会有一些动物从别的群落迁来找新栖居地。因此，每当植物群落的性质发生变化的时候，居住在其中的动物区系也在做适当的调整，使得整个生物群落内部的动物和植物又以新的联系方式统一起来。

(2) 群落内部环境的变化。这种变化是由群落本身的生命活动造成的，与外界环境条件的改变没有直接的关系。换句话说，是群落内物种生命活动的结果，为自己创造了不良的居住环境，使原来的群落解体，为其他植物的生存提供了有利条件，从而引起演替。

由于群落中植物种群特别是优势种的发育而导致群落内光照、温度、水分及土壤养分状况的改变，可为群落演替创造条件。如在云杉采伐后的林间空旷地段，首先出现的是喜光的草本植物。但当喜光的阔叶树种定居下来，并在草本层以上形成郁闭树冠后，喜光草本便被耐阴草本所取代。以后当云杉伸出群落上层并郁闭时，原来发育很好的喜光阔叶树种便不能生存。这样，随着群落内光照由强到弱及温度变化由不稳定到稳定，依次发生了喜光草本植物阶段、阔叶树种阶段和云杉阶段的更替过程，也就是演替的过程。

(3) 种内和种间关系的改变。组成一个群落的物种在其种群内部以及物种之间都存在特定的相互关系。这种关系随着外部环境条件和群落内环境的改变而不断地进行调整。当密度增加时，不但种群内部的关系紧张化了，而且竞争能力强的种群得以充分发展，而竞争能力弱的种群则逐步缩小自己的地盘，甚至被排挤到群落之外。这种情形常见于尚未发育成熟的群落。

处于成熟、稳定状态的群落在接受外界条件刺激的情况下也可能发生种间数量关系重新调整的现象，使群落特性或多或少地改变。

(4) 外界环境条件的变化。虽然决定群落演替的根本原因存在于群落内部，但群落之外的环境条件，诸如气候、地貌、土壤和火等常可成为引起演替的重要条件。气候决定着群落的外貌和群落的分布，也影响到群落的结构和生产力，气候的变化，无论是长期的还是短暂的，都会成为演替的诱发因素。地表形态（地貌）的改变会使水分、热量等生态因子重新分配，反过来又影响到群落本身。大规模的地壳运动（如冰川、地震、火山活动等）可使地球表面的生物部分或完全毁灭，从而使演替从头开始。小范围的地形形态变化（如滑坡、江水冲刷）也可改造一个生物群落。土壤的理化特性对置身于其中的植物、土壤动物和微生物的生活有密切关系，土壤性质的改变势必导致群落内部物种关系的重新调整。火也是一个重要的诱发演替的因子，火烧可以造成大面积的次生裸地，演替可以从裸地上重新开始；火也是群落发育的一种刺激因素，它可使耐火的种类更旺盛地发育，而使不耐火的种类受到抑制。当然，影响演替的外部环境条件并不限于上述几种，凡是与群落发育有关的直接或间接生态因子都可成为演替的外部因素。

（5）人类的活动。人对生物群落演替的影响远远超过其他所有的自然因子，因为人类生产活动通常是有意识、有目的的进行的，可以对自然环境中的生态关系起促进、抑制、改造和重建的作用。放火烧山、砍伐森林、开垦土地等，都可使生物群落改变面貌。人还可以经营、抚育森林，管理草原，治理沙漠，使群落演替按照不同于自然的道路进行。人甚至还可以建立人工群落，将演替的方向和速度置于人为控制之下。

3. 群落演替的过程 演替过程是指演替沿着某一起点开始，经过一系列的演替阶段，最终到达演替的终点。现通过旱生演替序列的描述介绍群落演替的过程（从裸露岩石表面开始演替到森林）。

岩石表面的特点是生存环境极端严酷，没有植物生长的基质——土壤，而且太阳辐射强烈，温度变化幅度大，非常干燥，绝大多数植物不能在其表面生长。但是如果当地的气候条件适合于森林生长的话，在裸岩表面经过漫长艰难的演替迟早会形成森林。从裸露岩石到森林形成大致要经过以下几个演替阶段：

（1）地衣植物阶段。地衣能够忍受极端严酷的自然条件，是惟一能在裸露岩石上生存的植物。最先定居的地衣属于壳状地衣，将其极薄的一层植物体紧贴在岩石表面，通过自身分泌的代谢酸和死后产生的腐植酸的作用，再加之岩石的物理和化学风化，岩石表面逐渐积累形成极薄的一层含微量腐殖质的土壤，由于条件的改善叶状地衣取代了壳状地衣，叶状地衣遮挡的地方出现了枝状地衣；枝状地衣凭借较多的枝状体和较强的生产能力创造了良好的环境，最后反而不适宜其自身的生存，为较高等的植物类群创造了生存条件。

地衣植物阶段是裸露岩石到森林群落演替系列的先锋植物群落。这一阶段在整个系列过程中需要的时间最长，但不同地区所经历的演替时间也不尽相同，如在热带地区只需 3～5 年，在寒冷地带则需 25～30 年。一般随着环境条件的改善，所需的演替时间变短。

（2）苔藓植物阶段。在地衣群落发展的后期，便出现了苔藓植物。由于苔藓长得比地衣高大，占据主要空间，使地衣得不到充足的阳光而死亡，最后，该地区完全被苔藓植物群落所代替。苔藓植物能够更好地适应极端干旱的环境，在干旱时期停止生长，进入休眠，在气候温和、水分充足时大量生长，使岩石进一步分解。苔藓死后会留下更多的腐殖质，随着土层的加厚和有机物含量的增加，为后来植物的生长创造条件。同时，土壤中形成一个由细菌和真菌组成的丰富的微生物区系。

(3) 草本植物阶段。当土壤发育到一定程度，草本植物开始进入并逐渐占据优势。首先是一些蕨类及被子植物中的一年生或二年生的植物个别侵入，以后逐渐增加，最终草本植物取代了苔藓植物。随着土壤状况和小气候条件的改善，草本植物也逐渐从低草（0.3m以下）向中草（0.6m左右）和高草（1m以上）演变，最终多年生草本植物占主导地位。在森林分布区，会继续向木本植物群落方向演替。

在草本植物阶段，土壤中真菌、细菌和小动物活动增强；小型哺乳动物、蜗牛和各种昆虫开始迁入，并可以找到适宜的生态位。

(4) 灌木阶段。草本植物阶段的后期，会出现一些喜光灌木与草本植物共生，以后灌木逐渐占据优势，形成了灌木群落。高大灌木对环境的改造作用更大，使环境变得更加适宜植物群落发展。

在灌木演替阶段，各种微生物和动物大量增加，但其区系成分发生了改变，如昆虫数量减少，而以吃浆果的鸟类及以灌木丛作为掩蔽所和营巢地的鸟类的种类和数量增多。

(5) 森林阶段。灌木群落所形成的潮湿、遮荫的环境，为各种乔木种子的萌发创造了有利的条件，于是树木就会逐渐生长起来，最终将超过灌木变为群落的优势种。由于树木的树冠的遮荫作用，一些喜光的灌木在群落中消失，一些耐阴的灌木可继续生长，喜光的草本植物无法生存，苔藓植物又重新生长起来。随着乔木树种的种类变换和数量的增多，一个结构复杂，对生存环境非常适应的森林群落逐渐形成并稳定保持下去，这就是该地区的顶极群落。

在森林阶段，各种动物和微生物便大量出现，最终使森林成为一个复杂的包含各种动物、植物和微生物的生命集合体。

复习思考题

1. 用自己的语言简述生态学的概念，生态学与其他学科是什么关系。试举例说明。

2. 什么是系统？系统有哪些基本特征？

3. 简述系统的结构特点，如何进行系统研究？

4. 试述生态系统的概念、特征及其结构。

5. 试述生态系统的基本功能及其在园林生态实践中的生态学意义。

6. 试述影响生态平衡的因素，如何进行生态系统的恢复和重建?

7. 何为种间关系? 有哪些主要形式与类型?

8. 何谓植物群落? 试说明植物群落的基本特征。

9. 什么是生态位? 为什么说生态位理论在园林生态实践中有十分重要的实践意义?

10. 简述植物群落演替的原因与过程。

第二章 园林生态系统

第一节 园林生态系统的组成与特点

在自然界的生态系统中，园林生态系统是典型的人工生态系统。它是人类为满足社会物质和文化生活的需求，在一定的边界内和一定的自然生态条件和自然资源基础上，通过人工造园，利用园林生物与园林生物之间、园林生物与园林环境之间物质交换、能量转化和信息传递建立起来的功能整体。简言之，园林生态系统是在一定的园林空间内全部的生物与非生物环境相互作用形成的统一体。作为典型的人工生态系统，园林生态系统不仅受自然条件和自然资源的制约，更受人类活动的影响；不仅受自然生态规律的支配，更与人类社会经济、文化发展紧密相关。

在园林生态系统中，园林生物与其环境之间不断地进行物质循环、能量流动和信息传递，因而其相互关系是辩证的、运动的、不断发展的。园林环境是园林生物存在、发展和发挥功能的物质基础；园林生物是园林生态系统作为功能整体的核心，是园林生态系统发挥各种效益的主体。

一、园林生态系统的组成

园林生态系统由园林生物和园林环境两部分组成，下面分别予以介绍。

（一）园林生物

园林生物指生存于园林边界内的所有植物、动物和微生物。它们的存在和结构状况决定园林生态系统的功能和作用。

1. 园林植物 广义地讲，凡生长（存在）于各类型园林中的植物统称为园林植物。园林植物包括各种园林树木、草本、花卉等陆生和水生植物。园林植物中，既有园林边界内原有的各种植物，又有人类移入的各种植物，还有园林建成后入侵的各种植物。狭义地讲，凡适合于各种风景名胜区、休闲疗养胜地和城乡各类型园林绿地应用的植物统称为园林植物。不论园林植物的概念如何阐述，园林植物都是园林生态系统的功能主体。从生物学的角度看，园林植物利用光能合成有机物质，为园林生态系统的良性运转提供物质、能量基础，保证园林以鲜活的面貌为人民服务；从生态学的角度看，园林植物作为系统的主体，不仅要与园林中的其他生物和谐相处，不仅要与园林地理、地貌、山石、水体协调一致，更重要的是它还必须突出一个“美”字，保证园林以令人赏心悦目的形态和神态为人们服务。

园林植物有不同的分类方法，常用的分类方法是按植物学特性进行分类，可划分为以下6类：

（1）乔木类。树高5m以上，有明显发达的主干，分枝点高。其中小乔木树高5～8m，如梅花、红叶李、碧桃等；中乔木树高8～20m，如圆柏、樱花、木瓜、枇杷等；大乔木树高20m以上，如银杏、悬铃木、毛白杨等。

（2）灌木类。树体矮小，无明显主干。其中小灌木高不足1m，如金丝桃、紫叶小檗等；中灌木高1.5m，如南天竹、小叶女贞、麻叶绣球、贴梗海棠等；大灌木高2m以上，如蚊母树、珊瑚树、紫玉兰、榆叶梅等。

（3）藤本类。茎匍匐不能直立，需借助吸盘、吸附根、卷须、蔓条及干茎本身的缠绕性部分攀附他物向上生长的蔓性植物。如紫藤、木香、凌霄、五叶地锦、爬山虎、金银花等。

（4）竹类。属禾本科竹亚科，根据地下茎和地上生长情况又可分为三类。单轴散生型，如毛竹、紫竹、斑竹等；合轴丛生型，如凤尾竹、佛肚竹等；复轴混生型，如茶秆竹、苦竹、箬竹等。

（5）草本植物。包括一年生、二年生草本植物和多年生草本植物。既包含各种草本花卉，又包括各种草本地被植物。草本花卉类，如百日草、凤仙花、金鱼草、菊花、芍药、小苍兰、仙客来、唐菖蒲、马蹄莲、大岩桐、美人蕉、吊兰、君子兰、荷花、睡莲等；草本地被植物类，如结缕草、野牛草、狗牙根草、地毯草、钝叶草、假俭草、黑麦草、早熟禾、剪股颖、麦冬、鸭跖草、酢浆草等。

（6）仙人掌及多浆植物。主要是仙人掌类，还有景天科、番杏科等植物。

园林植物主要供观赏用，因而按照观赏特性不同又可划分为以下5类：

（1）观形类。由于不同树种有不同的主干、分枝和树冠的生长发育规律，因而树形有明显差异，可以作为观赏点。以乔木为例，主干直立，有中央领导干的乔木可形成塔形、圆锥形、倒卵圆形、圆柱形等，如雪松、水杉、广玉兰、黑杨等；中央领导干不明显，或主干直立但至一定高度即分枝的乔木可形成卵圆形、圆头形、平顶伞形、垂枝形等，如悬铃木、元宝枫、合欢、龙爪槐等。

（2）观枝干类。树木主干、枝条的形状，树皮的结构、色泽，也是千姿百态，各具特色的。如有的主干直立，有的弯曲；有的树枝挺拔，有的细软、倒挂；有的树皮纹理粗糙、斑驳脱落，有的纹理细腻、紧贴枝体；有的树皮呈黑褐色，有的树皮呈粉绿或灰白色。如毛白杨、白皮松、梧桐、竹子等。

(3) 观叶类。树木叶片的大小、形状、颜色、质地和着生在枝上的疏密度等各有不同，显示出不同的景观，给人以不同的感受。如鹅掌楸、银杏、枫香、黄栌、红叶李、紫叶小檗等。

(4) 观花类。植物花的绽放，是植物生活史中最辉煌的时刻，也是园林景观中最引人入胜的观赏点。可作为观花的植物类型非常多，如桃、梅、玫瑰、石榴、牡丹、桂花、紫藤等。

(5) 观果类。许多树种具有美观的果实或种子，给人以丰足、富裕、满意的感觉。如紫杉属植物鲜红的杯状假种皮及野鸦椿蓇果开裂后宿存枝头的红色果皮，给寂寥的秋冬之际带来瑰丽和欢乐。又如南国红豆，营造出另外一个仪态万千的世界。可作为观果的植物类型非常多，如木瓜、罗汉松、紫珠、栾树、火棘、南天竹等。

2. 园林动物 园林动物是指在园林边界内生存的所有动物，包括鸟类、昆虫、兽类、两栖类、爬行类、鱼类等。园林动物是园林生态系统的重要组成成分，对于增添园林的观赏点，增加游人的观赏乐趣，维护园林生态平衡，改善园林生态环境有着重要的意义。

鸟类是园林动物中最常见的种类之一。人们常将鸟语花香作为园林的最高境界。几只黄鹂枝头高歌，几只白鹭池边戏水，这是多么美妙的画面：突显生态平衡，人与自然和谐共处。应该说城市公园或风景名胜区都是各种鸟类的适宜栖居地，特别是植物种类丰富、生境多样的园林，鸟的种类亦丰富多样。如北京圆明园有鸟 159 种，优势种有大山雀、红尾伯劳、灰喜鹊、斑啄木鸟等。更有园林以观鸟为特色，如广东新会的“小鸟天堂”，是全国最大的天然赏鸟乐园。380 多年前，这里原是一个水中泥墩，一棵榕树经长期繁衍，成为覆盖面积达 $1hm^2$ 的“独木林”，泥墩也成为绿岛。岛上的榕树长期栖息着数万只小鸟，尤以白鹭和灰鹭最多。这里最让人们心驰神往的是白鹭朝出晚归，灰鹭暮出晨归，一早一晚，相互交替，盘旋飞翔，嘎嘎而鸣，蔚为奇观，形成“独木成林古榕树”、“万鸟出巢”、“万鸟归巢”三大自然奇观。这一自然景象出现在人口稠密区，生生不息，已延续了 384 年，形成了人与自然和谐相处、共同发展的典范，实属罕见。小鸟天堂已成为著名的国际级生态旅游景点。

然而，对大部分园林景区，由于所在区域人口密集，植物种类和数量贫乏，食物资源不足，加上人为捕捉或侵害，鸟类的生存环境恶化，已出现了鸟类绝迹的趋势。广州曾是画眉、孔雀、翡翠、鹦鹉、锦鸟、花燕、灵鹅等几十种珍禽的故乡。而今，除画眉外，这些珍禽鸟类在自然界已很少见。

昆虫是园林动物中的常见种类之一，有植物必有昆虫。园林昆虫有两大类：一类是害虫，如鳞翅目的蝶类、蛾类，多是人工植物群落中乔灌木、花卉的害虫。另一类是益虫，如鞘翅目的某些瓢虫，有园林植物卫士之称，专门取食蚜虫、虱类等。又如蜜蜂，在园林中起着串花授粉的作用。总体而言，园林昆虫在园林生态系统中不占主要地位，对园林的景观形态亦无大的影响。但从生态学的角度看，保护园林昆虫，对维护园林生态系统的生态平衡有重要的意义。

兽类是园林动物的种类之一。由于人类活动的影响，除大型自然保护景区外，城市园林环境和一般旅游景区中大中型兽类早已绝迹，小型兽类偶有出现。常见的有蝙蝠、黄鼬、刺猬、蛇、蜥蜴、野兔、松鼠、花鼠等。在园林面积小、植物层次简单的区域，兽类的种类和数量较少；而园林面积较大、植物层次丰富的区域，园林动物就较多。据调查，北京颐和园和圆明园约有12种园林动物，而香山公园则达到18种之多。

鱼类是园林动物的种类之一。中国园林，有园必有水，有水必有鱼。而且多为观赏鱼类，人工放养。鱼类在园林水系统中起着重要的生态平衡作用，他们通过取食可净化水系统；鱼的活动，平添园林景观，增加游人乐趣，特别是有大型水域的园林，可供游人垂钓，另是一番情趣。

3. 园林微生物 园林微生物指在园林环境中生存的各种细菌、真菌、放线菌、藻类等。园林微生物通常包括园林环境空气微生物、水体微生物和土壤微生物等。园林环境中的微生物种类，特别是一些有害的细菌、病毒等，数量和种类较少，因为园林植物能分泌各种杀菌素消灭细菌。园林土壤微生物的减少主要由人为影响引起。如风景区内各种植物的枯枝落叶被及时清扫干净，大大限制了园林环境中微生物的发展。因此城市园林必须投入较多的人力和物力行使分解者的功能，以维持正常的园林生物之间、生物与环境之间的能量传递和物质交换。

（二）园林环境

园林环境通常包括园林自然环境、园林半自然环境和园林人工环境3部分。

1. 园林自然环境 园林自然环境包含自然气候、自然物质和原生地理地貌3部分。

（1）自然气候。即光照、温度、湿度、降水等，为园林植物提供生存基础。

（2）自然物质。自然物质是指维持植物生长发育等方面需求的物质，如自然土壤、水分、氧、二氧化碳、各种无机盐类以及非生命的有机物质等。

（3）原生地理地貌。即造园时选定区域的地理地貌，亦称小生境。原生地理地貌对园林的整体规划有决定性的作用，对植物布局和其后的生存发展有重要影响。如在我国北方，一座小山阳面的植物和阴面的植物生长条件有很大的差异，必须布置不同类型的植物，且需兼顾景观效果。

2. 园林半自然环境 园林半自然环境是经过人工打造的，仍以自然属性为主的环境。如人工湖、人工堆积的小山，直接影响园林景观布局，它改变了原生地理地貌，增加了原区域不曾有的小气候和地理异质性。通过选择合适的植物种类，可造就相对于本地植被类型不同的植物景观。如承德避暑山庄就是典型的以半自然环境为主体的园林。

3. 园林人工环境 园林人工环境是指人工创建的，受人类强烈干扰的园林环境。该类环境下的植物须通过人工保障措施才能正常生长发育，如温室、大棚及各种室内园林环境等都属于园林人工环境。在园林人工环境中所产生的土壤条件、光照条件、温湿度条件等构成园林人工环境的组成部分。

二、园林生态系统区别于自然生态系统的特点

园林生态系统来自于自然生态系统，因而无论是生物组分还是环境组分都与自然生态系统有很多相似的特征。然而，园林生态系统又是人类对自然生态系统长期改造和调节控制的产物，因此又明显区别于一般自然生态系统。主要区别表现为以下几个方面：

1. 园林生态系统的植物种类构成不同于自然生态系统 自然生态系统的植物种类构成是在一定环境条件下，经过植物种群之间，植物与环境之间长期相互适应形成的自然植物群落，具有特定环境下的生态优势种群和丰富的生物多样性。园林生态系统中的植物种类是经过人类引种、挑选、驯化、培育的，其构成的群落是在人类干预下形成的。由于植物群落不同，系统内的生物种群亦不尽相同。特别是由于人类有目的地控制园林中对景观无利用价值和对园林生物有害的生物，使园林生态系统中的生物种类减少，物种多样性降低，生态系统的稳定性也远低于自然生态系统。

2. 园林生态系统的稳定机制不同于自然生态系统 自然生态系统物种多样性十分丰富，生物之间、生物与环境之间相互联系、相互制约，建立了复杂的食物链与食物网，形成了自我调节的稳定机制，保证了自然生态系统相对稳定发展。园林生态系统生物种类减少，食物链结构变短，其稳定机制受强烈的人

工影响。由于人工保障的结果，园林生物对环境条件的依赖性增加，抗逆能力减弱，自然调节稳定机制被削弱，系统的自我稳定性下降。因此，园林生态系统中需要人为的合理调节与控制才能维持其结构与功能的相对稳定性。如，经常进行施肥、喷药、灌水、整形修剪等辅助能量的投入，以增加系统的稳定性。

3. 园林生态系统的开放程度高于自然生态系统　自然生态系统的生产是一种自给自足的生产，生产者所生产的有机物质，几乎全部保留在系统之内，许多营养元素在系统内部循环和平衡。而园林生态系统为了满足人类物质和文化生活发展的需要，建立清洁卫生的环境，就要不断地修剪树木、修剪草坪、清扫落叶残枝，输出一定量的有机物质。从系统的输入机制看，除了太阳能以外，需要向系统输入化肥、农药、机械、电力、灌水等物质和能量。这就表明园林生态系统的开放程度远远超过自然生态系统。

4. 园林生态系统的环境条件不同于自然生态系统　园林生态环境的生物经过人类改良和培育，同时人类也在对园林的自然生态环境进行调控和改造，以便为园林生物生长发育创造更为稳定和适应的环境条件。例如，人类通过整改园林田地、施用肥料、灌溉排水、中耕除草、病虫防治、建造温棚等措施，调节园林生物生长发育的光、温、水、气、热、营养物质、有害生物等环境条件，使园林生态环境显著不同于自然生态环境。

5. 园林生态系统运行的“目的”不同于自然生态环境　假如把生态系统的自然发展演变所达到的稳定称作自然生态系统的“目的”，则自然生态系统的“目的”是使生物现存量最大，充分利用环境中的能量和物质，维持结构和功能的平衡与稳定。园林生态系统的“目的”则完全服从人类在社会生活和生态环境方面的需求。即为居民提供良好的休憩、游赏环境，使人们在回归自然的过程中身心放松，精神愉悦，精力充沛，达到体力和智力的充分恢复。

第二节　园林生态系统的结构

园林生态系统的结构由三个要素组成，即一，构成系统的组分；二，组分在时间、空间中的位置；三，组分间能量、物质、信息的流动途径和传递关系。下文分别从园林生态系统的组分结构、空间结构、时间结构和营养结构 4 个方面予以介绍。

一、园林生态系统的组分结构

园林生态系统的组分结构由园林生物和园林环境两部分构成。上一节已对园林生物和园林环境做了详尽的介绍。从园林生物的物种结构看，园林生态系统中各种生物种类以及它们之间的数量组合关系多种多样，不同的园林生态系统，其生物种类和数量有较大的差别。小型园林只有十几个到几十个生物种类构成，大型园林则由成百上千的园林植物、园林动物和园林微生物所构成。

从园林环境结构看，园林生态系统的环境结构主要指自然环境和人工环境。自然环境包含光照、温度、湿度、降水、气压、雷电、自然土壤、水分、氧、二氧化碳、各种无机盐类以及非生命的有机物质等；人工环境指人工创建的、受人类干预的园林环境，如温室、人工化土壤、人工化光照条件及温度条件等。此外，为了增加园林生态系统的人文环境，树立以人为本的理念，提高园林生态系统的景观效果，加强园林生态系统的管理，人为建造的山、石、路、池、塘、亭、管、线、灯等，也应视为园林生态系统的人工环境。

二、园林生态系统的空间结构

园林生态系统的空间结构指系统中各种生物的空间配置状况，通常分为水平结构和垂直结构。

（一）水平结构

园林生态系统的水平结构指园林生物在园林边界内地面上的组合与分布。狭义地讲，主要指园林植物在水平空间上的组合与分布。园林生态系统的水平结构直接关系园林景观的观赏价值和园林生态系统的物质交换、能量转移和信息传递。因各地自然条件、社会经济条件和人文环境条件的差异，在水平方向上表现有自然式结构、规划式结构和混合式结构 3 种类型。

1. 自然式结构 园林植物在地面上的分布表现为随机分布、集群分布或镶嵌式分布，没有人工影响的痕迹。各种植物种类、类型及其数量分布没有固定的形式，表面上参差不齐，没有一定规律，但本质上是植物与自然完美统一的过程。各种自然保护区、郊野公园、森林公园的生态系统多是自然式结构。

2. 规则式结构 园林植物在水平方向上的分布按一定的造园要求安排，具有明显的规律性，如圆形、方形、菱形等规则的几何形状，或对称式、均匀式等规律性排列。一般小型城市园林、小型公园的生态系统采取规则式结构。

3. 混合式结构 园林植物在水平方向上的分布既有自然式结构，又有规则式结构，二者有机地结合。在造园实践中，绝大多数园林采取混合式结构。因为混合式结构既有效地利用当地自然环境条件和植物资源，又按照人类的意愿，考虑当地自然条件、社会经济条件和人文环境条件提供的可能，引进外来植物构建符合当地生态要求的园林系统，最大限度地为居民和游人创造宜人的景观。

（二）垂直结构

园林生态系统的垂直结构指园林生物在一定的区域范围内垂直空间上的组合与分布。在垂直方向上，环境因子因地理高程、水体深度、土层厚度不同而使生物群落形成层次，形成适应不同环境条件的各类层次的立体结构。主要表现为以下 6 种配置状况：

1. 单层结构　仅由一个层次构成，或草本，或木本，如草坪、行道树等。

2. 灌草结构　由草本和灌木两个层次构成，如道路中间的绿化带配置。

3. 乔草结构　由乔木和草本两个层次构成，如简单的绿地配置。

4. 乔灌结构　由乔木和灌木两个层次构成，如小型休闲森林等的配置。

5. 乔灌草结构　由乔木、灌木、草本三种层次构成，如公园、植物园、树木园中的某些配置。

6. 多层复合结构　除乔、灌、草以外，还包括各种附生、寄生、藤本等植物配置，如复杂的森林或营造的一些特殊的植物群落等。

三、园林生态系统的时间结构

园林生物生长发育所需要的自然资源和社会资源都是随时间的推移而变化的。例如，无机环境因子随着地球的自转和公转有着明显的时间变化规律，形成光、温、水、气、热等因子的季节变化；周围的生物环境因子受其他环境因子的影响，也表现出不同的时相，即不同的物种有其特有的物候期和生长发育周期性变化。在社会资源中，社会所提供的园林种苗等生物的种类及数量、劳动力、电力、灌溉、肥料等的供应亦有不同。因此，园林生态系统表现时序节律。园林生态系统随着时间推移而表现出不同结构，就是园林生态系统的时间结构。

园林生态系统的时间结构主要表现为两种形式。

1. 季相变化　指园林生物群落的结构和外貌随季节的更迭依次出现的改变。植物的物候期现象是园林植物群落季相变化的基础。在不同的季节，会有不同的植物景观出现，人们春季品花、夏季赏叶、秋季看果、冬季观枝干等。随着人类对园林人工环境的控制及园林新技术的开发应用，园林生态系统的季相变化将更加丰富多彩。

2. 长期变化　指园林生态系统随着时间的推移而产生的结构变化。这是在大的时间尺度上园林生态系统表现出来的时间结构。如园林植物的生长，特别是高大乔木生长所表现出来的外部形态变化等。此外，人类的干预也能导致园林生态系统的长期变化，如通过园林的长期规划所形成的预定结构表现，它是在人工管理和人为培育过程中实现的。

四、园林生态系统的营养结构

园林生态系统的营养结构是指园林生态系统中的各种生物在完成其生活史的过程中通过取食形成的特殊营养关系，即通过食物链把生物与非生物、生产者与消费者、消费者与分解者连成一个有序整体。园林生态系统是典型的人工生态系统，其营养结构也由于人为干预而趋于简单。例如地面的枯枝落叶、植物残体被及时清理，导致园林微生物群落衰减，进而影响土壤肥力，迫使人类投入更多的物质和能量以维持系统的正常运转。园林生态系统的营养结构有如下特点：

1. 食物链上各营养级的生物成员在一定程度上受人类需求的影响 在造园时，人们按照对改善生态环境、提供休闲娱乐及生物多样性的保护等有目的地安排园林的主体植物，系统中的其他植物则是从自然生态系统所继承下来的。与此相衔接，食物链上的动物或微生物必然受到人类的干预。此外，为了保证园林植物的健康成长，人类不得不采取措施控制园林生态系统中的病、虫、鼠、草等有害生物，避免其对园林生物存活及生长发育造成有害的影响。同时，鸟类等有益生物，则受到人类的保护，从而得到加强。园林生态系统的这种生物存在状况决定了其食物链上各营养级的生物成员在一定程度上受人类需求的影响。

2. 食物链上的各生物成员的生长发育受到人为控制 自然生态系统食物链上的生物主要是适应自然规律，进行适者生存的进化。而园林生态系统中各营养级的生物成员，则在适应自然规律的同时还受人类干预完成其生活史，实现系统的各种功能，表现各种形态和生理特性。特别是园林的主体植物，其生长发育过程受到人为控制和管理，从种子苗木选育、营养生长到生殖生长都受到人类的干预。从而使食物链上的其他生物成员的生长发育也直接或间接地受到人为控制。

3. 园林生态系统的营养结构简单，食物链简短而且种类较少 自然生态系统的生物种类较多，其食物网较复杂，从而使系统内的物质、能量转换效率高，系统的稳定性好。园林生态系统由于受到人为干预，系统内的生物种类大大减少，使营养结构简单，食物链简短，系统的抗干扰能力较差，稳定性亦差，在很大程度上依赖于人为的干预和控制。为了提高园林生态系统的稳定性和抗逆性，人类不得不增加投入和管理，如灌水、施肥、使用化学农药和植物生长调节剂等以维持系统的稳定和正常运行。

为了减少园林生态系统的投入和管理，维持其良好的运转，增加园林生物种类的多样性和层次的复杂性，营造园林生态环境的自然氛围，为当今向往自然的人们，特别是城市居民提供享受自然的空间，更好地满足人类身心健康的需求。

第三节　园林生态系统的功能

园林生态系统通过由生物与生物、生物与环境构成的有序结构，把环境中的能量、物质、信息分别进行转换、交换和传递，在这种转换、交换和传递过程中形成了生生不息的系统活力、强大有序的系统功能和独具特色的系统服务。园林生态系统的功能着重从能量流动、物质循环、信息传递和系统服务 4 个方面予以阐述。

一、园林生态系统的能量流动

生态系统中的绿色植物通过光合作用，将太阳能转化为自身的化学能。固定在植物有机体内的化学能再沿着食物链，从一个营养级传到另一个营养级，实现了能量在生态系统内的流动转化，维持着生态系统的稳定和发展。园林生态系统中的能量流动，除了遵循生态系统能量流动的一般规律外，由于大量人工辅助能的投入，可以极大地强化能量的转化速率和生物体对能量贮存的能力。

（一）园林生态系统的能量来源

1. 生态系统能量的基本形态　在生态系统中，能量主要有日光能、生物化学能和热能 3 种表现形式。

日光能是由太阳放射出来的广谱电磁波所组成。进入地球大气层的电磁波，大部分转化为热能，温暖了地球环境，其中只有一小部分被绿色植物所截获，参与到生态系统的能量转化与流动过程中。

生物化学能是贮存在有机化合物中的一种潜在能量。它既可能是日光能通过光合作用转化固定在植物体中的化学能，也可能是由食物链转化到动物体和微生物体中的化学能。动植物体被埋藏在地壳中经过长期的地质作用所形成的化石能源也是一种生物化学能。当生物进行生命活动时或化石能源开采以后用于各种生产与生活时，生物化学潜能就被用于做功转化为动能和热能。

热能是一种广泛见于做功过程中的能量转化形式。如太阳辐射能到达物体表面做功后转化为热能，生物化学潜能在生物生命活动时做功转化为热能，最终将所有能量都转化为热能散逸到环境中去。

2. 园林生态系统的能量来源 园林生态系统的能量来源：①太阳辐射能，是园林生态系统的主要能量来源；②辅助能，是园林生态系统接收的太阳辐射能以外的其他形式的能，包括自然辅助能与人工辅助能。自然辅助能，指风、降水、蒸发、流水等产生的能；人工辅助能是指人们在从事园林生产和园林管理活动中投入的各种形式的能，包括生物辅助能和工业辅助能两类。生物辅助能指来自于生物有机物的能，如劳力、种苗、有机肥等，也称有机能；工业辅助能又称为无机能或化石能，如化肥、农药、生长调节剂、机具等。辅助能不能直接被园林植物转化为化学潜能，但能促进园林植物转化太阳辐射能，对园林生态系统中生物的生存、生长和发育有很大的支持作用。

（二）能量流动遵循的基本规律

园林生态系统的能量转化遵循热力学定律和耗散结构理论。

1. 热力学第一定律——能量守恒定律 热力学第一定律认为：能量可以在不同的介质中被传递，在不同的形式间被转化，但能量既不能被创造，也不能被消灭，即能量在转化过程中是守恒的。

在园林生态系统中，能量的转化也遵从能量守恒定律。例如，太阳能是一种辐射能，通过植物的光合作用可以转换为化学能贮存在植物有机体内；草食动物通过取食植物有机体而将植物体内的化学能转移到动物体内，经动物消化后这些化学能又能转换为动物活动的动能等。在能量转换的这些过程中，能量既不会被创造，也不会被消灭，只是能量的存在形式发生了变化。

了解热力学第一定律，不仅有利于把握园林生态系统中的能量转化过程，掌握同一转化过程中各种不同形态能量之间的数量关系，还可以根据热力学第一定律对园林生态系统进行定量分析，为园林生态系统能量流动的调节和控制提供可靠依据。

2. 热力学第二定律——能量效率和能流方向定律 热力学第二定律是描述能量的传递方向和转换效率的规律。在自然界的所有自发过程中，能量的传递均有一定方向，而且能量的每一次转化，总有一部分能量从浓缩的、较有序的形态，变为稀释的、不能利用的形态，即能量在转化过程中存在着衰变现象。因而，热力学第二定律也称为能量衰变定律或熵定律。

在园林生态系统中，能量流动是单一方向的，能量以光能的状态进入园林生态系统后，就不能再以光的形式存在，而是以热的形式不断地逸散于环境之中。就是说每一次能量转化都要产生热能，这些热能逸散到系统之外的自然界不复利用，通常被认为是无效能。例如上文提到的：太阳能经过光合作用，一部分作为支持植物生长发育的能被呼吸消耗，另一部分转化为植物体内的化学潜能；动物取食植物后，植物的化学潜能一部分转化为动物体内的化学潜能，一部分转化为动物运动的动能被消耗，还有一部分贮藏在动物的排泄物中进入下一级转化——微生物分解。能量每转化一级，就会消耗掉一部分。正是这能量的转化和消耗，推动了生态系统的生命运动。

由热力学第二定律可知，为了保持园林生态系统的稳定与发展，就必须不断地输入能量和物质，以维持系统的生命运动，同时也要注意改善系统的结构和功能，提高能量的转化效率。

3. 耗散结构理论 按照热力学第二定律，随着能量的逐级传递、衰变，一个封闭系统最终要走向无序，走向解体。但在自然界，很多现象表明开放的系统是不断从无序走向有序，从低有序状态走向高有序状态。这种现象用热力学第二定律是无法解释的。著名的系统论专家普里高津提出耗散结构理论——非平衡自组织理论，解决了与这种现象有关的理论问题。耗散结构理论表明：一个远离平衡态的开放系统，通过与外界环境进行物质、能量的不断交换，就能克服混乱状态，维持稳定状态并且还有可能不断提高系统的有序性，减少系统的熵。开放系统的外界条件变化达到一定限度时，将发生非平衡相变，由原来的无序的混乱状态转变为一种在时间、空间或功能上有序的新状态，这种新的有序状态需要不断与外界交换物质和能量才能维持系统稳定性。

园林生态系统是一个开放的远离平衡态的系统，符合普里高津提出的耗散结构理论。园林植物通过不断地光合作用引入负熵值，造成并保持一种系统内部高度有序的低熵状态。同时由呼吸作用和异化作用不断把正熵值转换出环境，排除无序。园林生态系统是一个人工系统，人类在园林系统的运行中投入辅助能支持其稳定和可持续发展，保证系统始终以高有序的状态运行。

我们学习热力学定律和耗散结构理论，就是要把握系统中能量流动的基本规律，并利用这种规律构建和维持园林生态系统的高有序状态，推动园林生态系统的持续稳定发展。

（三）园林生态系统能量流动的方式、路径和效率

1. 能量流动的方式 生态系统中能量的流动，是借助于食物链和食物网来实现的。因此，食物链和食物网便是生态系统中能量流动的渠道。

(1) 食物链。在生态系统中，作为生产者——植物所固定的能量，通过一系列取食和被取食的关系在系统中传递，各种生物按其取食关系排列的链状顺序称为食物链。

食物链上能量和物质被暂时贮存和停留的位置，即每一种生物所处的位置称营养级。例如，作为生产者的绿色植物和所有自养生物都位于食物链的起点，共同构成第一营养级；所有以生产者为食的动物都属于第二营养级，即草食动物营养级；第三营养级包括所有以草食动物为食的肉食动物。以此类推，还可以有第四营养级和第五营养级。

食物链在生态系统中是普遍存在的，按食物链上生物种的取食方式可将食物链归纳为3种类型：

①捕食食物链，这种食物链起始于植物，经过草食动物，再到肉食动物。这是一条以活的有机体为能量来源的食物链类型，如园林生态系统中比较常见的“园林树木→园林虫害（蛀虫）→啄木鸟”等。

②腐食食物链，亦称残屑食物链。指以死亡有机体或生物排泄物为能量来源，在微生物或原生动物参与下，经腐烂、分解将其还原为无机物并从中取得能量的食物链类型。如园林中的有机物质首先被腐食性小动物分解为有机质颗粒，再被真菌和放线菌等分解为简单有机物，最后被细菌分解为无机物质供植物吸收利用。

③寄生食物链，是以活的动植物有机体为能量来源，以寄生方式生存的食物链。如黄鼠→跳蚤→细菌→噬菌体等动植物体上的寄生都属于这一类型。

(2) 食物网。生态系统中的食物营养关系是很复杂的。由于一种生物常常以多种食物为食，而同一种食物又常常为多种消费者取食，于是食物链交错起来，多种食物链相连，形成食物网。

食物网使生态系统中各种生物组合，直接或间接地联系在一起，生物种类越多，食性越复杂，形成的生态系统也越复杂。一个具有复杂食物网的生态系统，其能量流动的渠道畅通，生态位互补，整个系统表现稳定性强，生态功能也强。

2. 能量流动的路径 生态系统的能量流动始于初级生产者（绿色植物）对太阳辐射能的捕获，通过光合作用将日光能转化为储存在植物有机体中的化学潜能，这些被暂时储存起来的化学潜能由于后来的去向不同而形成了生态系统能流的不同路径。

第一条路径：植物有机体被一级消费者（草食动物）取食消化，一级消费者又被称为二级消费者的肉食动物取食消化，能量沿食物链各营养级流动，每一营养级都将上一级转化而来的部分能量固定在本营养级的生物有机体中，但最终随着生物体的衰老死亡，经微生物分解将全部能量散逸归还于非生物环境。

第二条路径：在各个营养级中都有一部分死亡的生物有机体以及排泄物或残留体进入到腐食食物链，在分解者的作用下，这些复杂的有机化合物被还原为简单的 CO_2、H_2O 和其他物质。有机物质中的能量以热量的形式散发于非生物环境。

第三条路径：无论哪一级生物有机体，在其生命代谢过程中都要进行呼吸作用。在这个过程中生物有机体中存储的化学潜能做功，维持了生命的代谢，并驱动了生态系统中的能量流动和信息传递，生物化学潜能也转化为热能，散发于非生物环境中。

以上三条路径是所有生态系统能量流动的共同路径。对于园林生态系统而言，能量流动的路径有其特殊性。从能量来源上讲，除了太阳辐射能之外，还有大量的辅助能量投入。人工辅助能虽不能直接转化为生物有机体内的化学潜能，但它们能够强化、扩大、提高植物捕获太阳能的效率和转化率，间接地促进了生态系统的能量流动与转化。从能量的输出看，由于人类管理，从园林生态系统转移走了大量的植物、动物残体，人为地消除残、枯腐植物或修剪无观赏价值的植物等，形成了较大的输出能流。这是园林生态系统区别于自然生态系统的一条能流路径，也称为第四条能流路径。

3. 能量流动的效率　由上文可知，能量在园林生态系统中流动是单一方向的，能量在园林生态系统中流动的过程是一个能量不断递减的过程。这两条结论不仅适用于园林生态系统，也适用于其他类型的生态系统，由此还可以得出第三条结论：能量在生态系统的流动过程中，质量是逐渐提高的。就是说，从太阳能输入生态系统起，能量每通过一个能级（营养级），就有一部分能量以热能耗散，另一部分则从低质量能态转化成高质量能态贮存到下一级有机体中。如同样质量的植物与同样质量的动物相比，含能量是不同的，简单地说，1kg 肉和 1kg 菜或 1kg 小麦相比，肉的含能量高于菜或小麦。这就涉及能量流动的效率，是一个非常复杂的问题，我们这里不做详细论述。

一般而言，能量流动的效率用生态效率表征。生态效率是指各种能流参数中的任何一个参数在营养级之间或营养级内部的比值。营养级之间的生态效率常用摄食效率、同化效率、生产效率、利用效率等来表示。营养级内部的生态效率常用组织生长效率、生态生长效率、同化效率等来表示。美国生态学家林德曼曾对生态系统的生态效率进行过一次经典的研究，提出著名的林德曼效率。20 世纪 30 年代末，林德曼在研究湖泊生态系统时发现营养级之间的能量转化效率平均大致为 1/10，其余 9/10 由于消费者采食时的选择浪费以及呼吸排泄等被消耗了。这个发现被后人称之为林德曼效率或称 1/10 定律。在林德曼之后，许多生态学工作者进行了这方面的研究，结果表明，林德曼效率的幅度大致在 10%～20%之间，以水生系统为最高。

能量流动的效率可以形象地用生态金字塔来表示。生态金字塔是生态系统中由于能量沿着食物链传递过程中的衰减现象，使得每一个营养级被净同化的部分都要大大地少于前一营养级。因此，当营养级由低到高，其个体数目、生物现存量和所含能量一般呈现出基部宽、顶部尖的金字塔形。用数量来表示的称为数量金字塔，用生物量来表示的称为生物量金字塔，用能量来表示的称为能量金字塔（图 2-1）。

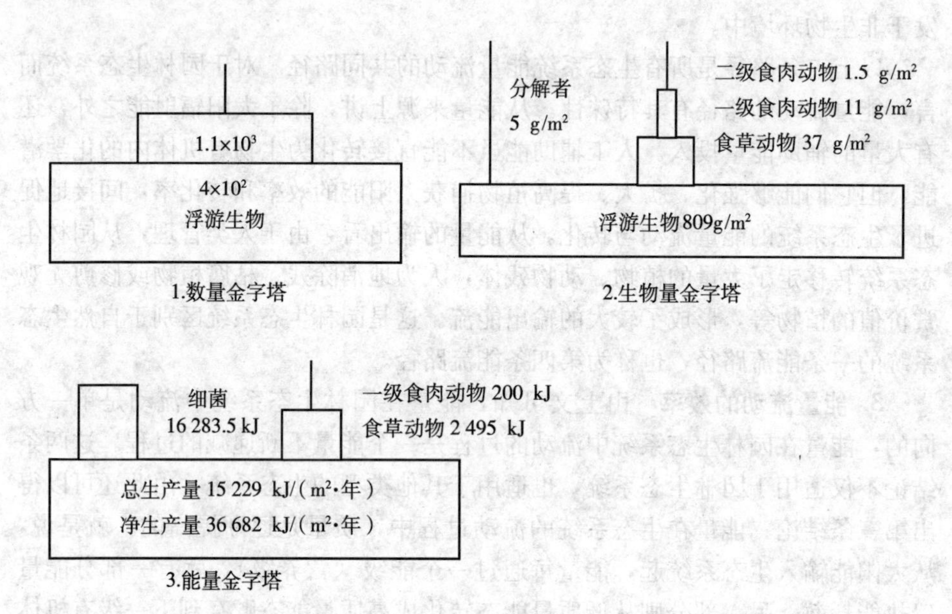

图 2-1 生态金字塔

生态金字塔理论对提高能量利用与转化效率、调控营养结构、保持生态系统的稳定性具有重要的指导意义。食物链长的塔层次多，则能量消耗多储存少，系统不稳定。食物链短的塔层次少基部宽，则能量消耗少储存多，系统稳定。对于园林生态系统，要保持其稳定和发展，要求各种动物及微生物的存在要有一个适宜的比例，要对园林病虫害及有害动物及时进行防治。

（四）园林生态系统能量流动的特点

园林生态系统由于受到人类不同程度的干预，是一种人工或半人工的生态系统。其能量流动过程不同于自然生态系统，具体表现为以下特点：

1. 园林生态系统能量来源于两个方面 一方面来自于太阳辐射能；另一方面，还有大量的辅助能投入。大量的人工投能是园林生态系统能流的最大特点。

不同的区域，由于地形、地势、海拔、纬度、坡向等因素的影响，使各地的太阳辐射能表现出一定的差异，这包括光质、光照强度和光照时间的不同；另一方面，由于不同地区的社会、经济、技术条件的不同，向园林生态系统投入各种辅助能的数量和质量也有所不同。因此，园林生态系统的能量流动表现出明显的地域性差异。

2. 园林生态系统能流途径不同于自然生态系统 园林生态系统中的园林动物和园林微生物作用相对弱，园林植物贮存的能量不以为各种消费者提供能量为主要目的，而是以净化环境等各种生态效益，供人们观赏、休闲等社会效益为目的。

3. 园林生态系统表现为开放系统，必须施加人工投入，才能维持系统的正常运转 园林生态系统的植物、动物、微生物在能量转化过程中所固定的能量，由于人为的管理作用，必然不断地被输出系统之外；与此同时，为维持系统的正常运转，又需要有大量的能量投入来补充，使系统的能量输入和输出保持动态的平衡。

从生态系统原理和园林生态系统的特点看，人为干预园林生态系统是必不可少的，但应尽量增加园林植物的种类及数量，为各种园林动物与园林微生物提供生存空间，以充分发挥园林动物与园林微生物在整个生态系统中的作用。这样，既可以减少园林管理者的能量投入，又可以促进园林生态系统自身调控机制和自然属性的发挥，增加系统的自然气息和活力，使人类更能接近自然，享受自然。

二、园林生态系统的物质循环

物质在生态系统中起着双重作用，既是用以维持生命活动的物质基础，又是贮存化学能的载体。园林生态系统是一个物质实体，包含着许多生命所必需的无机物质和有机物质，这些必需物质主要包括碳、氢、氧、氮、磷等生命必需的营养元素；钙、镁、钾、钠、硫等生命活动需要量较大的营养元素；铜、锌、硼、锰、钼、钴、铁、铝、氟、碘、硅等各种微量元素。在生态系统的物质转移流动过程中，生物的死体、残体以及排泄物返回环境后，经微生物分解成简单物质后可以重新被生物吸收利用。因此，物质能够在生态系统中被反复利用而进行循环。

（一）物质循环的基本概念和类型

地球上的各种化学元素和营养物质在自然动力和生命动力的作用下，在不同层次的生态系统内，乃至整个生物圈，沿着特定的途径从环境到生物体，再从生物体到环境，不断地进行流动和循环，就构成了生物地球化学循环。

生物地球化学循环包括地质大循环和生物小循环。根据物质在循环时所经历的路径不同，从整个生物圈的观点出发，生物地球化学循环可分为水循环、气体型循环和沉积型循环。

1. 地质大循环和生物小循环

（1）地质大循环是指物质或元素经生物体的吸收作用，从环境进入生物有机体内，生物有机体再以死体、残体或排泄物形式将物质或元素返回环境，进入大气、水、岩石、土壤和生物五大自然圈层的循环。地质大循环时间长、范围广，是闭合式循环。

（2）生物小循环是指环境中的元素经生物体吸收，在生态系统中被多层次利用，然后经过分解者的作用，再为生产者吸收、利用。生物小循环的时间短、范围小，是开放式的循环。

2. 水循环、气体型循环和沉积型循环

（1）水循环。循环是物质循环的核心。我们知道水是地球上最丰富的无机化合物，也是生物组织中含量最多的一种化合物。水具有可溶性、可动性和比热高等理化性质，因而它是地球上一切物质循环和生命活动的介质。没有水循环，生态系统就无法启动，生命就会死亡。

水循环的主要作用表现在3个方面：①水是所有营养物质的介质。营养物质的循环和水循环不可分割地联系在一起。地球上水的运动，还把陆地生态系统和水域生态系统连接起来，从而使局部生态系统与整个生物圈发生联系。②水是物质的最好溶剂之一。世界上的绝大多数物质都溶于水，可随水迁移。据统计，地球陆地上每年大约有 $3.6\times10^{13}m^3$ 的水流入海洋。这些水中每年携带着 $3.6\times10^{9}t$ 的溶解物质进入海洋。③水是地质变化的动因之一。其他物质的循环常是结合水循环进行的。

（2）气体型循环。气体型循环的贮存库在大气圈或水圈中，元素或化合物可以转化为气体形式，通过大气进行扩散，弥漫在陆地或海洋上空，在较短的时间内又可被植物所利用，循环速度比较快。如碳、氮、氧、水蒸气等。由于有巨大的大气贮存库，对于外界干扰可相当快地进行自我调节。因此，从全球意义上看，这类循环是比较完全的循环。

（3）沉积型循环。沉积型循环是指大多数矿质元素的循环。其贮存库在地壳里，经过自然风化和人类的开采，从陆地岩石中释放出来，为植物所吸收，参与生命物质的形成，并沿食物链转移，然后以动植物残体或排泄物被微生物分解，将物质元素返回环境。除一部分保留在土壤中供植物吸收利用外，其余部分以溶液或沉积物状态随流水进入江河，汇入海洋，经过沉降、淀积和成岩作用变成岩石。当岩石被抬升并遭风化作用时，该循环才算完成。这类循环是缓慢的、非全球性的，并且容易受到干扰，是一种不完全的循环。

（二）园林生态系统的物质循环

园林生态系统的物质循环主要包含园林植物个体内的养分再分配、园林生态系统内部的物质循环和园林生态系统与外界环境之间的物质循环。

1. 园林植物个体内养分的再分配 园林植物的根吸收土壤中的水分和矿质元素，叶吸收空气中的 CO_2 等营养物质满足自身的生长发育需求，并将贮藏在植物体内的养分转移到需要的部位。植物在其体内转移养分的种类及其数量，取决于环境中的养分状况以及植物吸收的状况。一般在养分比较缺乏的区域，植物体内的养分再分配较为明显，通过养分在植物体的再分配，以维持植物正常的生长发育。这也是植物保存养分的重要途径。

植物体内养分的再分配在一定程度上缓解了养分的不足。有些植物在不良的环境条件下形成了贮存养分的特化组织器官，但这不能从根本上解决养分的亏缺。因此，在园林生态系统中，要维护园林植物的正常生长发育，特别是在贫瘠的土壤环境，要通过人为补施水分、矿质元素等物质以满足植物生长的需要。

2. 园林生态系统内部的物质循环 园林生态系统内部的物质循环是指在园林生态系统内，各种化学元素和化合物沿着特定的途径从环境到生物体，再从生物体到环境，不断地进行反复循环利用的过程。

园林植物在生长发育过程中，无论其地上部分还是地下部分，都要进行新陈代谢。如地下部分的代谢产物（死亡根细胞、表皮、根的排泄物等）直接进入土壤中，为土壤微生物分解，变成简单物质后可为植物生长再吸收利用，即进入下一轮循环。

园林动物在生长发育过程中，其排泄物或其死体直接留在系统内，为微生物分解，或为雨水冲刷进入土壤，变成简单物质后可为植物生长再吸收利用，即进入下一轮循环。

由于园林生态系统是人工生态系统，因而其系统内的物质循环扮演着次要的角色。人们为了保证园林的洁净，将枯枝落叶及动、植物死体清除出系统外，客观上削弱了园林生态系统内部的物质循环。

3. 园林生态系统与外界环境之间的物质循环 园林生态系统是人工生态系统，要维持系统的正常运行，满足人类对园林的观赏和游逸需求，就必须从系统外输入大量的物质以保证园林植物的生长、发育并保持植物个体或群落的样貌。与此同时，园林植物的残体、剪枝、落叶又被清除出园林系统。一进一出，构成园林生态系统与外界环境之间的物质循环。

三、园林生态系统的信息传递

信息传递也是园林生态系统的功能之一。园林生态系统是一种人工控制的生态系统，人类利用生物与生物、生物与环境之间的信息调节，使系统更协调、更和谐；同时，也可利用现代科学技术控制园林生态系统中的生物生长发育、改善环境状况，使系统向人类需要的方向发展。

（一）信息与信息过程

信息是指能引起生物的生理变化和行为的信号。而信号则是指能引起生物感知的各种因素。能引起生物感知的因素很多，可归纳为物理因素和化学因素二大类。这二类因素都可以通过生物的感觉器官感知。所以说信息是一种物质，是一种能引起客观反应的物质实体。动物的眼睛、耳朵、毛发、皮肤等都能感知，并通过神经系统作出反应，引导动物产生移动、捕食、斗殴、残杀、逃脱、迁移、性交等行为。部分植物如含羞草、捕虫草等也有类似的感觉机能，从而调节生物本身的行为。

每一个信息过程都有三个基本环节：信息的产生，或信息的发生源，称为信源；信息传递的媒介，称为信道；信息的接收，或信息的受体，称为信宿。多个信息过程交织相连就形成了系统的信息网。当信息在信息网中不断地被转换和传递时，就形成了系统的信息流。

自然生态系统中的生物体通过产生和接收形、声、色、光、气、电、磁等信号，并以气体、水体、土体为媒介，频繁地转换和传递信息，形成了自然生态系统的信息网。园林生态系统保留了自然生态系统的这种信息网的特点，并且还增加了知识形态的信息。如园林技术这类信息通过广播、电视、电讯、出版、邮电、计算机等方式，建立了有效的人工信息网，使科学技术这一生产力在园林生态系统中发挥更大的作用。

（二）生态系统中信息的种类

生态系统中的信息有物理信息、化学信息、营养信息和行为信息四种。由不同的生物或不同的器官发出，再由不同的生物或同一生物的不同器官接收。生物的信息传递、接收和感应特征是长期进化的结果。

1. 物理信息　物理信息是以物理因素引起生物之间感应作用的一种信息，也是生态系统中范围最广、作用最大的一类信息。它包含光信息、声信息、电信息、磁信息等。

（1）光信息。少数像萤火虫之类生物可产生光信息以外，大多数生物都不能产生光信息，只能借助于反射其他发光体发出的光才能引起生物的感知。光信息以物理刺激的方式作用于信息的受体即信宿生物，通过生物的感觉器官而传入大脑产生感觉等生理活动。

大多数动物对光信息的感知，都是通过眼来实现的。通过感知物体或其他生物的形色、移动、速度等因素，从而做出相应的反应。植物对光信息的感应，形成了喜光植物与耐阴植物、长日照植物与短日照植物等不同类群，并且表现出光周期现象。

（2）声信息。声信息在许多动物的交往中起着非常重要的作用。声音具有传播远、方向衍射等特点。声带是大多数动物的发声器官。但动物的发声器官并不相同，如蚱蜢用后腿摩擦发声，鱼用气泡发声，海豚用鼻道发声，蝉用腹下薄膜发声。某些植物的根系也能发声。

哺乳类动物的声波接收器官是耳朵，蚱蜢是腹部，蟑螂用尾部接收声波，雄蚊触角上的刚毛对雌蚊的煽动声特别敏感。有些动物无感声系统，而是靠自己发射的声波接受反射波来定位，根据发出和接受的时间差来确定物体的相对位置，如蝙蝠和海豚都有特殊的声定位系统。

不同生物发出声波的频率和振幅不同，不同生物对声波的感知也不同。所以不同的生物具有不同的声波发射和感知系统，从而形成种群内声的识别与交往等功能，并使每一生物种群都具有一套独立的声信息交往系统，以迅速反映生活中的各种状态，如觅食、用餐、喜怒哀乐、打架防卫、性行为等。例如，雄牛蛙与雌牛蛙具有不同的叫声，且雌牛蛙主要是在交配期才发出特殊的声音，雄牛蛙则是通过感知这种特殊声波而与之交配。生物学家发现鸡蛋内的胚胎发育在出壳前 3d 就开始用声信号同母鸡进行对话；小老鼠在出生两周内，用超声波与母老鼠联系。

声波在生物体传播时，对生物体本身发生的某种作用和影响，称为声波的生物效应。声波的生物效应机制，目前认为是声波的机械作用和生化作用，例如，声波振幅能使植物种子的表皮松软乃至破裂，以提高吸水率，促进新陈代谢，提高种子发芽率。声波的生化作用是利用声波能量提高酶的活性，可以加速植物的光合作用，促进细胞分裂，从而加速植物生长。

(3) 电信息。自然界中有许多放电现象，生物中存在较多的生物放电现象。动物对电很敏感，特别是鱼类、两栖类皮肤有很强的导电力，其组织内部的电感器灵敏度更高。整个鱼群的生物电场还能很好地与地球磁场相互作用，使鱼群能正确选择洄游路线。有些鱼还能察觉海浪电信号的变化，预感风暴的来临，及时潜入海底。

植物同动物一样，其组织与细胞存在着电现象。因为活细胞的膜都存在着静电位，任何外部刺激，包括电刺激都会引起动作电位产生，形成电位差，引起电荷的传播。植物细胞就是电刺激的接收器。

(4) 磁信息。生物生活在太阳和地球的磁场内，必然要受到磁力的影响。生物对磁有不同的感受能力，通常称之为生物的第六感觉。在广阔的天空中候鸟成群结队南北长途往返飞行都能准确到达目的地，特别是信鸽千里传书而不误。在无际的原野上，工蜂无数次将花蜜运回蜂巢。在这些行为中动物主要是凭着自身带的电磁场，与地球磁场相互作用确定方向和方位。

植物对磁场也有反应。据研究，在磁异常地区播种向日葵及一年生牧草，其产量比正常地区低。

2. 化学信息 生态系统的各个层次都有生物代谢产生的化学物质参与传递信息、协调各种功能，这种传递信息的化学物质通常称为信息素。信息素虽然量不多，却涉及从个体到群体的一系列活动。化学信息是生态系统中信息流的重要组成部分。在个体内，通过激素或神经体液系统协调各器官的活动。在种群内部，通过种内信息素协调个体之间的活动，以调节信宿动物的发育、繁殖和行为，并可提供某些信息储存在记忆中。某些生物对自身毒物或自我抑制物，以及动物密集时积累的废物，具有驱避或抑制作用，使种群数量不致过分拥挤。在群落内部，通过种间信息素调节种群之间的活动。种间信息素在群落中有重要作用，主要是一些次生代谢物，如生物碱、萜类、黄酮类、非蛋白质的有毒氨基酸，以及各种苷类、芳香族化合物等。

次生代谢物在植物与草食动物之间的传递，主要表现为威慑作用和吸引作用。某些植物含有一些特殊的物质，可以使动物拒食。例如，鸟类和爬行类常避开含强心苷生物碱、单宁和某些萜类的植物；昆虫拒食含倍半萜内酯的菊科、百合科植物；铃兰含有铃兰氨酸，动物吃了会干扰脯氨酸的合成和利用，导致死亡，因此许多动物拒食铃兰。植物散发出的气味和花的颜色，对昆虫和其他动物具有吸引作用。许多动物对吸引具有识别和选择能力，如鸟类喜欢鲜艳的猩红色，蛾子喜欢红、紫、白色，从而使动物与植物之间构成一定的生态关系。

次生代谢物在动物中的信息传递很多，如性吸引、族聚、诱食、警戒、跟踪、防卫等。成年雌昆虫借释放性激素吸引雄虫交配，蚂蚁通过分泌物留下化学痕迹以便后来者跟上，臭鼠通过分泌硫化物等难闻气味以御敌，伊蚁分泌的伊蚁二醛和伊蚁内酯以攻击其他动物。许多哺乳动物以排尿来标记其行踪和活动区域，乃至取得交配权。

少量的污染物即可能破坏生物的化学信息系统。例如，洄游性鱼类靠河水中天然化学物来识别返回家乡河流的路线。有人研究，因石油污染而搞乱了鲑鱼洄游路线中的化学信息系统，结果发现鲑鱼不能回家乡河流中去产卵，从而造成当地渔业损失。

3. 营养信息　营养信息是由于外界营养物质数量和质量上的变化，通过生物感知，引起生物的生理代谢变化，并传递给其他个体或后代，以适应新的环境。通常，食物链上某一营养级上的生物数量减少，则其下一个营养级的生物将在感知到这一信息后进行调整，如降低繁殖率，加剧种内竞争，重新使食物营养关系趋向于一种新的平衡。例如，蝗虫和旅鼠数量过高时，因食物资源减少，会发生大规模的迁移，以适应环境的变化。

植物对土壤养分的感知也很敏感。植物根系有朝着养分丰富的方向发展的趋势。

自然生态系统的食物网，都是通过系统内诸多生物种群对营养信息的感知，并形成相应的调节机制，从而维持系统的稳定持续发展。例如，鹌鹑和田鼠都取食草本植物，当鹌鹑数量较多时，猫头鹰大量捕食鹌鹑，田鼠很少受害；当鹌鹑数量较少时，猫头鹰转而大量捕食鼠类。这样，捕食者通过感知环境中食物资源的变化情况，使猎物种群也能获得相对稳定。

4. 行为信息　同类生物相遇时，常常会出现有趣的行为信息传递。例如，当出现敌情时，草原上的雄鸟急速起飞，煽动两翅，给雌鸟发出警报；一群蜜蜂中若出现了两个蜂皇，则整个蜂群就会自动分为大致相等的两群；雄白鼠嗅到陌生雄鼠尿液时，机械运动立即加强；若用陌生雄鼠尿液涂上两只本来十分和谐的雌鼠中的一只，两者立即变得势不两立，激烈的攻击行为油然而生。其他如定向返巢、远距离迁飞、冬眠、斗殴、觉醒等，都是受行为信息的支配。

行为信息也是借助于光、声、化学物质等信息而传递的。日本、美国和加拿大的科学家，协作研究沙蒙鱼在北太平洋中的洄游，彼此混杂得很厉害，到接近产卵时才彼此分开。不管是亚洲的还是北美洲的，都分得清清楚楚，并各自回到家乡河流产卵，其原因是每条沙蒙鱼在它幼年时就熟悉了原产地河流的植物和各种化学物质，并保留在其脑中，直至性成熟时，再依靠这些信息洄游到原地产卵繁殖。

（三）信息在园林生态系统中的应用

1. 光信息在园林生态系统中的应用　研究发现，植物的形态建成受光信息控制。有人实验，在黑暗中生长的马铃薯或豌豆幼苗，每昼夜只需暴光5～10min，便可使幼苗的形态转为正常。这显然不是光能量作用的结果，而是光信息作用的直接验证。

光信息对植物种子的萌发有促进和抑制双重作用：对需光种子而言，如烟草和莴苣种子，在其萌发时必须受光刺激才能发芽；对嫌光种子而言，如瓜类、番茄等的种子，受光刺激则其种子不发芽。研究还发现，光信息对植物开花有影响。在诱导暗期中，红光和远红光的信息交互作用下，短日照植物开花决定于最后的光信息：如果最后的光信息是远红光，则开花；如果最后的光信息是红光，则不开花。

许多植物都有较明显的光周期现象，并依此而分化出短日照植物和长日照植物及中性植物等类群。利用光信息可调节和控制生物的生长发育，这在花卉生产上应用较多，利用光周期现象控制植物开花时间。不同昆虫对各种波长的光反应不同，可以利用昆虫的趋光性诱杀园林害虫。

2. 化学信息在园林生态系统中的应用　在自然生态系统中，有一种异株克生现象，即一种植物的生长，抑制另一种或多种植物生长、发育。这是由于该种植物产生的次生代谢物质作用的结果。如黄瓜的某些品系在散发化学物质的信息作用下，可以阻止87%左右的杂草生长，维持其在菜田生态系统中的优势。有些植物散发出单萜的香味，在它周围2m范围内，能抑制许多不同类型植物的生长。研究表明：植物产生的已知结构的次生代谢物质的总数达3万种，通过这些次生代谢物质的信息作用，可引起其他植株生长的改变，可使其对水、矿物质的吸收能力大大减退。因而化学信息强烈地改变着生态系统的结构和组成。

在园林生态系统中，人们常利用昆虫的性外激素诱捕昆虫，通过所诱捕的虫数，可以短期预报害虫的发生时期、虫口密度及危害范围。人们也通过在园林中释放人工合成的性引诱剂，使雄虫无法辨认雌虫的方位，或者使它的气味感受器变得不适应或疲劳，不再对雌虫有反应，从而干扰害虫的正常交尾活动，有效地控制害虫的虫口密度。

3. 营养信息在园林生态系统中的应用　在自然界，人们都知道植物有趋水性、趋肥性、趋光性，实际上这都是营养信息作用的表现。在园林管理实践中，人们常用激素控制植物的生长发育，如用矮壮素控制植物徒长，用乙烯利控制植物开花，用脱落酸疏枝疏叶，采取深松表土的方法促使植物扎深根，喷施叶面肥促使植物健壮生长。都是应用营养信息作用于园林生态系统的范例。

四、园林生态系统的服务功能

（一）生态系统的服务功能

生态系统的服务功能是指生态系统及其生态过程所形成及所维持的人类赖以生存的自然环境条件与效用。它给人类社会、经济和文化生活提供了许许多多必不可少的物质资源和良好的生存条件。

生态系统服务一般是指生命支持功能（如净化、循环、再生等），而不包括生态系统功能和生态系统提供的产品。但服务与功能和产品三者是紧密相关的。生态系统功能是构建生物有机体生理功能的过程，是为人类提供各种产品和服务的基础。因而广义地讲，生态系统提供的产品和服务统称为生态系统服务。

生态系统的服务功能是客观存在的，是在系统的生态过程中实现的，是生态系统的属性。生态系统中植物群落和动物群落，自养生物和异养生物的协同关系，以太阳能为主要推动力的能量流动，以水为核心的物质循环，以及信息流通、生物生产、资源分解等地球上各种生态系统的运行和发展，都在客观上为人类提供了生态系统服务的功能。

生态系统是我们获得自然资源的源泉，也是人类赖以生存的环境条件。它不仅为人类提供了食品、医药及其他生产生活原料，还创造与维持了地球生态支持系统，形成了人类生存所必需的环境条件。生态系统服务功能的内涵包括有机质的合成与生产、大气组成的调节、气候的调节、水资源的贮存和保持与调节、土壤肥力的更新与维持、营养物质贮存与循环、环境净化与有害有毒物质的降解、生物多样性的产生与维持、植物花粉的传播与种子的扩散、有害生物的控制、基因资源的保持、提供娱乐和文化等多方面。

（二）园林生态系统的服务功能

1. 净化空气和调节气候　园林生态系统对大气环境的净化作用主要表现为维持碳氧平衡、吸收有害气体、滞尘效应、减菌效应、负离子效应等方面。

园林植物在生长过程中，通过叶面蒸腾，把水蒸气释放到大气中，增加了空气湿度、云量和降雨。

园林植物的生命过程还可以平衡温度，使局部小气候不至于出现极端类型。

园林植物群落可以降低小区域范围内的风速，形成相对稳定的空气环境，或在无风的天气下，形成局部微风，能缓解空气污染，改善空气质量。

2. 生物多样性的维护 生物多样性是生态系统生产和生态系统服务的基础和源泉。园林生态系统可以营建各种类型的绿地组合，不仅丰富了园林空间的类型，而且增加了生物多样性。园林生态系统中的各种植物类型的引进，一方面可以增加系统的物种多样性，另一方面又可保存丰富的遗传信息，避免自然生态系统因环境变动，特别是人为的干扰而导致物种的灭绝，起到了类似迁地保护的作用。

3. 维持土壤自然特性的功能 土壤是一个国家财富的重要组成部分。在人类历史上，肥沃的土壤养育了早期文明，有的古代文明因土壤生产力的丧失而衰落。今天，世界约有20%的土地因人类活动的影响而退化。

通过合理地营建园林生态系统，可使土壤的自然特性得以保持，并能进一步促进土壤的发育，保持并改善土壤的养分、水分、微生物等状况，从而维持土壤的功能，保持生物界的活力。

4. 减缓自然灾害 良好、结构复杂的园林生态系统，可以减轻各种自然灾害对环境的冲击及灾害的深度蔓延，如干旱、洪涝、沙尘暴、水土流失、台风等。各种园林树木对以空气为介质传播的生物流行性疾病、放射性物质、电磁辐射等有明显的抑制作用。

5. 休闲娱乐功能 园林生态系统可以满足人们日常的休闲娱乐、锻炼身体、观赏美景、领略自然风光的需求。能减轻压抑，使心理和生理病态得到康复和愈合。洁净的空气、和谐的草木万物，有助于人的身心健康，使人的性格和理性智慧得以充分地发展。

6. 精神文化的源泉及教育功能 各地独有的自然生态环境及人为环境塑造了当地人们的特定行为习俗和性格特征，同时决定了当地人们的生产生活方式，孕育了各具特色的地方文化。园林生态系统在给人们休闲娱乐的同时，还可以使人学习到自然科学及文化知识，增加人们的知识素养。让人在对自然环境的欣赏、观摩、探索中，得到许多只可意会而难以言传的启迪和智慧。

多种多样的园林生态系统的生物群落中充满自然美的艺术和无限的科学规律，是人们学习的大课堂，为人们提供了丰富的学习内容；园林生态系统丰富的景观要素及生物的多样性，为环境教育和公众教育提供了机会和场所。

复习思考题

1. 请用自己的语言叙述园林生态系统的概念，并说明园林生态系统由哪些部分组成。

2. 你认为园林中的入侵植物是园林植物吗？请说明理由。

3. 园林生态系统与自然生态系统有什么区别，能否举例说明。

4. 如何理解园林生态系统的水平结构和垂直结构？

5. 什么是食物链、食物网和营养级？生态金字塔是如何形成的？

6. 园林生态系统的能量流动有哪些特点？

7. 园林生态系统的物质循环有哪几类？

8. 举例说明信息在园林生态系统中的应用。

9. 简述园林生态系统的服务功能。

第三章　园林植物与生态因子的关系

第一节　环境与生态因子

一、环境的基本概念

环境是一个应用广泛的概念，在不同的学科中环境的科学含义不尽相同。在园林生态学中，环境是指影响园林植物个体或群体生命活动的所有外界力量、物理条件（如光、热、水、土、气）及直接、间接影响该植物个体或群体生存的一切因子的总和。按其组成可以分为自然环境和人工环境两个部分。

（一）自然环境

1. 自然环境　园林植物的自然环境是指自然界中一切可以直接或间接影响生物生存的因子的总和。包括地形、地质、土壤、水文、气候、植被、动物、微生物等因素。在不同地理纬度、不同海拔高度与不同的地形地貌条件下，园林植物所处的自然环境不同。

自然环境对生物体具有根本性的影响，根据人类考察的范围的大小，自然环境又可分为宇宙环境、地球环境、区域环境、生境等。园林生态系统一般涉及范围较小，介于区域环境和生境之间，故称之为生态环境。

2. 生境　园林生态系统的生境是指园林生物的栖息地，是特定地段上对园林生物起作用的环境因子的总和。一定的生境与一定生态习性的植物有着较固定的联系，特定的生境条件决定了特定的植被类型。如热带雨林生境相应地生长热带雨林植被，而高山生境则生长高山植被，低湿地段生境生长沼泽植被。

（二）人工环境

园林植物的人工环境是指在人为因素的作用下，自然环境的某些因素局部发生变化后而形成的环境。包括建筑物、道路、管线、各种基础设施、城市、村落、水库、废水、废气、废渣和噪声等因素。人工环境有广义与狭义之分。

广义人工环境是指人为因素作用下使自然环境某些因素发生变化，从而对生物生长发育产生影响的环境条件。如人工经营的农场、林场、草场、园林、自然保护区等，这是人工改变某些不良的自然因素，为生物生长发育创造良好条件的人工环境。相反，如毁林开荒、人为环境污染等，造成水土流失、环境恶化，则是人为不合理利用和破坏原有良好的自然环境而带来对生物生长不利的人工环境。

狭义人工环境是指人类根据生物的生长发育规律，利用现代科学技术手段，人工模拟或单个因子改造，为生物生长发育所创造的良好环境条件。如保护地栽培、温室栽培、水培、人工气候室等，人为地为植物提供良好的生长条件。随着人类对自然认识的进一步深入和科学技术的发展，人类活动对自然环境的干预能力越来越大，越来越深刻，人类将能根据自己的愿望创造更多的人工环境，以使生态系统为人类更好地服务。

二、生态因子

自然环境中一切影响园林植物生命活动的因子均称为园林植物的生态因子，如光、温、水、气、土壤等自然因素均为园林植物的生态因子。在任何一个综合性环境中，都包含很多生态因子，其性质、特性和强度等方面各有不同，这些不同的生态因子之间相互组合、相互制约，形成各种各样的生态环境，为不同生物的生存提供了可能。

生态因子的分类有多种，如根据生态因子的稳定性将其分为稳定因子和变动因子两类。稳定因子是指终年恒定的因子，不会随环境条件的改变而改变，或变动不大，处于相对稳定状态，如地形、地貌、土壤质地、气候等；变动因子是指不断变化着的因子，如降水量、温度、光照等。通常，生态因子按其性质分为以下5类：

1. 气候因子　如光照、温度、湿度、降水、雷电等。

2. 土壤因子　如土壤结构、土壤有机质、矿物质以及土壤微生物等。

3. 地理因子　如海洋、陆地、山川、沼泽、平原、高原、丘陵等。此外，海拔、坡向、坡度、纬度、经度等也都是地理因子，他们都会不同程度地影响植物的生长、发育、分布。

4. 生物因子　指动物、植物、微生物对环境的影响以及生物之间的相互影响。

5. 人为因子　虽然人类属于生物范畴，但人类通过对植物资源的利用、改造、发展、引种驯化以及对环境的生态破坏和对环境造成的污染等行为已充分表明人类对环境及对其他生物的影响已越来越具有全球性，远远超出了生物的范畴，应该作为一类生态因子予以考虑。

生态因子始终处于有规律的变化之中，其变化表现为垂直变化、水平变化和时间变化。

（一）生态因子的垂直变化及垂直地带性

许多生态因子如光照因子、土壤因子、水分因子、温度因子等会随海拔高度变化而发生改变。一般地，在高山地区，空气稀薄，氧气含量低，紫外辐射量大，以温度因子变化最为明显。通常，随海拔高度增高，气温降低，降水量增加，形成气候的垂直地带性。由下而上的山体气候带的垂直分布情况，与气候带自南向北的纬度分布有类似趋势，并且其变化梯度远比纬度地带性大。垂直地带性往往在数百米高程内即可呈现分带现象。属热带山地的喜马拉雅山系，海拔 1 000m 以下是热带气候，1 000～2 000m 呈现亚热带气候特征，2 250～5 000m 具温带气候特征，5 000m 以上类似寒带气候。在 5 000m 的高度变化中，表现了自海南岛至黑龙江的全部气候带的变化。在气候等成土因素垂直变化的制约下，山地土壤也出现垂直带状分布。我国西北干燥山区自下而上分布着荒漠土、灰钙土、山地草原土、山地褐色土、高山草甸土和冰雪线。

自然条件的垂直地带性，决定了园林植物分布也呈现鲜明的垂直地带性。

（二）生态因子的水平变化及水平地带性

1. 纬度变化及纬向地带性 我国平原地区晴天状况下，太阳总辐射的平均值按纬向自南向北，呈现明显递减趋势，同时年变幅逐渐增大（表 3 - 1）。

表 3 - 1 我国平原地区晴天情况下太阳总辐射的纬向变化

（据左大康，气象学报，1963，整理）

单位：kJ/cm^2

月份 \ 纬度	50.0°	45.0°	40.0°	35.0°	30.0°	25.0°	20.0°
1	23.9	32.2	39.4	42.3	46.1	55.3	55.7
2	36.0	44.4	49.8	50.7	54.0	60.7	59.0
3	58.2	63.2	67.0	66.6	67.0	70.3	67.8
4	74.9	79.1	81.6	79.5	77.0	81.6	78.3
5	91.7	92.9	94.6	90.9	87.5	91.3	87.9
6	96.7	98.0	98.8	93.4	90.0	93.8	90.0
7	94.2	95.9	97.1	92.1	88.8	92.9	89.2
8	78.7	82.9	86.7	84.2	81.2	85.4	83.7
9	61.1	65.7	70.8	70.3	70.8	74.9	72.9
10	41.9	49.8	56.5	58.2	60.7	67.4	64.5
11	26.8	35.6	42.7	45.2	50.2	57.8	57.4
12	19.7	27.6	34.3	38.9	42.7	51.9	52.3
全年合计	703.8	767.4	819.4	812.2	815.2	883.4	858.7

但实际变化要复杂得多，因为各地天气状况和下垫面的影响不相同。如与平地相比，山的背阴面的太阳辐射有“减弱”现象，而向阳面有“增加”现象。如北纬50°时，水平面接受的太阳辐射量为3 044J/（cm^2·d），坡度10°的向阳坡为3 119 J/（cm^2·d），比平面增加2.5%，而阴坡为2 872 J/（cm^2·d），比平地减少5.6%。

温度和日照长度的纬向递变较为明显。在北半球，温度随纬度北移而递降，冬季递降幅度远大于夏季；日照长度随纬度北移，夏季日长逐渐延长，冬季日长逐渐缩短，年变幅逐渐加大（表3-2）。

表3-2　我国温度、日照长度的纬向变化

（曲仲湘等，植物生态学，1983）

地点	北纬（N）	年平均温度（℃）	最热月平均温度（℃）	最冷月平均温度（℃）	年较差（℃）	夏至日照长度（h）	冬至日照长度（h）	年变幅（h）
黑河	50°15′	−0.4	19.8	−25.8	45.6	16.33		8.33
长春	43°53′	4.8	22.9	−16.9	39.9	15.63	8.92	6.74
北京	39°57′	11.8	26.1	−4.7	30.8	15.01	9.20	5.81
南京	32°04′	15.7	28.0	2.2	25.8	14.55	10.03	4.52
广州	23°08′	21.9	28.3	13.7	14.6	13.73	10.43	3.30

在气候等成土因素地带性分布的影响下，土壤也表现出纬向地带性。如我国东部受季风气候和纬度地带的共同制约，自南向北的分布大致是：砖红壤、红壤、黄壤、黄褐土、黄棕壤、褐土、棕壤、灰棕壤。

年降水量分布，由南向北也呈现明显的递减趋势（表3-3）。受纬度地带性的影响，园林植物分布也呈现出鲜明的纬向地带性。

表3-3　我国年降水量纬向分布

（中国科学院地理研究所，1977）

省　名	广　东	湖　南	湖　北	河　南	山　西	内蒙古
年降水量（mm）	1 500～2 000	1 300～1 700	800～1 600	600～1 000	400～650	150～400

2. 经向变化及经向地带性　因与海洋地理位置的差异，我国从沿海到内陆的经度方向上，许多生态因子随着大陆性逐渐加强而递变，以降水量和昼夜温差表现最为明显。随大陆性增强，降水量渐减（表3-4），昼夜温差渐增。我国秦岭、淮河以北，气候的经向地带性明显，由东向西，由沿海到内陆，依次出现湿润、半湿润、半干旱和干旱气候。与此相应地依次分布着森林植被、草原植被和荒漠植被。

表 3-4 我国降水量从东到西的经向分布

(引自云南林学院，气象学，1979)

地名 \ 项目	青岛	济南	延安	兰州	都兰
纬度（N）	36°09′	36°41′	36°36′	36°03′	30°20′
经度（E）	120°25′	116°25′	109°30′	103°53′	98°02′
年降水量（mm）	777.4	672.2	572.3	331.9	170.5

环境因素虽然呈现出地带性递变规律，但各带之间并没有十分明确的、固定的分界线，各带之间均存在渐变性的过渡带。另外，在同一气候地带中出现不同于该气候带的生态因子组合类型，往往表现为地方性的小区域气候因子组合特征。这种非地带性变化往往在山区较为常见。尽管如此，非地带性气候变化仍在很大程度上受到气候地带性的影响。

（三）生态因子的时间变化和周期变化

许多生态因子随时间的推移而变化。太阳辐射呈现有规律的日变化和年变化，光照辐射日变化规律为：随太阳升起而逐渐增强，上午 8～9 时增强最快，日高峰值在中午 1 时左右，下午 2 时始逐渐减弱，晚上光照强度最小；在北半球，光照辐射年变化规律为 2、3 月份起不断加强，年高峰值在 6、7 月份，9 月份起明显减弱，1 月份最弱（表 3-1）；日照长度也呈现有规律的季节性变化，且纬度越高，变化越显著（图 3-1）；气温、土温、水温等也相应地呈现出明显的年变化和日变化，温度的高峰值与太阳辐射高峰期基本吻合或略微推后。我国多数地区气温日变化高峰出现在下午 2 时左右，年变化高峰值出现在 7 月份，土温的年变化与气温年变化相类似。

太阳辐射、气温、日照长度等气候要素的变化都按一定的周期（日、年、

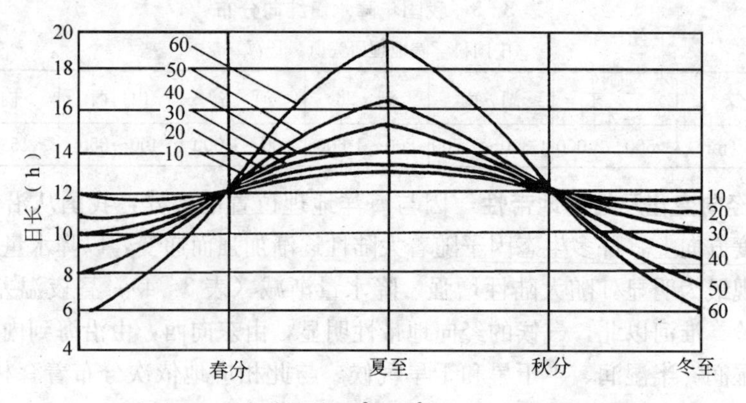

图 3-1 北半球北纬 10°～60°日照长度年变化曲线

多年等）周而复始地出现，土壤肥力和水域中的养分变化也表现出明显的年周期变化，这些生态因子周期性变化，特别是光周期和温度年复一年的季节性变化，导致了生物生命活动的周期性变化。

第二节　生态因子作用的原理与规律

一、基本原理

（一）最小因子定律

最小因子定律也称李比希定律，是德国著名化学家李比希于 1840 年研究发现并提出的。他发现限制植物生长的营养成分不是植物需求量大的或最大的营养物质，而是处于临界值的营养物质。换句话说，在植物生长发育需要的各种营养物质中，那种营养物质的可被利用量接近所需临界量时，则这种物质将成为植物生长的限制因子。这一规律称为最小因子定律。

最小因子定律说明，基本生态因子之间存在相互联系、相互制约的关系，某一因子的数量不足，就会限制其他因子发挥作用，进而影响植物的生长发育。如在北半球，冬季太阳辐射弱，导致气温低，喜温类植物在此环境条件下生长缓慢或停滞甚至处于休眠期，就算给予充足的肥水条件，这些植物也不能正常生长。

（二）耐性定律

耐性定律又称谢尔福德耐性定律，是美国生态学家谢尔福德于 1913 年研究发现并提出的。他发现生物对其生存环境的适应有一个生态学最小量和最大量的界限，即存在一个最低限和一个最高限，两界限之间的幅度为其耐受性范围。这一规律称为耐性定律。耐性定律说明，生物只有在其所要求的环境条件完全具备的情况下才能正常生长发育，任何一个因子数量不足或过剩，都会影响该生物的生长发育和生存。由此可见，任何接近或超过耐性限度的因子都可能是限制因子。

具体地讲，耐性定律有以下主要内容：

（1）同一物种对不同生态因子表现不同的耐性，如抗旱性强的品种其耐淹性可能会差些。

（2）对多个环境因子的耐性范围幅度大的物种，其地理分布范围也广。

（3）综合作用于同一物种的多个生态因子存在着相互限制作用。当某一生态因子不利于生物的生长发育时，该物种对另一些生态因子的耐性限度也将下降。

(4) 生物在不同的生长发育阶段耐性范围不同。一般而言，营养生长阶段耐性范围广，生殖生长阶段耐性范围窄。

(5) 各生态因子对生物的影响存在互补作用。例如，某些热带细菌在高温下，处于暗处比光照处生长得好；在低温条件下，阳光充足比暗处生长得好。这说明，阳光可以补偿低温的影响。

(三) 限制因子理论

基于上述最小因子定律和耐性定律，对限制因子可以理解为：生物的生存和繁殖依赖于环境条件的综合作用。在环境条件中，必有一种或少数几种因子是限制生物生存和繁殖的决定因素，这些关键因素即是限制因子。限制因子理论包括三层含义：第一，生物生长发育是环境因子综合作用的结果，作用效果不等于各个因素的简单相加；第二，在各环境因子中，任何一个因子接近或超过耐性限度，都可能成为制约生物生长发育的限制因子；第三，限制因子不是固定不变的，有可能随条件变化而在因子间发生转变。

如果某一园林植物对某一生态因子的耐受范围很广，并且这种因子又非常稳定，那么这种因子就不会成为限制因子；相反，如果某一园林植物对某一生态因子的耐受范围窄且这种生态因子又易于变化，则它很可能成为这种园林植物的限制因子。如通常情况下氧气不会成为大叶樟的限制因子，因为大气中的氧气含量稳定，且能满足其正常生长的需要；而大叶樟对低温的耐受能力较差，如果在北方栽培，则冬季低温是其正常生长的限制因子。

二、作用规律

1. 生态因子的同等重要性与不可替代性 作用于园林植物的生态因子，如光、热、水、气等不是等效的，每种生态因子具有各自的特殊作用和功能，且每个生态因子对植物的影响都是同等重要和缺一不可的，缺少任一项都会引起植物生长发育失调。例如水分条件是生物生化反应的媒介和组成部分，而光照则是植物获得热能、进行光合作用等生理反应不可或缺的因子。它们对植物的作用方式不同，功能各异，但同等重要，不可替代。只有各生态因子共同发挥作用，植物的生理活动才能正常完成。

虽然作用于园林植物的生态因子同等重要，不可替代，但对于某一生态因子一定范围内的不足或过多，可通过其他因子的量变化加以补偿，从而维持整个环境生态效应的稳定性。例如，光照不足引起植物光合作用下降时，通过增加 CO_2 浓度来补偿光合作用的效率；环境温度过低时，在光照下植物不容易受冻。需要注意的是，生态因子的补偿作用仅限于量上，而不在质上，补偿不等于代替。

2. 生态因子的主导作用　环境中各生态因子对园林植物都是必需的，但在一定条件下各因子所起的作用不同，其中必有一个或几个因子对园林植物的生存和生态特性的形成起主导作用，这类因子称为主导因子。主导因子具备以下两个特征：① 对环境而言，该因子的改变会使环境的全部生态关系发生变化；② 对园林植物而言，这个因子的存在与否及数量多少，会直接导致植物生长发育发生明显变化。主导因子往往是在同一地区或同一条件下大幅度提高植物生产力的最主要原因，准确地找到主导因子，在实践中具有重要的意义。

3. 生态因子的直接作用和间接作用　生态因子对园林植物的作用有的是直接的，有的是间接的。所谓直接作用是指生态因子直接影响或直接参与植物体的新陈代谢，如光、温、水、气、矿质养分等生态因子对植物产生的作用。所谓间接作用，是指一些生态因子的变化不直接影响植物，而是通过影响其他生态因子从而影响植物的新陈代谢，如地形、地势等生态因子对植物产生的作用。生态因子的间接作用虽不直接，但往往非常重要，它一般支配着园林生态因子的直接作用，其作用范围广而深，有时甚至构成地区性影响及小气候环境。

4. 生态因子作用的阶段性　植物不同生长发育阶段对生态因子的要求是有差异的，具有阶段性的特点。某生态因子在植物生长的某阶段是有利因子，而在另外阶段则可能成为有害的因子。例如，低温对一些需要通过春化阶段才能萌芽的一二年生草本植物种子是必要的，是起主导作用的因子，但越过春化阶段后，低温对其生长非但不必要，而且是有害的。

5. 生态因子的交互作用　园林植物同时受多个生态因子的作用，各因子的效应不会简单加减，而是通过交互作用，以高于各因子效应和的效应作用于生物体。例如，对植物进行氮、磷、钾配合施肥，植物的生长量比各单因素施肥效果总和还要大。因子间的互相调节或补偿作用也是交互作用的一种体现，如增加 CO_2 浓度，可以适度抵消因降低光强而引起的光合效率下降。但这种补偿不是代替，且有限度。

6. 生态因子的综合作用　在一定条件下，生态因子虽然有主要和次要、直接和间接之分，但它们不是孤立起作用的，而是相互联系和配合，作为一个整体对园林植物发挥作用，且一个因子的变化必然引起其他因子相应的变化。例如，光和温度的高低往往是分不开的，而温度的高低又可影响土温及土壤湿度等的变化，变化后的各因子再作为一个综合体，对生物发生作用，保护地栽培最直接的作用是提高土壤温度，土温的提高改变了土壤表层的蒸发量，进而影响近地表的土壤湿度，土壤温、湿度的变化，引起土壤微生物活性的变化，引起土壤养分状况的变化，最终综合影响生物的生长发育。

综合作用规律的另一层含义是：在一定条件下，生态因子间的相对重要性会发生转变。植物种子萌发前的生物学过程，主要受温度控制，但在即将突破种皮发芽的那段时间，O_2 的供应却更为重要。

从生态因子综合作用规律我们知道：改变环境因素，必须考虑对其他因素的影响，不能顾此失彼；要注意各生态因子的关系和不同条件下重要性的改变；必须注意环境的综合效益。

第三节 非生物因子对园林植物的作用

一、光照条件对园林植物的作用

光照是园林植物不可缺少的生态因子之一。它直接影响植物的光合作用进程，也是影响叶绿素形成的主要因素。

1. 光照强度 接受一定量的光照是植物获得净生产量的必要条件，因为植物必须生产足够的蛋白质、脂肪、碳水化合物以满足其生长发育的需求。当影响植物光合作用和呼吸作用的其他生态因子都保持恒定时，光合和呼吸这两个过程之间的平衡主要决定于光照强度。

光照强度对植物的生长、形态结构的建成及植物发育均有重要的作用，植物进行光合作用需要一定的光照强度。光照不足，易造成植株黄化；光照过强对生物也有伤害作用。由于 C_3 植物、C_4 植物、CAM 植物对 CO_2 的利用方式不同，光合作用进程也不一样，但它们的光合作用强度与光照强度之间均存在密切关系。一般 C_4 植物的光合能力强，对光照强度的需求高，C_3 植物的光合能力较弱，其光饱和点明显低于 C_4 植物。阴生草本植物和苔藓植物对光照强度要求更低。

在低光照条件下，植物光合作用较弱，当植物的光合产物恰好抵偿呼吸消耗时，此时的光照强度称为光补偿点。由于植物在光补偿点时不能积累物质，因此光补偿点的高低可以作为判断植物在低光照强度条件下能否正常生长的标志，也就是说，可以作为测定植物耐阴程度的一个指标。随着光照强度的增加，植物光合作用强度提高，并不断积累有机物质，但光照强度增加到一定程度后，光合作用的幅度就逐渐减弱，最后达到一定的限度，不再随光照强度的增加而增加，这时的光照强度称为光饱和点。

不同的园林植物种类在生长发育过程中对光照强度的要求不一样。阳性植物对光要求比较迫切，只有在足够的光照条件下才能正常生长，其光饱和点、光补偿点都较高，常见种类有蒲公英、蓟、杨、柳、桦、槐、松、杉、核桃和栓皮栎等，这些植物在强光下才能生长发育良好，而在荫蔽和弱光下生长发育不良；阴性植物对光的需求远较阳性植物低，光饱和点和光补偿点都较低，其光合速率和呼吸速率都比较低。多生长在潮湿背阴的地方或密林内，常见种类有山酢浆草、连钱草、铁杉、云冷杉、香榧、杜鹃等，很多药用植物如人参、三七、半夏和细辛等也属于阴性植物。阴性植物需要在较弱的光照条件下生长，不能忍耐高强度光照；还有一类植物称为中性植物，如元宝枫、春榆等既可在光照较强的环境下生长良好，也表现较强的耐阴性。中性植物对光照具有较强的适应能力，对光的需要介于阳性植物与阴性植物之间。

2. 光照时间　白昼光照与夜间黑暗交替的周期变化及长短，对被子植物的花芽分化及开花具有决定性作用。植物生长发育随日照长短周期变化的现象，称为“光周期现象”。植物的开花、休眠和落叶以及鳞茎、块茎、球茎的形成，都受日照长度调节，即都存在光周期现象。光照长度对观花类园林植物从营养生长期到花原基形成阶段具有决定性影响，对许多植物的开花、结实、休眠、落叶等生长发育过程也有影响。

自然界的光周期决定了植物的地理分布与生长季节，植物对光周期反应的类型是对自然光周期长期适应的结果。低纬度地区不具备长日照条件，所以一般分布短日照植物；高纬度地区具备长日照条件，因此多分布长日照植物。在同一纬度地区，长日照植物多在日照较长的春末和夏季开花，如凤仙花等；而短日照植物则多在日照较短的秋季开花，如菊花等。

了解植物对日照长度的生态类型，对引种工作极为重要。事实上，由于自然选择和人工培育，同一种植物可以在不同纬度地区分布。如短日照植物红麻，引种到北方后，深秋才现蕾开花，常遭冻害而不能安全成熟，有时甚至不结籽，进行短日照处理，促其花芽提早分化，便可以正常结籽成熟。这为我国北方发展红麻生产，扭转南麻北调开辟了一条新途径。又如水稻中感光性强的品种，在一定范围内，日照越短，抽穗越早；反之，成熟延迟。所以，水稻南种北引时，一般应引早熟类型的品种，或者引种感光性弱的品种。大豆是短日照植物，我国南北均有种植，它们各自具有适应本地区日照长度的光周期特性。如果将中国不同纬度地区的大豆品种均在北京地区栽培，则因日照条件的改变会引起它们生育期表现的规律性变化：南方的品种由于得不到短日照条件，致使开花推迟；相反，北方的品种因较早获得短日照条件而使花期提前。

这反映了植物与原产地光周期相适应的特点。

3. 光照质量 光照质量实质上是指太阳辐射的光谱质量。太阳光是由波长范围很广的电磁波组成的，主要波长范围为150～4 000nm，其中人眼可见光的波长在380～760nm之间，可见光谱中根据波长的不同又可分为红、橙、黄、绿、青、蓝、紫7种颜色的光。波长小于380nm的是紫外光，波长大于760nm的是红外光，红外光和紫外光都是不可见光。所谓光质不同，就是指光线的光谱成分不同。

在全部太阳辐射中，红外光约占50%～60%，紫外光约占1%，其余是可见光部分。由于波长越长，增热效应越大，所以红外光可以产生大量的热，地表热量基本上就是由红外光能所产生的。紫外光对生物和人有杀伤和致癌作用，但它在穿过大气层时，波长短于290nm的部分被臭氧层中的臭氧吸收，只有波长在290～380nm之间的紫外光才能到达地球表面。在高山和高原地区，紫外光的作用比较强烈。可见光具有最大的生态学意义，因为只有可见光才能在光合作用中被植物所利用并转化为化学能。植物的叶绿素是绿色的，它主要吸收红光和蓝光，所以在可见光谱中，波长为760～620nm的红光和波长为490～435nm的蓝光对光合作用最为重要。

植物生长发育通常是在全光谱的日光下进行的。在日光下，不同的光谱成分对植物的作用是不一样的。波长为300～760nm的可见光可以被绿色植物吸收，这部分光称为生理有效光。实验证明，在生理有效光中红光有利于碳水化合物的合成，而蓝光有利于蛋白质的合成。蓝紫光、青光能抑制植物伸长，红光和远红外光还能影响植物的开花、茎的伸长和种子萌发等。红光具有良好的热效应，而紫外线则有杀死细胞、组织的作用。

人不能看到和感受到紫外线，但它却可以引起一些昆虫的趋光反应。因此，常用紫外光灯来诱捕昆虫。

二、温度条件对园林植物的作用

温度对植物的生理活动产生影响。当温度升高时，酶催化反应的速度加快，植物的生理活动随之加强，直至一个温度点后植物的生理活动又逐渐减弱。温度对植物的生理活动的影响主要表现在：①影响生化反应酶的活性，尤其是光合作用和蒸腾作用的酶；②影响二氧化碳与氧气在植物细胞中的溶解度；③影响植物的蒸腾作用，一方面改变空气中蒸汽压差从而影响蒸腾速率，另一方面影响叶面温度和气孔开闭进而影响植物的蒸腾作用；④影响根系在土壤中吸收水分和矿物质的能力。

（一）低温和高温对植物的生态作用

植物进行正常生命活动对温度有一定的要求，当温度低于或高于一定数值，植物就会因低温或高温受害。极端温度对植物的影响较普遍。其影响程度取决于极端高温、低温的程度及其持续时间、温度变化幅度与速度，也取决于植物本身对环境温度变化的抵抗能力。

1. 园林植物温度的三基点 植物的生命活动需要适宜的热量条件，热量不足或热量过多都可能使植物生长受阻。在长期的适应中，植物形成了生命活动能够接受的最低温度、最适温度和最高温度，即植物温度的三基点。不同的园林植物种类的三基点不同。园林植物在低于温度最低点的环境中容易受冻，严重时导致植株死亡；在温度高于最高点时体内代谢紊乱，呼吸消耗过大而受热害，严重时也会导致植株死亡。植物在最适温度范围内，其光合作用效率高，体内养分积累多，生长最好。

2. 低温对园林植物的生态作用 温度过低常导致植物生长发育迟缓，组织和有机体冻伤甚至死亡等危害。但有些植物，特别是起源于高海拔、高纬度地区的植物，必须经一定时间的低温刺激（感低温效应）后才能发芽或开花。不仅生长阶段有感温效应，而且发育阶段也需要有一定的低温刺激，这种过程即春化作用。如果寒冷时期很短，并在不适当的时间到来，或在被15℃以上的温度所中断，则不出现春化作用效应。

多年生植物对年极端最低温度有一个忍耐的低限，如热带橡胶在发生小于5℃的极端低温时，就可能受害甚至被冻死。植物的分布受年极端温度的影响，存在一个北界或南界的分布界限，如在我国，柑橘类的植物一般不过淮河。

常见的低温危害有寒害、冻害、霜害、冻裂和生理干旱。

（1）寒害。又称冷害，是0℃以上的低温对植物造成的伤害。喜温植物易受寒害，如三角梅适于在我国广东、云南、广西等南方地区栽培，如果往北引种，初冬季节受0℃以上的低温的影响，表现出叶片呈水渍状，严重时顶梢干枯而受害。

（2）冻害。冻害是指冰点以下低温使植物体内形成冰晶引起的伤害。细胞内和细胞间隙结冰，导致细胞失水，原生质浓缩，胶体物质沉淀，细胞膜变性，细胞壁破裂，严重时引起植物死亡。很多植物在0℃以下维持较长时间会发生冻害。如柠檬在－3℃受害，金柑在－11℃受害。

（3）霜害。由于霜的出现而使植物受害称为霜害。早霜危害一般在植物生长尚未结束、未进入休眠状态时发生。从南方引种到北方栽培的植物容易发生早霜危害；晚霜危害一般在早春发生，对于一些从北方引种到南方栽培的植物，因春季过早萌芽而受晚霜危害。

(4) 冻举。又称冻拔。由于冰的体积比水大9%，在0℃以下土壤水分结冰时，土壤体积增大。随着冻土层的不断加厚、膨大，使树木上举。解冻时土壤下陷而树木留于原处，导致根系裸露，严重时倒伏死亡。

(5) 冻裂。是指白天太阳光直射树干，入夜气温迅速下降，而木材导热慢，树干两侧温度不一致，热胀冷缩而产生弦向拉力使树皮纵向开裂而造成的伤害。在昼夜温差较大的地区尤易发生。一些树皮较薄的树种如乌桕、榆树、橡树、核桃、悬铃木等，越冬时常在向阳面树干发生冻裂。

(6) 生理干旱。又称冻旱。土壤结冰时，植物根系不能从土壤中吸收水分，或在低温下植物根系活动微弱，吸水很少。地上部分又不断蒸腾失水，从而引起枝条干枯，严重时导致整株死亡。生理干旱多发生在早春土壤未解冻前。

3. 高温对园林植物的生态作用 在植物的生长发育过程中，温度过高容易造成植物受害。在长期的高温条件下，植物呼吸作用增强，呼吸消耗增加，光合作用减弱，严重时导致植株饥饿而死亡；在高温条件下，植物为了维持体温而加大蒸腾作用，破坏体内的水分平衡，造成生理干旱，严重时也可导致植株死亡。常见的高温危害有皮烧与根茎灼伤。

(1) 皮烧。树木受强烈的太阳辐射，温度的快速变化引起形成层和树皮组织局部死亡，使树皮呈现斑点状死亡或片状剥落。皮烧多发生在冬季，朝南或南坡地域以及有强烈太阳光反射的城市街道。一般树皮光滑的树、树皮薄的树易发生皮烧。

(2) 根茎灼伤。当土壤表面温度增高到一定程度时，灼伤幼苗柔嫩的根茎而造成的伤害。

皮烧与根茎灼伤易引起病菌侵入，引发病害，从面加重危害，严重时可使植株死亡。

（二）积温对植物的生态作用

年平均温度或时段平均温度不能反映年或时段温度的周期性变化和变差，所以往往用植物发育期间所需温度的总和——积温来表示植物对温度的要求。积温指标同时反映着某一指标温度持续日数和温度强度两个因素，持续的时数愈长，温度愈高，积温值愈大。

积温分活动积温和有效积温两类。活动积温指高于最低生物学有效温度的日平均气温的总和，通常用日平均气温≥10℃持续期间内的温度总和作为衡量大多数作物热量条件的基本指标。在园林实践中，积温常采用≥10℃的活动积温表示各地的热量状况，以确定品种区划。如一地的活动积温≥1 600℃为春小麦引种栽培的下限，≥1 800℃是早熟大豆的下限，≥3 200℃为棉花的下限。

有效积温即对植物生长发育有效的温度的总和，是活动温度与生物学最低温度差值的总和。如某日的温度为18℃，欲计算≥10℃的有效积温，计算得其差值为8℃，则8℃为其有效温度。将稳定通过≥10℃期间的有效温度相加，即为≥10℃的有效积温。

积温的应用有一定的局限性，有效积温不能区别植物的最低、最高和最适温度，也不能反映温度强度的效用差异。如积温相同而日均温高，则植物的发育期就短，反之就长。有时即使积温可以满足某种植物的种植要求，但由于温度强度不足或极端温度使植物受害等原因，使该植物仍不能种植。所以积温是植物生长发育的重要指标，但并不是完全指标，因而在园林生态实践中还需要与温度的其他生态指标共同运用。

（三）无霜期与植物的生态关系

无霜期指终霜日（春季）与初霜日（秋季）之间的持续日数。一般而言，无霜期越长，对植物完成生活史就越有利。我国海南和华南部分地区周年无霜，农田可全年种植，形成一年三熟、四熟等多熟制类型。而青藏高原及东北、西北、华北地区的高寒区，无霜期只有百余天，只能种植青稞、燕麦、豌豆、马铃薯等生育期短的植物，也只能实施一年一熟的种植制度。可见，无霜期对植物及熟制有明显的制约作用。

（四）界限温度与植物的生态关系

常用的园林界限温度有日平均气温0、5、10、15℃等几种。日平均气温≥0℃的始现期和终止期，是土壤解冻和冻结期，也是园林植物栽培开始和结束的时间，其持续期为园林植物栽培期；日平均气温≥5℃的始现期和终止期，是各种喜凉植物开始生长和停止生长的时期，其持续时期为喜凉植物生长期，这一时期多数树木开始恢复生长；日平均气温≥10℃时，大多数喜温植物开始发芽生长，喜凉植物开始快速生长，10℃也是绝大多数乔木树种发芽和枯萎的界限温度；日平均气温≥15℃是一些对低温特别敏感的喜温植物安全播种和生长的温度，也是大部分热带植物组织分化的临界温度。

（五）植物的温周期现象

植物对温度有节奏的昼夜变化的反应称为温周期现象。主要表现在：①变温影响种子萌发。多数植物变温下发芽良好，幼芽常能适应春季十几摄氏度的昼夜温差。②变温影响植物生长。植物生长要求一定的温度差，多数植物在较大昼夜温差下，日增量较高。一定范围内，日温差越大，干物质积累越多，产量也就越高，而且品质也好，表现在蛋白质、糖分含量提高等方面。

（六）我国热量分布与园林植物布局

我国除高山与高原外，采用积温（统一按照日温≥10℃的持续期内日平均温度的总和为标准）和低温为主要指标从南向北分为6个热量带，每个不同的热量带内分布着不同的植物类型，分别适于种植要求不同温度的植物，形成不同的园林植物布局（表3-5）。

表3-5　我国热量带划分表

热量带类型	积　温（℃）	最冷月平均气温（℃）	主要种植种类	备　注
赤道带	在9 000左右	≥26	椰子、木瓜、菠萝蜜等	位于北纬10°以南
热　带	≥8 000	≥16	樟科、橡胶、咖啡等	
亚热带	4 500～8 000	0～15	杉木、柏木、柑橘等	
暖温带	3 400～4 500	−10～0	白皮松、泡桐、侧柏等	
温　带	1 600～3 400	≤−10	水曲柳、紫椴、黄刺梅等	针、阔叶混交林为主
寒　带	≤1 600	≤−28	落叶松、樟子松、榛子等	针叶林为主

三、水分条件对园林植物的作用

水是生物最重要的组成成分，是生物生命活动必不可少的物质，活的植物体体重的50%～98%是水；水参与生物体内许多生化过程（如有机质的水解过程，作为光合作用的不可缺少的原料，参与新陈代谢等）；植物生命活动过程中所吸收的无机盐只有溶解在水中才能被吸收。生命代谢过程离不开水，没有水就没有生命。此外，水具有最高的热容量和最大的汽化热，是减弱地球上温度变化的最好的缓冲剂。可见，水是生物生存、生长发育、繁殖和生态系统运动的重要因子。

（一）水的形态与植物的生态关系

1. 气态水　指空气中的水汽，一般用相对湿度来表示空气中水汽的含量。相对湿度是指空气中的实际水汽压与同温度下饱和水汽压之比。相对湿度越小，空气越干燥，植物的蒸腾和土壤的蒸发就越大。

2. 液态水和固态水　液态水包括雨、雾、露等，固态水包括雪、冰雹、霜等。其中雨和雪是最主要的降水形式，对植物发生重要作用。

（1）降水。年降水量的多少是影响植物生产力和植被分布的重要因素。在我国温带地区，森林多出现在年降水 450mm 以上地区，450～150mm 地区一般分布着草原，降水量 150mm 以下为荒漠。植物生产力与年降水量及其季节分布关系密切，干旱地区表现尤为明显。如内蒙古东部森林草原区年降水量 400～450mm，干草产量为 1 500kg/hm^2；年降水 300mm 的中部地区干草原的产草量为 600～1 000kg/hm^2；西部荒漠草原区的产草量只有 200～300kg/hm^2。降水量的季节分配还影响植物的生长发育。我国北方夏秋季降水多，热量也较丰富，有利于植物生长发育，但也常出现暴雨，造成农田损坏，人畜伤亡。

（2）降雪。冬雪是春墒的来源之一，在北方寒冷地区，冬季雪层覆盖对植物起到良好的保护作用，使植物免受冻害。但在土壤未结冻、植物未休眠时被积雪覆盖，反易受冻或窒息死亡。

（3）冰雹。冰雹是强烈的上升气流所引起水气急剧冷却而形成的小冰球，当其急剧降落地面时，易击伤植物造成灾害。一般说来，北方雹灾多于南方，山地多于平原，中纬度半干旱地区最多，南方潮湿区及西北干旱沙漠区很少。

（二）水分的生态作用

1. 水是植物细胞原生质的重要组成成分　细胞原生质含水量为 70%～90%时，呈溶胶状态，是新陈代谢能正常进行的基本环境。一般说来，细胞原生质含水量较多呈溶胶状态时，细胞的新陈代谢比较旺盛；当细胞中含水量降低到一定程度，原生质就由溶胶状态变为凝胶状态，生命活动大大减弱，如休眠种子。

2. 水参与了植物体内的代谢　生物体内所有的化学反应都是在水环境中进行的，而且水参与了大多数新陈代谢的化学反应，例如，光合作用、呼吸作用以及有机物的合成和分解过程，都有水分子作为反应物或生成物。

水分是植物进行光合作用的重要原料。在光的作用下，植物把水与二氧化碳合成碳水化合物，以构成植物机体。

$$2H_2O+CO_2 \rightarrow CH_2O+O_2+H_2O$$

植物制造 1g 干物质所消耗水分的克数称为蒸腾系数。蒸腾系数越小，植物光合作用对水分的利用率越高。绿色植物形成 1g 干物质所消耗的水分克数叫植物需水量，植物需水量一般在 200～800g 之间。一般 C_4 植物比 C_3 植物需水量低。

植物的蒸腾作用是其生长发育必需的生理过程，以蒸腾强度表示（即在

1h 内每平方米叶面积蒸腾失掉水分的总克数）。蒸腾强度受植物的生理特性、形态特征及温度、湿度、风速、土壤等多种因素的影响。

植株体内的水分绝大多数消耗于植物蒸腾，蒸腾对植物体生命活动具有重要的生态学意义。植物通过蒸腾作用形成蒸腾压力，从而使根系能吸收土壤水分进入植株体，通过茎的输导组织向上运输；在夏季高温期，植株通过蒸腾失水以散热，维持植株体温度正常而不至于受高温危害。

土壤、植物体和大气系统的水分平衡及植物体水分的吸收、运输和蒸腾 3 个环节的协调平衡，决定和影响植物的新陈代谢活动。植物体内的水分平衡是指植物在生命活动过程中，吸收的水分和消耗的水分之间的平衡。植物只有在吸水、输导和蒸腾三方面的比例适当时，才能维持植株体内的水分平衡，进行正常的生长发育。水分从土壤到植物根系，再通过茎输送到叶片，然后通过蒸腾作用进入到大气，形成土壤—植物—大气连续体，在这一连续体中水分的流量决定于驱动力与阻力之比。当土壤缺水时，即土壤保水力等于或高于根系吸水力时，植物吸收水分困难，便发生萎蔫；当土壤水分含量适宜，根系吸水力高于土壤保水力时，植物正常吸收水分，生长发育良好；当土壤含水量过高或空气湿度大、蒸腾压力小、根系吸水力低时（如在南方的梅雨季节），植株根系吸水力下降，甚至不能从土壤中吸收水分。

3. 水是植物体吸收和运输物质的溶剂　一般情况下，植物不能直接吸收固态的无机物和有机物，这些物质只有溶解在水中才能被吸收。例如，植物的根主要吸收溶解在土壤溶液中的无机盐，这是园林栽培中施肥和浇水相结合比在干燥的土壤中直接施肥效果好的原因。被根吸收的无机盐和植物自身制造的各种有机物，也必须溶解在水中才能被运输到植物体相应的器官和组织。

4. 水分能保持植物体固有的姿态　细胞含有一定的水分才能维持膨胀状态，从而使植物体挺拔，使枝、叶挺立，叶面舒展，能更好地利用太阳光能进行光合作用；使花朵绽放，色泽鲜艳，保证生殖生长正常进行。

（三）水分与植物分布的关系

年降水量是常见的水分指标之一，是影响植物分布的重要因素。一般年降水量多的地方，木本植物的比例高于年降水量少的地区，植物群落中种的多样性及植被的繁茂程度均比年降水量低的地区强。

干燥度是衡量区域干湿状况的常用指标之一，它是某一地区干燥程度的变量，用该地区≥10℃的某时段内的可能蒸散量与同期内总降水量的比值表示。干燥度把降水量和温度综合考虑，在运用中具有更实际的意义。

根据中国综合自然区划（1980），以年降水量和年干燥度为指标将我国分为 4 种类型（表 3-6）。

表 3-6　我国干湿分类与植物分布

（中国综合自然区划，1980）

项目＼分类区	干　旱	半干旱	半湿润	湿　润
年降水量（mm）	<250	250～500	500～1 000	>1 000
年干燥度	>4.0	1.5～4.0	1.0～1.49	<1.0
植被类型	荒漠	草原	森林草原	森林

可见，水分条件直接影响到植物的生活和分布，不同的水分环境对应相应的植物种类分布。在不同水分环境条件下生长的植物，它们在个体形态、生理机能等方面常具有显著的差别。水生植物莲和旱生植物骆驼刺的个体形态，因水分条件的不同而有很大差别。莲生长在水塘、湖沼等水湿环境中。它具有柔嫩、硕大的叶子，但根系并不发达。而骆驼刺生长在沙漠地区。它的叶子已变成细刺，以减少水分蒸腾；根系很发达，能从很深、很广的地下吸取水分。这是植物对其生长环境长期适应的表现。由于植物生长对环境的依赖性很大，而且它能产生某些适应性现象与其生长的环境保持统一，因此植物对环境往往有明显的指示作用，如骆驼刺的生长反映了干旱环境，芦苇的生长则反映了水湿环境。

四、土壤条件对园林植物的作用

土壤是由土壤有机质、矿物质、水分和土壤空气共同构成的统一体。土壤是陆地生态系统的基础，是具有决定性意义的生命支持系统，它提供了植物扎根固定的场所，是植物所需矿质养分的来源和贮藏库，其组成部分有矿物质、有机质、土壤水分和土壤空气。具有肥力是土壤最为显著的特性。土壤供给植物水分和氧气，是植物与无机环境之间进行物质与能量转化和交换的主要环节和场所。

（一）土壤的生态学意义

土壤是动、植物分布的基本场所，也是决定和影响生物分布的重要因素。土壤中的生物包括细菌、真菌、放线菌、藻类、原生动物、轮虫、线虫、蚯蚓、软体动物、节肢动物和少数高等动物。土壤是生物进化的过渡环境。土壤中既有空气，又有水分，正好为生物进化过程提供过渡条件。土壤是植物生长的基质和营养库，它为植物提供了生活的空间、水分和必需的矿质元素。土壤是污染物转化的重要场地。土壤中大量的微生物和小型动物，对污染物都具有分解能力。

土壤是由不同矿物成分和物理特性的多种岩石构成的成土母质，是在气候与植被等生态因素作用下形成的陆生植物生长的天然介质。因而成土母质对土壤的性质影响很大，进而形成对植被状况的影响。尤其在气候多变而严酷的区域，基质的作用更显突出。基质作用的本质在于其特殊的水、温状况及不同的理化特性对植物的影响。如新疆准噶尔盆地，属温带荒漠带，但由于基质所造成的水分、盐分状况的不同，出现了不同的荒漠植被。在明沙丘上出现以沙生植物为主的沙生植被，在盐化的低地上出现盐生植被，在黄土层上出现蒿类为主的荒漠植被。

（二）土壤质地与结构对生物的影响

土壤是由固体、液体和气体组成的物质系统，其中固体颗粒是组成土壤的物质基础。土粒按直径大小分为粗砂（2.0～0.2mm）、细砂（0.2～0.02mm）、粉砂（0.02～0.002mm）和黏粒（0.002mm 以下）。这些大小不同的土粒的组合称为土壤质地。土壤质地是决定土壤持水性、通气性及温度状况的重要方面。根据土壤质地可把土壤分为砂土、壤土和黏土三大类。砂土的砂粒含量在50%以上，土壤疏松、保水保肥性差、通气透水性强。壤土质地较均匀，粗粉粒含量高，通气透水、保水保肥性能都较好，有利于深根植物的水分供应，抗旱能力强，适宜生物生长。黏土的组成颗粒以细黏粒为主，质地黏重，保水保肥能力较强，通气透水性差，易形成地表径流，可供利用的水分较少。土壤质地还通过影响土壤的水、气、热状况间接影响微生物活动和土壤中的矿质化、腐殖质化过程，从而影响土壤养分状况。

土壤结构是指固体颗粒的排列方式、孔隙的数量和大小以及团聚体的大小和数量等。最重要的土壤结构是团粒结构（直径0.25～10mm），团粒结构具有水稳定性，由其组成的土壤，能协调土壤中水分、空气和营养物之间的关系，改善土壤的理化性质。

土壤质地与结构通过影响土壤的物理化学性质影响生物的活动。

（三）土壤的物理化学性质对生物的影响

1. 土壤温度 土壤温度对植物种子的萌发和根系的生长、呼吸及吸收能力有直接影响，还通过限制养分的转化来影响根系的生长活动。一般来说，较低的土温会降低根系的代谢和呼吸强度，抑制根系的生长，减弱其吸收作用；土温过高则促使根系过早成熟，根部木质化，从而减少根系的吸收面积。

2. 土壤水分 土壤水分与盐类组成的土壤溶液参与土壤中物质的转化，促进有机物的分解与合成。土壤中的矿质营养必须溶解在水中才能被植物吸收利用。土壤水分太少引起干旱，太多又导致涝害。干旱和涝害都对植物的生长发育不利。

3. 土壤空气 土壤空气的组成与大气不同，土壤中氧气的含量只有10%～12%，在不良条件下，可以降至10%以下，这时就可能抑制植物根系的呼吸作用。土壤中二氧化碳的浓度则比大气高出几十倍到上千倍，植物光合作用所需的二氧化碳有一半来自土壤。但是，当土壤中二氧化碳含量过高时（如达到10%～15%），根系的呼吸和吸收机能就会受阻，甚至会窒息而导致死亡。

4. 土壤酸碱度（pH） pH＜5.0时为强酸性土，在pH5.0～6.5范围为酸性土，在pH6.5～7.5范围为中性土，在pH7.5～8.5范围为碱性土，pH＞8.5为强碱性土。土壤酸碱度与土壤微生物活动、有机质的合成与分解、营养元素的转化与释放、微量元素的有效性、土壤保持养分的能力及生物生长等有密切关系。土壤pH影响矿质养分的溶解度和植物生活力，从而对土壤中的一切化学过程和生物过程具有重大意义。根据植物对土壤酸碱度的反应和要求，可将植物分为以下类型：酸性土植物（pH＜6.5）、中性土植物（pH 6.5～7.5）和碱性土植物（pH＞7.5）。土壤酸碱度对土栖动物也有类似影响。

（1）酸性土植物。该类植物能在pH＜6.5的酸性土壤中生长，并且对Ca^{2+}及HCO_3^-非常敏感，不能忍受高浓度的溶解钙。这类植物主要分布在气候冷湿的针叶林地区和酸性沼泽土上，土壤中的钙及盐基被高度淋溶。

（2）碱性土植物。该类植物适宜在pH＞7.5的碱性土壤上生长，适于生长在含有高量代换性Ca^{2+}，Mg^{2+}而缺乏代换性H^+的钙质土和石灰性土壤上。这类植物主要分布在气候炎热、干旱的荒漠和草原地区以及盐碱土地区，这里降雨少，不足以淋失土壤中的盐基和钙质。

（3）中性土植物。该类植物生长在pH 6.5～7.5的土壤上，大多数作物、温带果树都属此类型。其中，有些种类可以耐一定程度的酸碱，如荞麦、甘薯、烟草等耐酸性较强，而向日葵、甜菜、高粱、棉花等耐碱性较强。

现将一些园林植物对土壤pH的适应范围列于表3-7。

5. 土壤有机质的生态作用 土壤有机质或腐殖质主要是微生物分解动、植物残体的产物，它们对土壤物理、化学性质和肥力状况有很大影响。

表3-7 部分园林植物适宜的土壤pH范围

（冷平生等，园林生态学，2003）

pH	植物种类
4.0～4.5	欧石楠、凤梨科植物、八仙花
4.0～5.0	紫鸭跖草、兰科植物
4.5～5.5	蕨类植物、锦紫苏、杜鹃花、山杨、臭冷杉、茶、柑橘
4.5～6.5	山茶花、马尾松
4.5～6.5	杉木
4.5～7.5	结缕草属
4.5～8.0	白三叶
5.0～6.0	丝柏类、山月桂、广玉兰、铁线莲、藿香蓟、仙人掌科、百合、冷杉
5.0～6.5	云杉属、松属、棕榈科植物、椰子类、大岩类、海棠、西府海棠
5.0～7.0	毛竹、金钱松
5.0～7.8	早熟禾
5.0～8.0	乌桕、落羽杉、水杉、黑松、香樟
5.2～7.5	羊茅、紫羊茅
5.5～6.5	樱花、喜林芋、安祖花、仙客来、菊花、蒲包花、倒挂金钟、美人蕉
5.5～7.0	朱顶红、桂香竹、雏菊、印度橡皮树
5.5～7.5	紫罗兰、贴梗海棠
6.0～6.5	兴安落叶松、樟子松、红松、沙冷杉、蒙古栎、日本黑松
6.0～7.0	花柏类及一品红、秋海棠、灯心草、文竹
6.0～7.5	郁金香、风信子、水仙、牵牛花、三色堇、瓜叶菊、金鱼草、紫藤
6.0～8.0	火棘、泡桐、榆树、杨树、大丽花、花毛茛、唐菖蒲、芍药、庭荠
6.5～7.0	四季报春、洋水仙
6.5～7.5	香豌豆、金盏花、勿忘草、紫菀
7.0～7.5	油松、杜松、辽东栎
7.0～8.0	西洋樱草、仙人掌类、石竹、香堇
7.5～8.5	毛白杨、白皮松
8.0～8.7	侧柏、白榆、刺槐、苦栎、柏木、红树、胡杨、沙棘、甘草、柽柳

有机质进入土壤后，立即受到微生物的作用，微生物一方面把有机残体分解成多种简单物质（称矿质化过程），另一方面又把一些物质合成新的复杂高分子含氮化合物（称腐殖质化过程）。两个过程相互依赖，后者是在前者基础上进行的。土壤腐殖质为黑色或黑褐色胶体物质，它与矿物质颗粒紧密结合，对营养元素保存和供应十分重要。

6. 土壤矿物养分的生态作用 土壤是陆生植物所必需的矿物养分的根本来源，土壤中约98%的养分呈束缚态，溶解性养分只占很小一部分。土壤矿质营养以溶于土壤水分中的离子状态被植物根系吸收并进入植物体，转化成植物体的构成部分。

每种矿物营养对植物都有独特功能，不能被其他元素所代替。这些元素不仅数量上要充足，而且比例也要恰当。否则，造成植物发育和生长不良。

在长期的适应和进化中，园林植物对土壤养分形成下列适应类型：

（1）耐瘠型。豆科植物是典型的耐瘠型植物，固氮菌的共生给它们提供了耐瘠的条件；松、杉、竹等植物需要养分不很多，具有一定的忍受瘠薄能力；当然，这些植物在较肥沃的土壤上生长更为有利。

（2）耐肥型。玉簪、凤梨、蕨类等是典型的耐肥型植物，在土壤养分丰富的情况下，能健壮生长，对高水肥条件有较强的适应性。

（3）喜肥型。月季、一串红、菊花、朱顶红、香石竹、满天星等植物，需要的养分较多，但养分过多易造成徒长、倒伏和不易形成花蕾等弊端，所以实际上它们是喜肥而不耐肥的类型。

（四）土壤的生物性质与植物的生态关系

居住在土壤中的生物种类很多，有各种菌类、藻类、原生动物、线虫、软体动物、节肢动物、脊椎动物等，其数量十分惊人。据估计，在 $1m^2$ 的耕层中，土壤生物的数量可达 112g。

微生物是生态系统的分解者和还原者，促进生态系统的养分循环，对土壤结构的形成和养分的释放均有影响。但有些种类会引起植物病害，或产生有毒物质，对植物生长有害。如蚯蚓等对土壤改良和土壤肥力起着良好作用，但地下害虫、土壤病原菌等常对植物造成危害。

五、大气对园林植物的作用

包围地球外围的空气层称为地球大气，简称大气。大气是地球自然环境的重要组成部分之一，与生物的生存息息相关。由于地球引力的作用，大气质量的 1/2 集中在 6km 高度以下，3/4 的质量集中在 10km 高度以下，99%的质量集中在 35km 高度以下。

大气是一种无色无味、由各种气体及悬浮在空中的液态和固态微粒所组成的混合物。对从地面到 100km 高度的大气来说，可以看作是由干洁大气、水汽及气溶胶质粒等 3 部分组成的。通常把不包含水汽的大气称为干洁大气。干洁空气的主要成分是氮和氧（氮占 78.09%，氧占 20.95%），还有少量的臭氧、各种氮氧化物以及氩、氖、氦等惰性气体。大气中二氧化碳一般仅占空气体积的 0.03%。

氮和氧是大气中最丰富的气体，对于生物具有重大意义。氮是一种不活泼的气体，虽然植物不能吸收大气中的氮，但豆科植物能借助其根瘤的作用，直接利用大气中的氮素，氮的氧化物也可随降水进入土壤，供给植物需要；另外氮是工业上用的硝酸，农业上用的氮肥的重要成分。氧不但为生物呼吸所必需，而且是很多主要化学反应所不可缺少的物质，决定着有机物的燃烧、腐蚀及分解等过程。大多数陆生植物和动物都需要充足的氧气，属窄氧性生物；而绝大多数水生动物和植物，属广氧性生物。微生物中有严格的厌氧菌，如甲烷细菌，有氧则不能生长；也有好气菌，无氧则不能生长，如固氮细菌；也有介于二者之间的兼性厌氧菌，如链球菌。

在干洁大气中臭氧和二氧化碳含量虽然很少，但它们的存在对人类活动及天气变化起到很大的影响。臭氧是氧的同位素异性体，呈 3 原子结构（O_3）。高空臭氧的形成主要是氧分子吸收了波长在 0.1～0.24μm 的太阳紫外辐射后形成氧原子（$O_2+h\upsilon \rightarrow O+O$，式中 $h\upsilon$ 是光子能量），氧原子在第三种中性粒子（M）的参与下与氧分子结合，形成臭氧（$O_2+O+M \rightarrow O_3+M$）。低空中的臭氧一部分是从高空输送而来，另一部分是由闪电、有机物氧化而生成。但这些过程不是经常存在，所以低层大气中臭氧的含量很少，并且是不固定的。在大气更高的层次中，由于紫外辐射强度很大，使氧分子接近完全分解，使臭氧难于形成。所以臭氧的分布，在近地层空气中含量极少；自 5～10km 高度处，含量开始增加，其最大浓度出现在20～30km 间，称为臭氧层。根据火箭、卫星和气球观测资料所建立的北半球“中纬度臭氧分布模式”指出，臭氧密度约在 22km 高度上达到最大。到 50～60km 空气层臭氧含量趋于零。

大气中臭氧含量是很少的，若把气柱内全部臭氧在标准条件下压缩，其厚度也只有 3mm 左右，其变化范围在 1.5～4.5mm 之间。臭氧能强烈地吸收太阳紫外辐射，最强的吸收带位于 0.22～0.32μm 区。在可见光区，臭氧吸收很少，有一个很弱的吸收带，在 0.44～0.75μm 区。在红外区臭氧主要对 4.7μm、9.6μm 及 14.1μm 波长吸收。由于臭氧能强烈地吸收紫外辐射，因而对大气有增温作用，对空气温度的垂直分布及高层大气的加热过程有很大影响，使大气在 50kg 高度附近形成一个暖区。另外，臭氧的存在对地球上的生物有极为重要的意义，太阳辐射中的紫外线对于生物有机体的组织有很大的危害作用，臭氧吸收了绝大部分的紫外线才使生物有机体免遭伤害。臭氧对红外部分的吸收，使地面辐射受阻，这种作用也促进了大气的增温。

二氧化碳主要来源于有机物的燃烧和腐烂以及生物的呼吸，矿泉、地壳裂缝及火山喷发也排出二氧化碳，所以空气中的二氧化碳含量是随时间和地点而变化的。高度在 20km 以下的大气中，二氧化碳的平均含量约为 0.03%，在

20km 以上它的含量显著减少。在人口稠密的工业城市，二氧化碳含量较高，可占空气容积的 0.05%以上，在农村则大为减少。在夏季白天晴天的空气中二氧化碳的含量比冬季夜晚阴天时小。而陆地上比海洋上空气中的二氧化碳含量要大。近百年来，由于工业的发展，人口的增加，燃烧量的增大，使大气中的二氧化碳含量有逐年增加的趋势。从 1890—1978 年，二氧化碳的浓度已从 296μl/L 增加到 332μl/L，由于二氧化碳对于长波辐射能强烈的吸收和放射，含量多少直接影响着地面和大气的温度，所以有的学者认为二氧化碳的增加会促使低层大气变暖，从而引起全球气温变化。但全球气温的变化，不只取决于二氧化碳的浓度，气候变化是一个相当复杂的问题。因此，二氧化碳增多究竟能在何种程度上影响气候，目前认识尚未统一。另外，二氧化碳是植物进行光合作用不可缺少的原料，构成植物体成分的 95%是光合作用的产物。二氧化碳浓度的高低是影响植物初级生产力的重要因素。在园林栽培实践中，人们已经开始采用二氧化碳施肥以提高植物光合效率，增加园林植物的产出量。

大气中的水汽来源于江、河、湖、海、潮湿的物体表面及植物表面的蒸腾作用和地面的蒸发作用。大气中的水汽含量随时间、地点和条件不同有较大的变化，按容积计算，其变化范围在 0～4%之间。空气中的水汽含量一般低纬地区大于高纬地区，沿海大于内陆，夏季大于冬季。由于水汽来源于下垫面，通过大气中的垂直交换作用输送到上层，所以高度越高，空气中的水汽含量越少。观测表明，在 1.5～2km 的高度上空气中的水汽含量已减少为地面的一半，在 5km 高度上减少为地面的 1/10，再向上含量就更少了。水汽在大气中的含量虽少，但由于它在大气温度变化范围内可以进行相变，变为水滴或冰晶，因而它对大气的物理过程起着重要作用，是天气变化的主要角色，大气中的雾、云、雨、雪、雹等天气现象都是水汽相变的产物。如果没有水汽，这些现象也就不会出现了。水汽在相变过程中要吸收和释放潜热，同时水汽又易吸收和放射长波辐射，所以大气中水汽含量的多少能直接影响地面和空气的温度，影响天气及天气系统的变化和发展。

大气溶胶粒子是指悬浮于空气中的液体和固体粒子。它包括水滴、冰晶、悬浮着的固体灰尘微粒、烟粒、微生物、植物的孢子和花粉以及各种凝结核和带电离子等，它们是低层大气的重要组成部分。气溶胶粒子具有很宽的粒子尺度范围，其有效直径可以从 $10^{-3}\mu m$ 一直到几十微米，它们的浓度（通常用每立方厘米空气中含有的粒子数来表示）变化范围也很大，平均约在 10^2～10^6 个/cm^3之间。在近地层大气中气溶胶粒子数一般城市大于农村，陆地大于海洋，冬季大于夏季。大气溶胶粒子对辐射的吸收与散射，云雾降水的形成，大气污染以及大气光学与电学现象的产生都具有重要的作用。

气溶胶粒子的来源大致可分为人工源与自然源两大类。人工源为人类活动所产生，像煤、炼焦、建筑材料工业如砖、水泥的生产等工业活动，产生大量固体烟粒和吸湿性物质，又如化工生产所引起的微尘和粉尘等。自然源为自然现象所产生，像土壤微粒和岩石的风化，森林火灾与火山爆发所产生的大量烟粒和微尘，海洋上的浪花溅沫进入大气形成的吸湿性盐核，由于凝结或冻结而产生的自然云滴或冰晶。另外，还有宇宙尘埃，像陨石的燃烧进入大气等。有些气溶胶粒子还是大气中的污染物质。像对人类危害较大的烟和粉尘，其中烟黑是致癌物质，粉尘中含有大量的金属（如镉、铬、铅等）以及许多有机化合物，都对人体有一定的危害。大气中还含有少量放射性气溶胶粒子，也是大气中的污染物。除此之外，气溶胶粒子还在大气的许多化学过程中起作用，像燃烧排出的一氧化氮、二氧化氮、二氧化硫等气体，在紫外光的照射下会氧化，遇水滴或在高温的情况下生成硝酸、亚硝酸、硫酸及各种盐类，造成严重的污染。大气污染物不仅危及人类的健康、植物的生长，而且还影响到环境、生态、天气和气候的变化。

表示大气中的物理现象和物理变化过程的物理量，统称为气象要素。如气温、气压、湿度、风向、风速、能见度、降水量、云量、日照、辐射强度等。其中以气温、气压、湿度和风最为重要。气温是表示空气冷热程度的物理量。它实际上是空气分子平均动能大小的反映。湿度是表示空气潮湿程度的物理量，分绝对湿度和相对湿度两类。绝对湿度是单位容积空气中所含水汽的质量，也就是水汽的密度。相对湿度是空气中实际混合比（r）与同温度下空气的饱和混合比（rs）之百分比，即空气中的实际水汽压（e）与同温度下的饱和水汽压（E）的百分比。水汽的密度影响植物的蒸腾作用与呼吸作用。

空气的水平运动叫风。风包括风向和风速两个要素。从云中降落到地面的液态或固态水称为降水。降水通常用降水的形态、降水的性质、降水量和降水强度来表示。各气象要素均对植物的生长发育产生直接的影响。

第四节　生物因子对园林植物的作用

生物圈中生物种类繁多，其间通过食物链条、竞争等关系联系起来，它们互为条件，或协调生长，或相互影响和制约，形成采食与被采食、寄生与被寄生、共生、竞争以及互为环境的关系。生物因素的生态作用表现在影响种群的分布和发展动态上，也在一定程度上通过影响环境，使得环境因子变化，从而再影响其他生物。生物因子对园林植物的作用分三大类，即微生物、动物和人类本身对园林植物的作用，下面分别予以介绍。

一、微生物对园林植物的作用

微生物是地球上最早出现的生命形式，是生物中一群重要的分解代谢类群。其作为生态系统中极为重要的一员，对植物的生长、生态系统中的能流和物质循环及环境污染物的降解和解毒等方面起着重要作用。土壤是微生物生长和繁殖的良好系统，各种微生物都能在土壤中生活，素有“微生物大本营”之称，土壤微生物的最重要作用是分解动、植物的排泄物及残体，转化合成为腐殖质，增强土壤肥力，促进土壤良好结构的形成。

土壤中的微生物也是植物营养供应的主要动力，依靠微生物对有机质的不断矿质过程，为植物源源不断地供应碳、氮、硫、磷等矿质营养。土壤中固氮微生物能固定空气中的氮气，为植物提供氮源，是自然界中氮素循环的重要环节。从全球看，每年生物固定的氮量约为工业生产的氮肥的3倍。有些土壤微生物还可以分解有毒物质或难以分解的特殊物质，起到净化环境的作用。

（一）微生物在自然界中的功能

微生物在自然界中的功能表现在微生物在生物地球化学循环中的作用和在能量流动中的作用，主要表现在碳、氮、硫、磷元素循环中的作用。

1. 微生物在碳循环中的作用　微生物代谢产生的 CO_2 占地球总产量的90％以上，所以微生物对维持植物的生命活动和自然界各种碳化合物的动态平衡起着极为重要的作用。微生物参与有机物的生产，很多单细胞的自养细菌和藻类是初级生产者。微生物中的原生动物在有机物的消费过程中是非常重要的中间环节。因此，微生物在碳素的循环中负有重要责任。

2. 微生物在氮素循环中的作用　在含氮有机物的分解过程中，异养微生物起着最主要的作用。微生物固氮占地球上总固氮量的90％以上。氮素是蛋白质、核酸的组成元素，因此是所有生物所必需的元素。但是绝大多数生物不能直接利用分子氮，所以微生物的固氮作用对维持自然界的生物繁荣具有特别重要的意义。

3. 微生物在硫循环中的作用　微生物能将很多其他形式的硫氧化为生物可利用的硫酸根形式（SO_4^{2-}）。同时也可以通过分解有机硫化合物和还原（SO_4^{2-}），使自然界各种形态的硫的含量保持平衡和正常循环。

4. 微生物在磷循环中的作用　微生物在有机磷化合物的产生和分解过程中及磷在食物链中的传递和转化过程中起作用。硫化细菌和硝化细菌能促进难溶性磷酸盐向可溶性磷酸盐的转化。

（二）微生物对园林植物的作用

1. 微生物对园林植物的有益作用 在园林生态系统中，微生物的有益作用表现是多方面的。土壤微生物的作用是分解动、植物的排泄物及残体，转化合成腐殖质，增强土壤肥力；有的土壤微生物能固定大气中的氮素，如根瘤菌、固氮菌，直接参与氮元素循环；有的土壤微生物能分解土壤母质中的磷素，为植物提供可吸收的磷元素，直接参与磷元素循环；有的土壤微生物能寄生昆虫或能与植物的病害菌产生拮抗作用，如白僵菌，可寄生许多害虫，致其死亡，为园林植物提供一个良好的生存环境。

一些学者利用微生物的有益作用，研制微生物肥料或杀虫剂、杀菌剂，应用到园林管理中，获得良好的效果，既为园林植物提供了肥料供应，消灭了病、虫害，又避免了环境污染。

2. 有害微生物对园林植物的作用 园林中的有害微生物是指可使园林植物产生各种病害的微生物，包括植物病原真菌、细菌、病毒、类病毒及一些病原线虫，它们可对园林植物造成危害。如菌类寄生，使树木呼吸加速1～2倍，降低光合作用25％～39％，破坏角质层，使气孔不能关闭，加大蒸腾强度，或使导管堵塞，或分泌毒素使植物中毒。随着各种有害微生物的产生与传播，园林植物产生相应的病害症状，如白粉病、立枯病、锈病、叶斑病等，严重时会导致植株成批死亡。

二、动物对园林植物的作用

动物是园林生态系统的一个重要组成部分。动物对园林植物的作用多种多样。其直接作用表现为以植物为食物，帮助传授花粉，散布种子；其间接作用除了在一定程度上通过影响土壤的理化性质作用于植物外，植物群落中各种动物之间所存在的食物网关系对保持植物群落的稳定性发挥着重要的作用。

传粉对植物完成生活史是一项关键性的过程，动物在这个过程中扮演着非常重要的角色。蜜蜂将花粉由雄蕊运输到雌蕊上，对于异花授粉植物的生殖是一个关键，甚至某些自花授粉也要求对花粉的运输，因为雄蕊与雌蕊之间存在一个空间，跨越这个空间才能授粉。植物种常常表现出对授粉者习性和形态特征上的适应，如花瓣、花萼或花序在外观上或气味上有诱惑力，花粉常有黏和力，有时成团状，花蜜或花粉对授粉者有营养价值，开花时间与授粉者的活动格局相联系。传粉的动物有昆虫、鸟类和蝙蝠，昆虫中的蜂、蝇、蝶类和蛾类是最主要的传粉者。蝶类是在白天活动，喜趋色泽鲜艳的花朵，蛾类多数在夜间活动，从颜色浅淡、香味浓郁的花朵内获取花蜜或花粉。据观察，一窝蜂一天能采集 25 万朵花。在开花的植物中，现已知有 65％的植物是虫媒花，其中主要或完全由动物传粉的植物包括杜鹃花科、李属、槭属、七叶树属、刺槐属、椴属、木兰属、鹅掌楸属、梓树属、柳属和鼠李属等。

植物依赖昆虫传授花粉，昆虫从植物上获得花粉和花蜜作为食物，二者形成密切的互利共生关系，有时相互之间还表现出高度的适应性和特化现象，如无花果与榕小蜂的关系即为一例，无花果属桑科，花序由花托形成杯形构造，顶端有小孔与外界相通，花内壁着生单性花，雄花环生于杯口壁上，雌花在杯底，榕小蜂经小孔进入杯内并在其中繁殖，最特别的是这些榕小蜂胸部有储藏花粉的囊状结构，雌蜂授粉时主动用腿拨出花粉完成授粉。

动物能吃掉植物的种子，伤害或毁坏幼树。但在保存和散布植物种子，维持群落的相对稳定上又有积极作用。一些浆果类或肉质果实的小乔木和灌木，如山丁子、悬钩子等种子都有厚壳，由鸟类吃食后经过消化道也不会受伤，排泄到其他地方从而得以传播。昆虫可以传播真菌和苔藓的孢子，蚯蚓能传播兰花的种子，爬行类、鸟类和哺乳类是木本植物种子的主要传播者。

除上述有益的生态作用外，动物对植物也有有害的作用。如在传播种子和传授花粉的同时有时还传播病害，如鸟类对板栗疫病的病原体的传播，一些病原细菌可被蜜蜂等昆虫传播。还有一些昆虫对植物的生长发育产生危害。如地下害虫为害植物根部、近土表主茎及其他部位。这类害虫种类繁多，危害寄主广，它们主要取食园林植物的种子、根、茎、块根、块茎、幼苗、嫩叶及生长点等，常常造成缺苗、断垄或植株生长不良。其中对园林植物危害性较大的有蝼蛄、蛴螬、地老虎、金针虫等。

三、人对园林植物的作用

人类在生物圈的作用举足轻重。人首先是生态系统的组成部分，也是园林生态系统的重要组成部分之一。人对园林生态系统的生态作用是显著的。从建设的角度看，人类直接规划和设计园林，不仅在原有自然条件下利用已有植物资源，更多的是改造已有条件，引进新的植物类型，创造新植物景观；从保护的角度看，人类要发挥自身高智能的优势，不断运用自身力量和现代科学技术改造环境和生物，增加生态系统中的物质和能量投入，提高生态系统的整体功能。例如防虫治病，更替枯死、不健康的植株，维护系统的洁净等等；从消费的角度看，人是园林系统最大的消费者。人类在园林中的消费活动，破坏多于保护，既有直接作用，又有间接作用。直接作用是伤害园林植物，侵扰园林动物，破坏系统的协调和完美。间接作用是丢弃垃圾、踏实土壤、污染水源、挤占生态位。

所以，人对园林生态系统的作用既可能产生有利结果，也可能具有盲目性和不合理性，造成环境、物种的破坏和毁灭，造成灾难。尤其是在科学技术成为第一生产力的今天，在不断强化人类干预的同时，应保持警觉，坚持科学，避免盲目性。

第五节　园林植物的生态效应与生态适应性

一、园林植物的生态效应

（一）园林植物改善空气质量

1. 吸收 CO_2 放出 O_2　大气中 CO_2 的浓度为 320μl/L，植物是大气环境中 CO_2 和 O_2 的调节器。通过光合作用，植物每吸收 44g CO_2 可放出 32g O_2。通常每公顷森林每天可消耗 1 000kg CO_2，放出 730kg O_2。不同园林植物种类的光合作用强度是不同的，因而它们吸收 CO_2 的量和放出 O_2 的量也是不同的。如在气温为 18～20℃的全光照条件下，每克重的新鲜落叶松针叶在 1h 内能吸收 CO_2 3.4mg，柳树叶为 8.0mg，椴树叶为 8.3mg。

2. 释放活性挥发性物质，发挥生态保健功能　不少园林植物属芳香型植物，他们的花、树皮、枝干、叶、果皮等地上部分能释放活性挥发性物质到空气中，经人体呼吸道进入人体而被吸收，从而发挥其药效，达到预防、治疗疾病的医疗保健作用。研究表明，芳香型园林植物的挥发性成分的药理活性和保健作用有下列 10 类：

（1）对呼吸系统有保健作用的成分：石竹烯、柠檬烯、蒎烯。

（2）对心血管系统有保健作用的成分：蒎烯、贝壳杉烯。

（3）对中枢神经系统有保健作用的成分：石竹烯、蒎烯、水芹烯。

（4）对消化系统有保健作用的成分：桉树脑、石竹烯。

（5）对免疫系统有保健作用的成分：β-石竹烯、α-葎草烯、大蒜新素（抗炎）。

（6）抗肿瘤活性成分：邻苯二甲酸二丁酯、β-桉叶油醇、角鲨烯、蛇床子素、丁香酚。

（7）抗微生物活性成分：石竹烯、匙叶桉油烯醇、柠檬醛、芳樟醇、挥发性醛、具有α，β-不饱和结构的烷烯基酸酯类、芳香醛类和芳香酸酯类、丁香酚、柠檬烯、蒎烯、雪松醇、莰烯、百里酚。

（8）有驱虫作用的成分：桉叶油醇、金合欢醇、柠檬醛、龙脑。

（9）有抗病毒作用的成分：贝壳杉烯及其衍生物。

（10）具有芳香气味的成分：柠檬烯、橙花叔醇、芳樟醇、柠檬醇、石竹烯。

对呼吸系统有保健作用的植物有山小橘、白兰、黄兰、红千层、海桐、含笑、九里香等；对心血管系统有保健作用的植物有人心果、白兰、红千层、含笑、鹅掌藤等；对中枢神经系统有保健作用的植物有鹅掌藤、九里香、白兰等；抗肿瘤作用的植物有含笑、黄兰、白兰等；对消化系统有保健作用的植物有柳叶串钱树、白千层、山小橘等；含抗菌活性成分较多的植物有麻楝、红千层、含笑、白兰、黄兰、洋蒲桃、九里香等。

3. 吸收有毒气体　一些园林植物能有效地吸收大气中的有毒气体，并将其分解或富集于体内而起到净化空气的作用。这些园林植物有忍冬、卫矛、旱柳、臭椿、榆、花曲柳、水蜡、山桃等对SO_2既具有较大的吸收能力，又具有较强的抗性，是净化空气中SO_2的好树种。银桦、悬铃木、柽柳、女贞、君迁子等对Cl_2有较强的吸收能力，是净化空气中Cl_2的好树种。泡桐、梧桐、大叶黄杨、女贞、榉树、垂柳等有不同程度的吸氟力。

4. 阻滞尘埃　尘埃中除含有土壤微粒外，还含有细菌和其他金属粉尘、矿物粉尘、植物性粉尘等，它们会影响人体健康。尘埃会使多雾地区的雾情加重，降低空气的透明度，减少紫外线含量。很多园林植物的叶片对尘埃具有较强的阻滞作用，相当于过滤器而使空气清洁。

（二）园林植物的温度效应

植物的树冠能阻拦阳光而减少辐射热，从而有效地降低小环境的温度条件。由于树冠大小、叶片的疏密度、叶片的质地不同，不同树种的降温效果不同（表3-8）。以银杏、刺槐、悬铃木与枫杨的遮荫降温效果最好，垂柳、旱柳、梧桐最差。

表3-8　常用行道树遮荫降温效果比较表

（吴翼，1963）　　单位：℃

树　种	阳光下温度	树阴下温度	温　差
银　杏	40.2	35.5	4.9
刺　槐	40.0	35.5	4.5
枫　杨	40.4	36.0	4.4
悬铃木	40.0	35.7	4.3

（续）

树　种	阳光下温度	树阴下温度	温　差
白　榆	41.3	37.2	4.1
合　欢	40.5	36.6	3.9
加　杨	39.4	35.8	3.6
臭　椿	40.3	36.8	3.5
小叶杨	40.3	36.8	3.5
构　树	40.4	37.0	3.4
梧　桐	41.1	37.9	3.2
旱　柳	38.2	35.4	2.8
槐	40.3	37.7	2.6
垂　柳	37.9	35.6	2.3

(三) 园林植物的水分效应

城市中的水分因子容易受到工矿业、加工业和生活污水的污染。如果水中含有过高的油脂、蛋白质、碳水化合物、纤维素等营养物时，微生物和一些藻类繁殖加快，生长旺盛，会消耗水中的氧气，导致水体形成缺氧的条件。这时有机物就在厌氧条件下分解而释放出甲烷、硫化氢和氨气等，造成水中生物死亡。许多植物能吸收水中的有毒物质而在体内富集起来，富集的程度，可比水中毒质的浓度高几十倍到几千倍，从而降低水中的毒质，净化水体。

种植树木对改善小环境内的空气湿度有很大作用。不同树木的蒸腾能力差异很大，选择蒸腾能力较强的树种对提高空气湿度有明显的效果（表 3-9）。

表 3-9　几种常见园林树种的蒸腾强度

（根据前苏联伊万诺夫在莫斯科地区 17℃下的测定结果）

单位：g/（m^2·h）

树种名	蒸腾强度	树种名	蒸腾强度
松树	520	忍冬	252
白蜡	326	桦木	341
榆树	344	栎树	364
杨树	369	美国槭	388
椴树	390	苹果树	530

(四) 园林植物的光照效应

园林植物能有效地减弱环境光照条件，改善光环境。阳光照射到树冠上时，大约有 20%～25%的太阳辐射被叶面反射，有 35%～75%为树冠所吸收，有 5%～40%透过树冠投射到树林下。植物所吸收的光波段主要是红橙光和蓝紫光，而反射的部分，主要是绿色光。所以从光质上看，林中及草坪上的光线具有大量绿色波段的光。这种绿光要比街道及建筑装饰面的光线柔和得多，对眼睛保健有良好作用，绿色光能使人在精神上觉得爽快和宁静。

（五）园林植物减弱噪声的生态效应

噪音越过 70dB 时，对人体就产生不利影响，如长期处于 90dB 以上的噪音环境下工作，就有可能发生噪音性耳聋。噪音还能引起其他病症，如神经官能症、心跳加速、心律不齐、血压升高、冠心病和动脉硬化等。

种植乔灌木对降低噪音有显著作用。城市街道上的行道树对路旁的建筑物来说，可以减弱一部分交通噪音。公路上 20m 宽的多层行道树（如雪松、杨树、珊瑚树、桂花各一行）的隔音效果很明显，噪音通过后，与同距离的空旷地相比，可减少 5～7dB。30m 宽的杂树林（以枫香为主、林下空虚）与同距离的空旷地相比，可减弱噪音 8～10dB。18m 宽的圆柏、雪松林带（枝叶茂密，上下均匀）与同距离空旷地相比，可减弱噪音 9dB。45m 宽的悬铃木树林，与同距离空旷地相比，可减弱噪音 15dB。4m 宽的枝叶浓密的绿篱墙可减少噪音 6dB。

研究表明，较好的隔音树种有雪松、桧柏、龙柏、水杉、悬铃木、梧桐、垂柳、云杉、薄壳山核桃、鹅掌楸、柏木、臭椿、樟树、榕树、柳杉、栎树、珊瑚树、椤木、海桐、桂花、女贞等。

二、园林植物的生态适应性

（一）生态型及生活型

同种生物的不同个体，长期生长在不同的生态环境中，发生趋异适应，经自然和人工选择，分化形成生态、形态和生理特征不同的基因型类群，称为生态型。生物分布区域和分布季节越广，生态型就越多，适应性就越广。

生态型的种类有以下 3 种：

（1）气候生态型。即长期适应不同光周期、气温和降水等气候因子而形成的各种生态型。如早稻与晚稻即属此类。

（2）土壤生态型。即在不同的土壤水分、温度和肥力等自然和栽培条件下所形成的生态型。如陆稻和水稻即属此类。

（3）生物生态型。即在不同的生物条件下分化形成的生态型。如在病虫发生区培育出来的动植物品种，一般有较强的抗病、虫能力。而在无病、虫区培育出来的品种抗病、虫能力就差。

生活型是指不同种的生物，由于长期生活在相同的自然生态条件和人为培育条件下，发生趋同适应，并经自然和人工选择而形成具有类似形态、生理和生态特性的物种类群。生活型是种以上的分类单位，如具有缠绕茎的藤本植物虽然包括许多植物种，但都是同一个生活型。分类学上亲缘关系很近的植物，可能属于不同的生活型，如豆科植物中的槐树、合欢为乔木，湖枝子为灌木，大豆为草本，它们不是同一个生活型。动物按栖息活动环境也可分为水生动物、两栖动物、陆生动物、飞行动物等生活型。微生物按通气环境可以有好气微生物和嫌气微生物等生活型。

（二）生态位

生态位是指物种在生物群落中的地位和作用，是生物栖息环境再划分的单位——生境的一个亚单位。生态位作为生物单位（个体、种群）生存条件的总集合体又分为基础生态位和现实生态位。基础生态位指生物群落中能够为某一物种所栖息的理论最大空间。实际上，很少有物种能占据全部基础生态位，当有竞争者存在时，必然挤占该物种的一部分生态位，则其实际占有的生态位即为该物种的现实生态位。生境中参与竞争的种群越多，物种占有的现实生态位就越小（图3-2）。

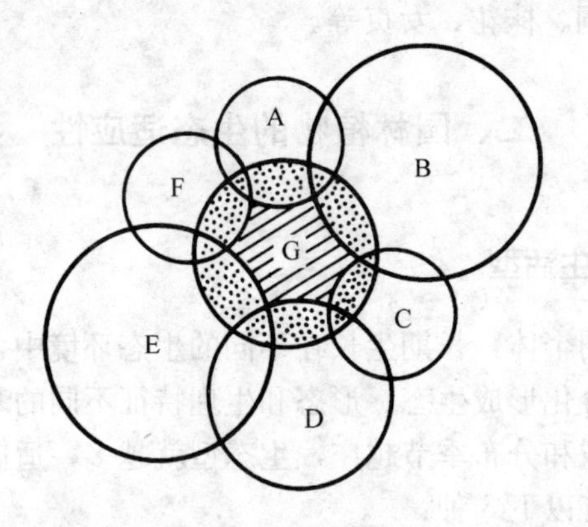

图3-2　物种G的基础生态位和现实生态位的理论模型

（引自陈汤臣，生态农业的理论与实践）

由图可见，6个竞争物种中A、B、C、D、E、F都对物种G占有竞争优势，故G的现实生态位是不规则六边形，远小于其基础生态位。

（三）园林植物适应环境的方式和机制

园林植物对环境的适应，一方面表现为植物的生存、繁殖、活动方式和数量比例等均消极地受环境限制、控制和支配；另一方面，植物还具有积极适应、利用和改造环境的能力，以获得在现实环境中自身发展的能力。主要体现在以下几个方面：

1. 园林植物的耐性补偿作用　耐性补偿作用是指园林植物群体经一定时期的驯化过程，可以调整、改变其生存和生命活动的耐性限度和最适范围，以克服和减轻外界因子的限制作用。这种作用方式可能存在于植物群落水平上，也可能出现于种群水平上。

（1）植物群落层次的耐性补偿作用。由于群落中不同种群对环境的最适范围和耐性限度不同。通过相互的补偿调节，可以扩大群落活动的耐性范围，从而保持整个群落有较稳定的代谢水平和多样性。所以，群落比单一种群具有更广的活动范围和耐性限度。

（2）植物种群层次的耐性补偿作用。在一个种内部，耐性的补偿作用常表现在该种具有多个生态型上。一个种可以通过驯化产生适应于不同地区条件的生态型，克服某些环境因子的限制作用。园林植物品种大多是经长期驯化的结果，对当地的自然环境条件具有很强的适应能力。病菌中某些生理小种的产生，就是通过耐性补偿作用对农药药性发生适应的结果，这在植物保护中是必须考虑的因素。

还有些植物可以通过生理过程调节和行为适应等方式来达到耐性补偿。当环境不适应时，可进入不活跃状态，如休眠、落叶、产生孢子、产卵等，都是通过生理调节来克服不利因子的限制。

2. 利用生存条件作为调节因子　园林植物可以改变自身的活动规律，以适应自然环境的节律性变化，从而缓和环境的有害作用，获得生存和发展。如植物通常表现出的光周期现象就是利用日照长度来调节自身活动的明显例证。许多植物的花芽分化、开花、休眠等都受日照长度的调节。在雨量少而不稳定的沙漠上，只有达到一定降雨时，一些一年生植物才能发芽，并迅速完成生活史，这也是一种高度的适应。

3. 形成小生境以适应生长环境　在大的不利环境中，生物能创造一个有利的小环境，以保证自身的生存需要。在一个种群内部，成年树能遮光蔽荫，为种子的萌发、幼苗的生长发育提供条件。当小苗长到一定程度，种群密度过大，导致种群内部一些个体发育不良的植株死亡而表现自疏现象。

生物从以上诸方面对环境条件进行积极适应，为自身创造了发展和生存的可能和条件，但是，这种作用的范围是有限的，同时也需要一个适应过程。

（四）园林植物对各生态因子的适应

1. 园林植物对光的适应

（1）园林植物对光照强度的适应。在自然界，一些园林植物要求在强光照条件下才能生长发育良好，而另一些则要求在较弱的光照条件下才能生长良好。依据植物对光照强度的要求不同，可以把园林植物分为阳性植物、阴性植物和耐阴植物三大类。

阳性植物：这类植物的光补偿点较高，光合速率和呼吸速率也较高，在强光条件下生长发育良好，而在荫蔽和弱光下发育不良。这类植物多为生长在旷野、路边、森林中的优势乔木，草原及荒漠中的旱生、超旱生植物，高山植物等均属此类型。如黑松、落叶松、金钱松、水松、水杉、侧柏、银杏、核桃及柳属、杨属等。

阴性植物：这类植物具有较低的光补偿点，光合速率与呼吸速率也较低，具有较强的耐阴能力，在树阴下亦可正常更新。这类植物多生长在密林或沼泽群落的下部，生长季的生境较湿润，因此也往往具有某些湿生植物的形态特征。如蕨类植物、天南星科植物、冷杉属、椴属、黄杨属、杜鹃花属、八仙花属、罗汉松属及紫楠、香榧、蚊母树、海桐、枸骨等。

耐阴植物：在光照充足时生长最好，稍受荫蔽时不受损害，其耐阴的程度因树种而异。如五角枫、元宝枫、桧柏樟、刺槐、春榆、赤杨、水曲柳等。树种的耐阴性受到个体的年龄、气候、土壤等因子的影响，而表现出一定的幅度变化。

（2）园林植物对光照时间的适应。园林植物个体各部分的生长发育，如茎部的伸长、根系的发育、休眠、发芽、开花结实等，受到每天光照时间长短的控制。依据一年生植物花芽分化与开花对光照时间的反应，可以分为长日照植物、中日照植物、短日照植物三大类。

长日照植物：这类植物生长发育过程中，每天需要的日照时间长于某一定点，才能正常完成花芽分化，开花结实。在一定的日照时间范围内，日照越长，开花结实越早；反之，若光照时间不足，植物则停留在营养生长阶段，不能开花结实。春夏开花的植物大多是长日照植物，如令箭荷花、唐菖蒲、大岩桐、凤仙花、紫苑、金鱼草等。

中日照植物：这类植物的花芽分化与开花结果对光照长短反应不敏感，其花芽分化与开花结实与否主要取决于体内养分的积累。如原产于温带的植物月季、扶桑、天竺葵、美人蕉、香石竹、百日草等均属于中日照植物。

短日照植物：这类植物在其生长发育过程中，需要短于某一定点的光照才能正常完成花芽分化，开花结实。在一定范围内，暗期越长，开花越早，光照时间过长，反而不能开花结实。这类植物多原产于低纬度地区，如秋菊、苍耳、一品红、麻类等。

植物完成花芽分化和开花要求一定的日照长度，这种特性主要与其原产地在生长季的自然日照的长度有密切的关系，一般长日照植物起源于高纬度地区，而短日照植物起源于低纬度地区。如原产于低纬度地区的园林植物向北迁移，其营养生长期相应延长，树形长得比较高大；反之，原产高纬度地区的植物向南迁移，则营养生长期缩短，树形较矮小。

2. 园林植物对温度的适应性

（1）园林植物对极端温度的适应。

园林植物对低温的适应：长期生活在低温环境中的植物通过自然选择，在生理与形态方面表现出适应特征。在生理表现方面，通过减少细胞水分，增加细胞中的糖类、脂肪和色素类物质，降低冰点，增强抗寒能力；在形态表现方面，耐寒类植物的芽和叶片常受到油脂类物质的保护，或芽具有鳞片，或植物体表生有蜡粉和密毛，或植株矮小呈匍匐状、垫状或莲座状，增强抗寒能力。

园林植物对高温的适应：植物对高温的适应也表现在生理和形态两方面。在生理表现方面，植物通过降低细胞含水量，增加糖和盐的浓度以减缓代谢速率和增加原生质的抗凝结力，或通过较强的蒸腾作用消耗大量的热以避免高温伤害；在形态表现方面，植物叶表有密茸毛和鳞片，或呈白色、银灰色，或叶革质发亮以反射阳光，有些植物在高温条件下叶片角度偏移或叶片折叠以减少受光面积。

（2）昼夜温差与温周期现象。温周期现象是指植物对温度昼夜变化节律的反应。植物白天在高温强日照条件下充分地进行光合作用积累光合产物，晚上在较低的温度条件下呼吸作用微弱，呼吸消耗少，所以在一定范围内，昼夜温差越大，越有利于植物的生长和产品质量的提高。

（3）季节变温与物候现象。在各气候带，温度都随季节变化而呈现规律性变化，尤以中纬度的低海拔地区最为明显。植物的发育节律随气候（尤其是温度）季节性变化而变化的现象叫做温周期现象。如许多园林植物在春季随温度稳定上升到一定量点时开始萌芽、现蕾，进入夏季高温时开花结实，并随之果实成熟，秋末低温时落叶，当温度稳定低于一定量点时进入休眠。所以，植物的物候现象是与周边的环境条件尤其是温度条件紧密联系的。

3. 园林植物对水分的适应性 不同地区水资源供应不同，植物长期适应不同的水分条件，从形态与生理特性两方面发生变异，形成了不同的植物类型。根据植物对水分要求的不同，可把园林植物分为水生植物和陆生植物两大类。

（1）水生植物。水生植物指所有生活在水中的植物。由于水体光照极弱，氧气稀少，温度较恒定，且大多含有各种无机盐类，所以水生植物的通气组织发达，对氧的利用率高；机械组织不发达，而具有较强的弹性和抗扭曲能力；叶片对水中的无机盐及光照辐射、二氧化碳的利用率高。水生植物有 3 种类型，即沉水植物、浮水植物与挺水植物。

沉水植物：如海藻、黑藻等，植物沉没水下，根系退化，表皮细胞直接从水体中吸收氧气、二氧化碳及各种营养物质和水分，叶绿体大而多，无性繁殖发达。

浮水植物：植物叶片漂浮于水面，气孔多位于叶上面，维管束和机械组织不发达，茎疏松多孔，根或漂浮于水中或沉入水底，无性繁殖速度快。如完全漂浮类的浮萍、凤眼莲，扎根漂浮类的睡莲、王莲等。

挺水植物：植物叶片挺立出水面，根系较浅，茎多中空如荷花、芦苇等。

(2) 陆生植物。陆生植物指生长在陆地上的植物。也分为 3 种类型，即湿生植物、中生植物与旱生植物。

①湿生植物。湿生植物指适于在潮湿的环境中生长，不能忍受长时间的缺水，是抗干旱能力最弱的一类陆生植物。其根系不发达，而具有发达的通气组织，如气生根、膝状根或板根等。如垂柳、落羽杉、马蹄莲、秋海棠等。

②中生植物。中生植物指适于生长在水分条件适中的生境中的植物。绝大多数园林植物属于此类。它们具有一套完整的保持水分平衡的结构和功能。具有发达的根系和输导组织。如月季、扶桑、茉莉、棕榈及大多数宿根类花卉。

③旱生植物。旱生植物指能长期耐受干旱的环境，且维持水分平衡和正常生长发育的植物类型。在形态结构上，发达的根系能增加土壤水分的摄入量，叶表面积小，呈鳞片状，或具有厚角质层或茸毛，或蜡粉，可减少水分散失。而多肉多浆类植物则具有发达的贮水组织贮备大量水分以适应干旱条件。在生理方面表现为原生质具有高渗透压，能从干旱土壤中吸收水分，且不易发生反渗透现象，以适应干旱环境。

4. 园林植物对空气污染的适应性 很多园林植物在正常生长时，能同时吸收一定量的大气污染物，吸附尘埃，净化空气。园林植物对大气污染物的吸收与分解作用就是植物对大气污染的抗性。不同种类的植物对空气污染的抗性不同，一般来说，常绿阔叶植物的抗性比落叶阔叶植物强，落叶阔叶植物比针叶植物强。植物抗性强弱可分为三级。

(1) 抗性弱（敏感）。这类植物在一定浓度的某种有害气体污染环境中经过一定时间后会出现一系列中毒症状，且通常表现在叶片上。长时间受害使全株叶片严重破坏，长势衰弱，严重时导致植物死亡。这类植物可以作为大气中某类有毒气体的指示性植物，用于进行大气污染监测。如银杏、皂荚、加拿大杨等植物可作为大气污染的指示植物。

（2）抗性中等。这类植物能较长时间生活在一定浓度的有害气体环境中，受污染后生长恢复较慢，植株表现出慢性伤害症状，如节间缩短，小枝丛生，叶片瘦小，生长量少等。如沙松、臭椿、合欢、梧桐、银杏、核桃、桑树、白皮松、云杉等。

（3）抗性强。这类植物能较正常地长期生活在一定浓度的某种有害气体环境中而不受伤害或轻微受害。在短时间高浓度有害气体条件下，叶片受害较轻且容易恢复生长。这类植物可用于一些污染严重的厂矿区绿化，具有较好的净化空气的能力，如大叶相思、五角枫、假槟榔、鱼尾葵、板栗、樟树、杧果、山楂及榕树等。

三、生物与环境的协同进化

环境选择和影响着生物，生物也对环境进行着能动适应，并反作用于环境，改变了的环境又对生物产生生态作用。生物与环境相互影响、相互选择、相互适应、共同发展的过程就形成了生物与环境的协同进化。高等植物的幼苗在集聚状态下更适于生存，植物种群的个体多是成丛生长而很少孤立生存。不同物种间相互构成环境，且种群与其环境高度协调，和谐发展。这些都是协同进化的表现。

人类具有更大的能动性，对所处的环境既有建设性，又有毁灭性。人类对一些原始生物群落进行改造，使其具有再生性与经济价值，是建设性的协同进化；而对自然资源的过度开采造成资源枯竭，人为地污染环境等，则是毁灭性的破坏。

复习思考题

1. 何谓生态因子？生态因子分为哪几类？
2. 简述生态因子的规律性变化。
3. 简述生态因子的作用原理与作用规律。
4. 简述五大非生物因子对园林植物的作用，各举例说明之。
5. 举例说明各生物因子是如何作用于园林植物的。
6. 你如何理解园林植物对各生态因子的生态适应性，植物与环境之间是如何协同进化的？

第四章 园林生态系统的物种流动

第一节 物种流动的概念、特点和方式

一、基本概念

自然界中众多生物是在不同生境中产生、成长和发展起来的。生物在进化的过程中，自然界通过物种流动扩大和加强了不同生态系统间的交流和联系，从而加速生物多样性，对全球生命系统的繁荣产生了复杂而深远的影响。

物种流动是指物种的个体或种群在生态系统内或系统之间时空变化的状态。有3层含意：①生物有机体与环境之间相互作用所产生的时间、空间变化过程。如树木、花草的个体从种子萌发、成苗、开花、结果到死亡，对系统而言构成一种物种流动。②物种种群在生态系统内或系统之间格局和数量的变化过程，反映了物种关系的状态。如物种间竞争、寄生、捕食等造成系统内物种格局和数量的动态变化。③生物群落中物种组成、配置，营养结构变化，外来种和本地种的相互作用，生态系统对物种增加和空缺的反应等。物种流动是生态系统的一种重要的生态过程，它同能量流动、物质循环、信息传递、价值流通、生物生产和资源分解共同构成生态系统的主要生态过程。

物种流动、扩散是生物的适应现象。通过流动，扩展了生物的分布区域，扩大了新资源的利用，改变了营养结构，促进了种群间基因物质的交流，形成异质种群又称复合种群或超种群；经过扩散和选择把最适应环境的那些个体保留下来，形成新环境下的新种群。应该说，种群在流动扩散中并不能保证对每个个体都有好处，特别是当环境极度恶化或不适宜流动后的种群，该种群的流动代价就会很大，有可能全军覆没。但通过物种流动和扩散仍然增大了保留后代的概率，增加了不同生境的生物丰度，推动了生物多样化和生命世界的繁荣发展。

对人工生态系统或半人工生态系统而言，如园林生态系统，物种流动不仅来自自然界，更来自人为因素。特别是现代园林，不仅从近距离的本地系统迁移植物，而且从远距离的异地系统迁移植物。伴随这种植物迁移，常常会带来相应的其他物种流动，造就一种新的生态系统。因而物种流动扩大和加强了不

同生态系统间的交流和联系，提高了生态系统的服务功能。

二、物种流动的特点

1. 偶然性　自然界的物种流动大多具有偶然性。如植物种的流动，在风力、水力、动物力的作用下向周围环境或更远的地方流动，并无目的。一粒种子，被覆纤细的茸毛或籽粒非常小，如兰科、杜鹃花科的种子，在气流的作用下随风飘荡，会落到什么地方完全是随机的、偶然的。只要它所落脚的地方有适宜生长的条件，它就会加入该生态系统并谋求自己的生态位。又如昆虫、鸟类的长距离迁移，从总体上讲有一定的规律，但对他们具体的落脚点却是随机的、偶然的。

2. 有序性　物种种群的个体移动有季节的先后，有年幼、成熟个体的先后等。如移植园林树木，在四季分明的地方，一般在春季移植，而且移植幼苗，成活率高，效果好。又如候鸟迁徙，具有明显的季节迁移习性。据H. Weigold 报道，苍头燕雀、云雀在黑尔戈兰岛进行秋季迁徙时，首先从幼鸟开始，继之雌鸟，最后才是雄鸟。我国青岛观察鹰类秋季迁徙，也是幼鸟先迁，成鸟后迁。春季雄鸟迁来常常早于雌鸟，尤其是鸣禽，雄鸟要占领地，迎接雌鸟配对，给生态系统带来春的气息。

现以我国扎龙自然保护区为例说明一个生态系统鸟类迁徙的有序动态。

春季迁入的时间从 3 月开始，一直到 5 月末，入迁前后持续两个月之久。夏候鸟和旅鸟中最早出现的是鹤类、鹭类等鸟类。3 月份在扎龙地区迁来的有丹顶鹤、苍鹭、白枕鹤、白琵鹭、草鹭、凤头麦鸡、斑嘴鸭、绿头鸭和金翅雀。

4 月份进入鸟类迁徙的盛期，从 3 月末至 4 月，大批鸭类、鸥、伯劳、鵎和鹰迁入；4 月末和 5 月初，黄腰柳莺、大苇莺开始迁入；最晚迁入的是杜鹃科、黄鹂科等的一些鸟类。

鸟类在秋季 9 月份开始迁出。以杜鹃科鸟类最早，9 月初迁出；普通鸬鹚 10 月份迁走；斑嘴鸭和绿头鸭等 9 月末、10 月初迁出；红头潜鸭、中华秋沙鸭、天鹅和雁群等 10 月迁出。

3. 连续性　个体在生态系统内流动常常连续不断，有时加速、有时减速，因环境条件而异。

4. 连锁性　物种向外扩散常常是成批的。东亚飞蝗先是少数个体起飞，然后带动大量蝗虫起飞。据报道，非洲沙漠蝗在 1889 年一次飞越红海的蝗群面积约有 2 000km^2，数量约有 2 500 亿只。

三、物种流动的方式

（一）迁移

物种的迁移多指动物靠主动和自身行为进行扩散和移动，是有规律的，一般都是固有的习性和行为的表现，有一定的途径和路线，跨越不同的生态系统。现以鸟类的迁徙予以说明。

鸟类迁徙时间因种类而异。白天迁徙的大多数是猛禽，如鹰、隼等。绝大多数候鸟，如食虫鸟、食谷鸟、涉禽和多种鸭类都在夜间迁徙，有利于躲避天敌的袭击，白天得以从容觅食。少数鸟类是昼夜兼程，如凤头麦鸡、灰椋鸟等。

我国多种多样的生态系统为鸟类的生息繁衍提供了良好的生态环境。我国有鸟 1 186 种，占世界鸟类种数的 13.1%（1994），是世界上拥有鸟类最多的国家之一。我国候鸟迁徙的途径主要有两条路线：一条自我国南部沿海各省，沿海岸线向北飞往长江流域，一部分鸟类沿长江及其支流到达内地，部分鸟类继续沿海向北飞到山东半岛、河北或渡海到辽东半岛，有的飞抵松花江及黑龙江流域，有的甚至飞至西伯利亚；另一条路线自南洋群岛、我国台湾到日本、朝鲜，再到我国东北境内。

根据鸟类分布、迁徙途径等，我国可划分为 3 个鸟类主要迁徙区：①东部候鸟迁徙区，有东北地区、华北东部的候鸟。它们常是沿海岸向南迁至华中区、华南区，有的还迁到东南亚各国、澳大利亚等地越冬。②中部候鸟迁徙区，有内蒙古东部、中部草原，华北西部地区及陕西地区等的候鸟。冬季常会沿太行山、吕梁山，越过秦岭和大巴山区进入四川盆地和沿东部经大巴山东部迁向华中区或更南的地区越冬。③西部候鸟迁徙区，有内蒙古西部干旱草原、甘肃、青海、宁夏等地干旱或荒漠、半荒漠草原地带和高原草甸草原等生境中繁殖的夏候鸟。它们迁徙常沿阿尼玛卿、巴颜喀拉、邛崃山等山脉向南沿横断山脉至四川盆地西部、云贵高原，有的甚至迁到印度半岛越冬。

（二）入侵

随着国际间人流和物流的日益增加，地区间生物区系在全球范围内转移和交换的机会也日益增大，从而改变了生物种群原有的分布格局，导致物种在地球上分布区的变化，由此产生了目前受到各国政府和学术界高度重视的生物入侵问题。什么是外来生物入侵？“外来”表明不是本地的，“入侵”说明不是好的。严格地说，我国有很多外来物种，如小麦、西瓜、葡萄、胡萝卜、番茄等都是从外国引进的物种，这些物种进入我国后，对我国经济发展和人民生活进步是有益的。但另外还有一些外来种，如豚草、野燕麦、凤眼莲、薇甘菊等，他们进入我国后由于没有“天敌”控制或抑制，疯狂发展，威胁或扼杀本地物种，破坏生态平衡，对社会发展、人们生活造成了极大的危害。之所以将他们称为“入侵种”，一是指他们进入我国是“非法”的，二是指这些物种的扩散极具侵略性。

入侵是指一种生物向不曾分布过的区域进行扩散，该物种在新的生态系统中可以自由繁衍并达到某种程度的优势，对本地种或系统的资源环境造成危害。这样一个过程称为“生物入侵”。生物入侵是一个从传入、定居、建群到扩散、暴发、危害的复杂的生态过程。这个过程大致分为5个步骤：传播、定居、建群、扩展和侵占。具体阐述如下：

传播是指入侵种从原来生存的地区进入到该物种从未生存过的新地区。在新的生态环境中生存的初始，入侵种通常呈单株、散生或小丛状态，这是生物入侵过程的第一步。

定居是指入侵种传播到新的地区后，能正常生长发育，完成其生活史并能繁殖后代的过程。入侵种在定居期间面临着很大的生存危机，要与同生态位的物种竞争生存空间，争夺养分、水分及其他有用资源，因而定居阶段是生物入侵的瓶颈阶段。

建群是指入侵种在新区域里，经过对当地生态条件的长期适应或驯化，已完成多个生活周期或世代，逐渐增大种群，在新生态系统中占据一定的生态位，种群本身稳定成长。这一生态适应过程称为建群阶段。

扩展指入侵种已完全适应入侵地的生态条件，种群已发展到相当大的数量，并具有合理的年龄结构和性别比，能在该生态系统快速增长和扩散，争夺更多的生态位。这一阶段，系统内同生态位的物种由于竞争力弱而逐步演化为劣势种群。当入侵种群分布面积达到一个阈值后，就可能发生爆炸性的扩展，进入侵占阶段。

侵占指入侵种群大肆散布与蔓延，已达到高密度和大尺度的空间分布，在一个群落或生态系统中已占有相当优势，形成对原生态系统灾难性的“生态爆发”，改变了原有生物地理分布和自然生态系统的结构和功能，对当地生态环境、生物多样性、人类健康和经济发展造成危害。

生物入侵现象自古以来就存在，发展到近代就更为频繁。特别是国内、国际间的贸易、移民以及战争等使得生物入侵加剧，国内、国际旅游事业的蓬勃发展，交通工具更加先进。一些高山、大海和沙漠等过去曾是阻止物种扩散的天然屏障，现在其障碍作用也变得越来越小。越来越多的物种正在跨越地域屏障，进入新的领域。生物入侵变得更加容易成功。一个新的入侵种，一旦被发现对某地的生态环境造成重大影响时，说明它已经在该地区占据大量的生态位，再想消灭它就很困难，甚至是不可能的事。

对植物类生物而言，迁移和入侵在物种流动的初始期并无差异，均表征一种生物由原发生地进入到一个新的生态系统的过程。二者的差异在于：迁移，是指移入生物在新的生境中融入的过程，在进入新的生态系统后能与原有生物种和谐共处并建立自己的生态位；入侵，是指移入生物在新的生境下由于气候、环境适宜，食物营养供应充分，特别是缺乏天敌抑制，得以迅速增殖，形成优势种群，直接威胁本地种的生存，并对经济、环境和人类健康产生危害。

（三）引种

引种就是将一种生物从现有的分布区域人为地迁移到其他地区生存、发展的过程。对园林而言，主要是从外地引进本地尚未栽培的新的植物种类、类型和品种，以丰富观赏植物资源或造景材料，提供更为宜人的生态环境。

1. 引种类型 引种有两种类型，一种是简单引种，由于所引植物本身的适应性广，以致不改变遗传性也能适应新的环境条件，或者是原分布区与引入地的自然条件差异较小，或者引入地的生态条件更适合该植物的生长，则植物生长正常甚至更好，谓之简单引种。另一种类型是驯化引种，即所引植物本身的生态适应性窄，或引入地的生态条件与原产地差异太大，植物生长不正常直至死亡。但经过人工的精细管理，或结合杂交、诱变、选择等改变植物生态适应性的措施，使引进的植物能正常生长谓之驯化引种。

2. 引种原则 引种需遵循一定的原则。将一种植物引种到新的地区后，植物的生长表现有两种：要么生长正常；要么生长不正常，需采取人为措施，才能正常生长。前者可称“适地适树”，后者则需“改树适地”或“改地适树”。

（1）适地适树。这里的“树”泛指各种植物。所谓适地适树，指在适宜的地方栽培适宜的植物，尤其要注意品种与地点之间的交互作用。既要充分发挥植物潜在的适应性，又要广泛利用当地的气候、土壤资源。

（2）改树适地。改变植物的生态适应性以适应当地环境。改变植物的方式大致有两种：一是改变形体，改乔木为灌木，改多年生为一年生，改有性繁殖为无性繁殖。如无花果、女贞本为乔木，引种到北方以后多作灌木栽培；番茄、辣椒、一串红等多年生植物，均改为一年生栽培；桂花、山茶等不能正常结实的植物，改为嫁接繁殖。另一种就是遗传改良。通过当地播种育苗、筛选突变体或芽变、与当地近缘种或品种杂交、人工诱变或基因工程等途径，改变或扩大植物的适应性，以适应当地生态环境。

（3）改地适树。通过农业措施，改变栽培条件，为植物生长创造适宜的生态环境。在设施园艺、无土栽培技术已经发达的今天，可以说什么样的生长条件都能创造出来，没有改变不了的“地”。一般来讲，植物在苗期适应性差，可塑性强，通过冬季覆盖、夏季遮荫、薄肥勤施、抚育修剪、光照处理、温度调节、化学控制等精细的农业措施，不仅可以保证幼苗的正常生长，还可以改变植物的适应性，达到在生长期和成熟期不加保护，即可正常生长的目的。

3. 引种方法

（1）确定引种目标。对园林植物而言，确定引种目标主要考虑观赏、景观的需要。如北京，在冬季除了针叶树和黄杨、冬青卫矛、麦冬等常绿灌、草之外，很少看到绿色植物。因此，引种常绿阔叶树种是北京园林绿化的主要目标。目前在广玉兰、女贞、棕榈、山茶等常绿树种的引种驯化上已取得一定进展。

（2）引种材料的搜集与检疫。园林植物种类繁多，性状各异，生态习性也各不相同。引种前应了解种的分布范围和种内变异类型，根据引种目标筛选出适合引进的种类予以引入。实施引种时，要严格遵守国家的检验检疫制度，控制检疫对象或非引进目标生物引入。除了通过检疫部门检疫外，引种单位还应采取隔离种植的方法进行检验，确保引种的生态安全。

（3）引种试验、驯化与选择。这是驯化引种的中心环节，主要内容包括引种材料的品种试验、生物学特性与生态习性的观测、适生优良品种的选择、配套栽培技术的试验与总结等。驯化引种一般需要较长的时间，如观赏树木的引种，一代就需要10年左右，如需进行多代驯化，就需要更长的时间。

（4）引种材料的评价与应用。引种材料的评价主要根据引种成功的标准进行。园林植物引种驯化成功的标准是：不加保护或稍加保护能正常生长，通行的繁殖方法能正常繁殖，观赏价值或环境生态价值没有降低。符合这3条标准的引种材料才可推广应用。

第二节　物种流动对生态系统的影响

一、物种流动对种群的影响

物种流动对种群结构的影响首先反映在种群数量的变动上。一个物种通过流动进入一个新的栖息地后，经过种群增长，建立起新种群，对原有种群结构产生影响，主要有以下几个方面：

（一）种群衰落

种群衰落指某一种群长久处于不利的环境条件，或栖息地被破坏的情况下，某种群数量可出现持久的下降，甚至出现种群灭亡。

由于物种流动导致原产地和自然生存地的种群衰落的例子很多。如中国台湾于1901年从日本将凤眼莲以观赏植物引入，并作为饲料和净化水质的植物而推广种植，凤眼莲一旦对园林生态系统的水体结构入侵成功，常形成漂浮植毡层，改变水生环境，产生明显的负面影响。凤眼莲大面积覆盖水面，常使鱼类和底栖动物生境受到破坏，从而减少这类生物生存的概率，水产品的品质和数量也受到明显影响；同时遮住阳光使水中其他植物死亡，破坏水生生态系统食物链，大大降低生物多样性，水体的群落结构发生变化，原有生态平衡破坏。埃及将凤眼莲称之为“水上恶魔”，印度人则将之称为“能够将一个海洋的水分吸收完的草”。这种恶性杂草现广布于华北、华东、华中和华南的大部分地区，尤以长江以南分布面积较大。近年来发生的云南滇池凤眼莲泛滥，苏州河、黄浦江上的“绿潮”，宁波市姚江、奉化江、涌江出现的凤眼莲封江之势和武汉长江、汉江出现的大面积“绿色漂浮物”均为凤眼莲繁殖过度、泛滥成灾的典型事例。

20世纪80年代，薇甘菊入侵深圳，后蔓延至珠江三角洲地区，严重危害本地种和生态环境。薇甘菊繁殖力强，适应性强，生长迅速，有“一分钟一英里杂草”之称。被广东人称为“植物杀手”。由彩图4-1、彩图4-2可见，它可以攀援、缠绕在高大的乔木上，覆盖重压在植冠层上，阻碍乔木的光合作用和新陈代谢，直至死亡。它可以迅速形成厚重的覆盖层，使一个灌木群落几年内衰落。

在美国已有4 500余种生物入侵成功，仅夏威夷就有2 000余种外来生物定居，而且每年仍有20～30种不断侵入。外来物种入侵以后，就会乘机扎根、繁殖，不断扩张，对本地种构成威胁。生物入侵有可能打乱全球的物种本地化，会损害地球上的生物多样性。

据不完全统计，我国目前约有外来入侵生物近200种，其中杂草约107种，主要害虫32种，主要病原菌23种。最近，对11种新传入的病、虫、草害所造成的直接经济损失作了统计，一年约为574亿元。

（二）种间竞争

种间竞争是指两种或更多种生物共同利用同一资源而产生的相互竞争作

用。由于物种流动导致在原有的生态系统中物种之间产生竞争。

1. 利用性竞争 物种流动导致外来种和土著种对资源利用的竞争。Weihe 和 Neely（1997）研究了外来物种千屈菜（*Lythrum salicaria*）和土著物种宽叶香蒲（*Typha latifolia*）在不同光照条件下的竞争关系，发现土著种在遮光条件下竞争能力比外来种弱，因而最终被外来种所排挤。入侵种和土著种的竞争实验表明，其对资源的获取能力决定了入侵种和土著种竞争的结果，资源获取能力强的物种在竞争中获胜。

2. 干扰性竞争 干扰性竞争和资源供应没有直接的关系，生物通过直接的干扰，或产生具有化感作用的次生代谢物等方式直接进行竞争，使竞争者的适合度下降。通常，个体大的生物容易对个体小的生物产生干扰，个体较大的入侵种可能取代本地个体较小的物种。化感作用是一种非常具有代表性的种间干扰性竞争。入侵物种通过向土著生态系统释放某种化学物质，抑制土著植物的生长，降低其对资源的利用能力，从而使得自身生长占优势。

化感作用是入侵种成功排挤土著种的一种重要机制。例如，铺散矢车菊是一种入侵北美的恶性杂草，实验研究表明该植物对北美土著植物的负面影响大于对欧洲原产地植物的负面影响，原因在于铺散矢车菊根部能产生抑制其他植物生长的分泌物，这种化感作用改变了植物对资源的竞争力，抑制北美土著植物的生长。

（三）捕食

由于物种流动使外来种抵达新的区域，种群受天敌干扰，捕食的作用减小，易于迅速增长成为入侵种。Memott 等（2000）研究了捕食入侵植物 *Cytisus scoparius* 的无脊椎动物，发现在原产地法国和英国，该植物各种天敌的种类数以及专性天敌的种类数皆高于入侵地新西兰和澳大利亚。同时，Wolfe（2002）选取入侵北美的一种多年生杂草 *Silene latifolia* 作为研究对象，比较了该植物在入侵地美国和原产地欧洲的天敌发生情况，发现该植物在欧洲遭受更多天敌的袭击，受损程度显著大于在美国，该植物的两种重要天敌在入侵地的种群数量低，验证了缺乏天敌是入侵成功的重要原因之一。

（四）寄生

外来种在寄生关系中既可以是寄生者，也可以是寄主。外来物种，尤其是一些病原生物，可以寄生于其他植物，利用其寄主的长距离扩散而成功地抵达新的区域，开始新领域的拓殖，此时寄生作用是该物种抵达的重要途径和手段。另外一些作为寄主的外来生物，通过长距离的扩散而躲避了原产地寄生作用对其种群动态的控制，成功地入侵新的生境，这种逃脱寄生作用是外来种入侵成功的重要保证。

人们通常选择有经济价值或者观赏价值的动植物进行引种。许多植物病原生物、寄生昆虫就是借助于寄生植物移植新的生境。外来微生物及真菌寄生于植物的种子或者其他部分，在无意引入后以土著种作为寄主，成为许多动植物的病害，造成巨大的经济损失。据研究，美国森林生态系统中的木本植物受到20多种外来植物病原微生物的入侵，危害严重。目前，进入我国的外来生物，包括红脂大小蠹、美国白蛾等物种，它们入侵后，可能暂时不会造成为害，但积累一段时间，达到一定数量后，就会爆发出来。红脂大小蠹是20世纪80年代初入侵山西的，当时并没有爆发，但到了1999年和2000年，发现山西到处都是死树，并且正向陕西、河北、河南扩散。另外，美国白蛾也差不多是同期侵入的，为害也在逐渐地扩散，已经到了河北和天津，到了北京边缘。

（五）互利共生

互利共生是两个不同物种间的互惠互利关系，这种种间关系也存在于外来物种和不同类型的土著生物之间。一些外来物种抵达新的区域后，依赖互利共生作用克服入侵地的屏障，顺利定居并入侵。这一作用使人们不再认为入侵地仅仅只会抵抗、排挤外来种，相反，某些生物与外来种互利共生，降低了群落的入侵阻力，助长了入侵的发生。在植物入侵中互利共生作用主要包括由动物介导的传粉作用、种子传播、植物和真菌的共生。

二、物种流动对群落和生态系统的影响

1. 对初级生产力的影响　初级生产力是测定植物外来种影响的一个有力标准和措施，可用它来衡量外来种的相对重要性。物种流动对初级生产力的影响可能为正的、负的和中性。物种流动对初级生产力的影响常出现于下列情况：①新的生命形式，如树侵入草地；②新的物种类型，如侵入美国西部灌丛大草原的*Bromus tectorum*；③用新的方式摄取资源，如夏威夷岛的固氮植物*Myrica fara*；④新的演体生态位，像近期演体，如在北美五大湖地区的毒芹和山毛榉；⑤外来种可利用本地植物不能利用的资源，如柽柳在荒芜的河岸利用乡土种没有利用的土壤水；⑥外来种取代了生长率低的乡土种，如在南非，松树侵入山龙眼灌丛。另外，如果外来种的光合作用途径变化，生产力也可提高。负面和中性效应发生的条件为：①外来种生长率等于或小于被取代的乡土种；②外来植物的残体难分解；③外来种促进干扰。

如果外来种的抗逆性强，侵入逆境能生存扩展，可促进生产力的提高；如果外来种垄断入侵地并易受病虫的侵袭，可能降低初级生产力。

2. 对土壤营养物的影响 物种流动尤其是外来种的入侵，会影响土壤营养物的存在状况。有些外来种可以固氮，可以增加土壤的含氮量。外来种根的分布方式，可影响营养元素的利用。植物外来种可影响土壤的盐分含量，影响其他植物的生存。外来种如有特殊的生理功能，可吸收土壤中的难吸收的元素，并将元素转化为有机物，进入生态系统的物质循环，影响其他生物的生长。

植物外来种可降低土壤的营养水平。这主要是由于竞争，落叶的营养贫乏或难分解，积累盐分改变土壤 pH 等造成。外来种增加入侵地的野火频率，氮挥发掉，使土壤的含氮量降低，速效钾增加。

植物外来种可能含有或分泌影响微生物生长的物质，从而影响土壤营养物质的循环。

3. 对土壤水平的影响 植物外来种能强烈影响土壤水的内含物和群落景观水平的水分平衡。这种影响有正面的，也有负面的。负面的影响出现于以下情况：①外来种蒸发率或其叶面积比乡土种的叶面积大，外来种利用水比乡土种多，或在水资源有限的地方增加群落综合用水；②通过改变栖息地表面特征而影响景观水平平衡，如外来种形成不同的林冠结构，产生含水多的落叶层，改变渗透过程，这样外来种占优势时会影响水分的平衡；③外来种改变物候进程表，会改变水分平衡；④植物外来种能利用乡土种不能利用的水源或乡土种利用量少的水，就会改变水分的平衡，如深根植物侵入湿草地。

4. 对群落动态的影响 外来种如果影响初级生产力，就可能改变群落的动态。外来种的竞争力强，且能快速扩展，如果成为优势种，就会影响其他物种，甚至可能减少群落中物种的多样性。

如果植物外来种改变关键资源的丰度，就会改变群落演替的方向，例如固氮植物通过固氮，可能改变演替方向。植物入侵增加野火，如果外来种耐火，那么野火过后，外来种会迅速繁殖，从而改变演替方向。资源有限时，如果外来种能忍耐这种限制而入侵生存，也可能影响群落的演替方向。

物种流动可影响地貌的进程。在美国加利福尼亚海岸边，固沙草改变了沙丘的形成方式。北美的弗吉尼亚须芒草引进夏威夷时，促使山地雨林形成沼泽地。

物种流动可影响微气候。草类、树木的落叶可影响地表温度、湿度，从而影响种子的发芽、幼苗的生长和营养物质的转变。植物外来种形成的林冠层的稀与密，会影响到达地面光线的强弱以及光质，因而影响地表植物的发育生长。

除了以上的影响外，物种流动可抑制或促进微生物的活动。这种影响产生的原因可能有：①外来种的凋落物富含营养物质；②分泌他感物质；③影响微生物的栖息地，如土壤的透气性和含水量等；④外来种的残体难分解。

此外，物种流动通过影响生物的多样性对生物群落的物种组成产生明显影响，进而影响到整个生态系统的结构和功能。天然的生态系统具有物种组成上、空间结构上、年龄结构上以及资源利用上的多样性，这就是生态系统的异质性。这些异质性为多种动植物的生存提供了各种机会和条件，也利于提高整个群落与系统的生物多样性水平。而物种的流动改变了这种固有的稳定。

世界各地的本地种正在不断被入侵的泛化种所取代，这一现象称为生物均质化，生物均质化降低了全球生物群落的物种多样性。

加利福尼亚地区河滨带的外来多年生杂草巨芦苇占优势的地区，原有植物种类和群落结构发生改变，使得昆虫的生物多样性降低，还可能导致食虫鸟类多样性的降低。

物种流动尤其入侵种对群落结构带来的威胁，要比单纯的物种多样性降低严重得多，对加利福尼亚一个生物保护区长达 7 年的数据分析证明，由于阿根廷蚁的入侵，使当地蚂蚁群落结构发生崩溃解体。

另一方面，物种流动对群落结构的影响还有助于形成一个全新的由丰富的物种多样性构成的缤纷多彩的群落景观，满足人们的不同审美要求，改善城市的生态环境。

三、物种的增加和去除对生态系统的影响

Brown 和 Heshe（1990）通过 12 年的实验研究证实，把生态条件相似的三种更格卢鼠（*Dipodomys spectabilis*、*D. ordii* 和 *D. merriami*）去除后，其生态系统从沙漠灌丛变成了干旱草原，多年生草本植物增加了 20 多倍，一年生植物增加了大约 3 倍。另外两种矮小的一年生草本植物（*Boutelous aristidoides* 和 *B. barbata*）也有增加。采食种子的鸟类有所减少，6 种典型干旱草原啮齿类动物的数量增加。

罗亚尔岛是北美的一个小岛，岛上以北方植物为主。驼鹿喜食落叶灌木和嫩枝芽。每头成年驼鹿一年的取食量为 3 000～5 000kg 植物的干物质。有人预言，一旦驼鹿引入罗亚尔岛便会产生巨大影响。该岛于 1948 年建立了实验场地和围栏。实验表明，驼鹿的存在引起了生态系统一系列变化（Pastoretal, 1993）。驼鹿喜食先长出枝芽的三种植物，即白杨、小香油树和白桦树，而不

食云杉和香油松，这样的取食造成了森林的树种减少而下层灌木和草本植物发达。经过一段时间，这种取食方式造成物种组成的迅速变化，从硬木林变成了云杉林，出现森林中云杉占优势的局面。云杉生长慢，林地的落叶的质和量都降低，叶分解慢，营养物质少。结果，驼鹿啃食的地方矿质营养物的有效性和微生物的活动均有所减弱。

太平洋上关岛鸟类大量地死亡。据统计，18 种本地鸟中有 17 种处于濒危和绝灭的境地，引起了人们的关注。Savige（1987）证实，是由于该岛引进了一种天敌——黑尾林蛇。它不仅捕食了岛上鸟类，造成大量鸟类绝灭，而且，这种蛇对关岛上另一种动物——夜行蜥蜴亦产生了同样的结果。

四、入侵物种通过资源利用改变了生态过程

晶态冰树入侵了美国加利福尼亚一些群岛，带来土壤盐分的变化。这种树在利用土壤盐分方面是不同于群落中的其他物种，它能使土壤表面的盐分加重和沉积。由于晶态冰树沉积盐分，改变了土壤的营养输送过程，沉积的盐又抑制了其他植物的萌发和生长。这些岛屿就成为单一晶态冰树的生长区。伴随这样的巨变，那些不能以冰树为食的动物逐渐消亡，从而改变了群岛生态系统的营养结构。

有的入侵物种改变资源的利用或资源更新，从而改变了资源的利用率。大西洋加那利群岛上生长的一种固氮植物，称为火树，侵入了夏威夷，占据了岛上大部分湿地和干树林，面积约 34 803.7km^2。这些树每年给土壤所固定的氮是本地植物所固定氮的 4 倍（早在 1 800 年夏威夷火山周围的灰质壤就缺乏氮肥，这里的植物群落里没有固氮植物）。火树入侵后，土壤含氮量大增，提高了生产力，促进了矿质营养的循环，为新的入侵物种提供了沃土。

五、物种丧失、空缺所造成分解作用及其速率的影响

印度洋马里恩岛上缺乏食草性哺乳动物，生态系统中食碎屑动物就占有重要位置，有象鼻虫、蛞蝓、蜗牛和蚯蚓等无脊椎动物。特有本地种是马里恩无翅蛾成为处理有机物的主要物种，平均生物量为 9.3kg/（hm^2·年）。Crafford（1990）估算，无翅蛾每年分解处理的落叶为 1 500kg/hm^2，占该岛最大初级生产量的 50%。这种蛾类幼虫活动的过程大大加强了微生物的活动和重要营养物质的释放。Smith 和 Steenkamp（1990）做了个实验，把幼虫放入有落叶的微环境中，氮和磷的矿化作用得到加强，氮提高到 10 倍，而磷提高到

3倍，得出结论：马里恩无翅蛾是岛上营养物质矿化作用中最主要的角色。

1818年，猎海豹的海伦把小家鼠偶然带到了岛上。小家鼠以多种食碎屑的无脊椎动物为食，每年取食的马里恩无翅蛾占其食物总量的50%～75%，造成至少1 000kg/（hm^2·年）落叶不能分解。如果没有小家鼠，蛾类幼虫处理落叶应是1 500kg/（hm^2·年）。显然小家鼠的进入，使得马里恩无翅蛾等幼虫和其他无脊椎动物空缺，强烈地改变了马里恩岛生态系统的物质循环过程。

太平洋圣诞岛上陆地红蟹对海岛生态系统产生强烈的影响。它是雨林底层的主要消费者。食性杂，取食种子、苗木、果实和落叶，又是一种重要树苗和藤本幼苗的食草动物。在几天内可把18种植物幼苗吃掉29%～35%，把大量森林底层的果实和种子搬到巢穴中。这种蟹是热带岛屿上的重要成员，密度范围为0.8～2.6头/m^2，生物量平均0.8t/hm^2（O' Dowd and Lake 1989，1990，1991）。野外实验观测到它可在12h内把17种植物的绝大部分繁殖体搬走。这种蟹可搬运和吃掉雨林落叶的30%～50%。又据Green（1993）的试验表明，这种蟹可把每年落叶的39%～80%搬走处理掉，陆地红蟹巢穴口附近土壤中的有机物质和许多矿质元素（如N、P、K、Ca和Mg等）含量较高。

不仅如此，陆地红蟹还抑制和减少了非洲陆地蜗牛分布格局。研究表明，有蟹的地方无蜗牛，蜗牛被挤到了边缘林带。

六、对生态系统间接的影响

外来种侵入后改变原有生态系统的干扰机制，从而改变了生态过程。热带一些岛屿普遍受到火的干扰。例如，在大洋洲岛屿上引入外来草种，通过增加落叶层积累燃料，增加了火的发生频率，而原先本地种几乎没有同火相接触的机会。因此，区域内火燃烧后本地种的多度和数量都会急剧下降。外来的草*Schizachyrium condensatum*入侵了夏威夷季节性干旱的林地，使火灾发生更加频繁，面积不断扩大。形成恶性循环，本地植物物种的多度和盖度沿着外来种分布成带状而下降（表4-1），而使本地的优势树种*Metrosideros*、*Polymorpha*和林下优势灌木*Styphie taniameal*消失。

不仅使本地种数量明显下降，还使地面上氮流失，加大并改变了系统内氮库的分布状况。

总之，一个外来物种一旦入侵成功，对生态系统的影响是多方面的：①改变原有系统内的成员和数量；②改变了系统内营养结构；③改变了干扰、胁迫的机制；④获取和利用资源上不同于本地物种。只要具备其中一条，许多入侵的外来种就能够直接或间接地改变生态系统过程。

表 4-1　火未烧林地和燃烧林地中本地种的多度和盖度

林　地	未燃烧	燃烧过 1 次（20 年前）	燃烧过 2 次（20 年和 4 年前）
本地种平均数	7.8	2.9	1.2
范　围	7～10	1～3	1～2
盖度（%）	155.5	51.2	6.2
SE	8.4	5.7	1.2

从以上事实可以看到，每个入侵物种对生态系统的影响是不一样的。同一物种对生态系统过程的作用也是不恒定的。

这一节主要讨论了物种流动对生态系统的影响，根据辩证唯物论的哲学观，生态系统中的各生态因素对物种的流动也有影响。

在生态学中，影响物种流动的生态因素是环境异质性。简单地说，是指生态系统中不同地点之间存在的差异。具体说来，异质性可以分为两类：一类是有一无的异质性。如生态系统内，有的地方有食物，有的地方一点食物都没有。一类是性质上的异质性。指同一时刻，同一资源在质量上的差异，如苹果树枝上向阳与背阴的部位果实质量有差异。而且，环境异质性增加，环境复杂性越高，生物群落越复杂，生物多样性就越高。这样，生物系统中物种流动随时可表现在时间、空间上的变化。在生存过程中不断分化、增长，在生态系统间交叉、融合。

生物对环境资源的多样性适应也产生了不同的对策。居留在永久性生境下的生物是适应于原产地生存的。有的生物不进行长距离迁移，只在不同时期中把他们的后代个体扩散到不同的场所中去，如麻雀、巴西蛱蝶等；另一类生物则是在年生活史中周期性地出现迁移，如候鸟等，这种现象与季节变化有关。

环境异质性增加，给物种流动提供了多样性的选择，增加了生物群落的复杂性。地形属大尺度异质性，山区比平原复杂，哺乳动物在山区多样性最高。因为山区地形多起伏，包含了更多的栖息地，从而有更多的物种；山区具有连绵山峰，形成更多的地理隔离，促进新物种的形成。MacArthur（1969）指出：热带巴拿马森林与弗蒙特森林同为 $2hm^2$，鸟类种类比为 21∶2；而热带厄瓜多尔与新英格兰面积都约为 $260\ 000km^2$，但前者鸟类种类比后者多 7 倍。

第三节　物种流动的科学利用

一、正确选择物种及其流动方式

物种流动对生态系统的结构和功能产生影响，尤其入侵种往往产生不良影响，危及本地物种特别是珍稀濒危物种的生存，造成生物多样性的丧失。有的入侵种还对本地经济乃至社会构成巨大危害。因此，必须正确选择物种及其流动方式。

（一）正确选择物种的原则

1. 充分利用生物多样性　物种多样性对生态系统的稳定和功能的行使有着促进作用。许多研究表明，物种多样性能促进退化生态系统的恢复和重建，防止外来种的入侵。不同的物种在生态恢复中所发挥的作用是不一样的，应重视物种各自的作用。许多人工林恰恰忽略了天然林对异质性的要求，所种植的是单一物种、同年龄结构，还常常成行成列等间距排列。这样的树林难以形成高低错落、层次丰富的生态结构，也不可能构建有规模、有层次的群落，其生态稳定性也是没有保障的。

物种的多样性是植物群落多样性的基础，在城市园林营造过程中增加植物多样性，能加快园林的形成过程，及时改善城市环境，同时还能提高园林的抗干扰能力和稳定性。增加城市生态系统的环境效应与园林的观赏价值。生物多样性在生态园林中的另一个表现是群落与系统的多样性。城市功能的区划，要求不同城市区域的绿地生态系统的组成与结构有所不同，以适应不同的生态功能需求。与此同时，不同的立地条件对生态园林的植物群落提出了多样性的要求。天然的生态系统具有物种组成上、空间结构上、年龄结构上以及资源利用上的多样性，这就是生态系统的异质性。这些异质性为多种动植物的生存提供了各种机会和条件，也利于提高整个群落与系统的生物多样性水平。植物群落是生态园林的主体结构，也是生态园林发挥其生态作用的基础，通过合理地调节和改变城市园林中植物群落的组成、结构与分布格局，就能形成结构与功能相统一的良性生态系统——生态园林。不同绿地类型单位面积物种多样性大小依次为：公园绿地＞居住区绿地＞文教区绿地＞交通绿地。在构建城市园林系统时，应注重规模化的效果，尽量构建面积大的、生物多样性高的复层群落结构，提高单位绿地面积的生物多样性指数，绿地群落以针阔混交林、常绿阔叶林和常绿针叶型为主。

据了解，我国有高等植物3万余种，一般认为其中的15%左右，也就是4 000多种植物可用作园林绿化植物。目前我国常用的园林植物只有400来种，大多数城市常用的绿化植物只有100种左右，与自然界成千上万的植物种类相比，种类实在太少，许多的野生及外来植物种类正等待着我们去进行引种、驯化和栽培。

2. 因地制宜，引进外来种　外来种是指在一定区域内，历史上没有自然发生分布而被人类活动直接或间接引入的物种。在退化生态系统的生态恢复实践中，由于外来种本身具有较强的生长能力并缺少捕食者，在不少生态恢复工程中都使用外来物种，以加快生态恢复进程。从而使得从森林到水域，从湿地到草地，从农区到城市居民区，都可以看到这些生物"外来者"。但是有不少生态学家认为，外来种对生态恢复有抑制当地种在退化生态系统中定居的作用以及影响到整个生态系统的结构和功能的恢复与演替，而反对使用外来种。大米草在我国沿海滩涂的泛滥，便是恢复生态学中因外来种的使用而产生生态学灾害的一个极好的例证。

园林植物种的引入是外来种的一个重要进入途径。由于我国园林植物品种繁殖技术及其投入的相对滞后，目前引进了大量的外来种。从珍稀特异的观赏植物到大面积使用的草坪植物都不乏范例。而其中又以草坪植物可能产生的危害最大。草坪植物一旦逃逸到我国农田，其爆发危害的可能性极大。

3. 防止外来入侵种　外来入侵种，指对传入地带来了生态等方面的危害的外来种。外来入侵种有别于普通外来种的最大的特征是它对本地生态系统带来的"侵入"后果，入侵种往往对生态系统的结构和功能产生不良影响，危及本地物种特别是珍稀濒危物种的生存，造成生物多样性的丧失。

生物入侵的危害表现在破坏原生物种的栖息地、对生物多样性构成威胁、影响工农业生产、影响人体健康等。如在美国，有近一半的濒危物种受到非本地物种的竞争或捕食的威胁。在加拿大，外来物种已经对25%的濒危物种、31%的受威胁物种和16%的脆弱物种构成威胁。生物入侵所带来的经济损失也是巨大的，每年对美国造成的损失可高达1 230亿美元。在中国，几种主要入侵物种每年所造成的损失就高达574亿元，入侵种造成的总体损失估计为每年数千亿元人民币。

4. 遵从"生态位"原则，搞好植物配置　城市园林绿化植物的选配，实际上取决于生态位的配置，直接关系到园林绿地系统景观审美价值的高低和综合功能的发挥。生态位概念是指一个物种在生态系统中的功能作用以及它在时间和空间中的地位，反映了物种与物种之间、物种与环境之间的关系。

在引进物种时，应充分考虑物种的生态位特征、合理选配植物种类、避免种间直接竞争，形成结构合理、功能健全、种群稳定的复层群落结构，以利种间互相补充，既充分利用环境资源，又能形成优美的景观。在特定的城市生态环境条件下，应将抗污吸污、抗旱耐寒、耐贫瘠、抗病虫害、耐粗放管理等作为植物选择的标准。如在上海地区的园林绿化植物中，槭树、马尾松等生长状况不良，不宜大面积种植；而水杉、池杉、落羽杉、女贞、广玉兰、棕榈等适应性好，长势优良，可以作为绿化的主要种类。同时，可以利用不同物种在空间、时间和营养生态位上的分异来配置、引进植物。如杭州植物园的槭树、杜鹃园就是这样配置的。槭树树干直立高大、根深叶茂，可吸收群落上层较强的直射光和较深层土壤中的矿质养分；杜鹃是林下灌木，只吸收林下较弱的散射光和较浅层土中的矿质养分，较好地利用槭树林下的阴生环境；两类植物在个体大小、根系深浅、养分需求和物候期方面有效差异较大，按空间、时间和营养生态位分异进行配置，既可避免种间竞争，又可充分利用光和养分等环境资源，保证了群落和景观的稳定性。春天杜鹃花争妍斗艳，夏天槭树与杜鹃乔灌错落有致、绿色浓郁，组成了一个清凉世界；秋天槭树叶片转红，在不同的季节里给人以美的享受。

5. 遵从“互惠共生”原理，协调植物之间的关系 在选择物种流动时，应尽可能使引进的物种与原物种“互惠共生”。互惠共生指两个物种长期共同生活在一起，彼此相互依存，双方获利。如地衣即是藻与菌的结合体，豆科、兰科、杜鹃花科、龙胆科中的不少植物都有与真菌共生的例子；一些植物种的分泌物对另一些植物种的生长发育是有利的，如黑接骨木对云杉根的分布有利，皂荚、白蜡与七里香等在一起生长时互相都有显著的促进作用。但另一些植物种的分泌物则对其他植物种的生长不利，如胡桃和苹果、松树与云杉、白桦和松树等都不宜种在一起；森林群落林下蕨类植物狗脊和里白则对大多数其他植物幼苗的生长发育不利。这些都是园林绿化工作中必须注意的。

（二）正确选择物种流动的方式的原则

要使物种流动成为生态的、健康的、可持续发展的，有利于全人类和各种生物、环境的协调发展，就需要按照生态学原理正确选择物种流动的方式。

1. 尊重传统文化和乡土知识 当地人依赖于其生活的环境获得日常生活的一切需要，包括水、食物、庇护、能源、药物以及精神寄托。他们关于环境的知识和理解是场所经验的有机衍生和积淀。所以，要使物种合理流动，首先应考虑当地人的经验或是传统文化给予的启示。

2. 适应场所自然过程 生态设计告诉我们，设计形式应以场所的自然过程为依据，依据场所中的阳光、地形、水、风、土壤、植被及能量等。设计的过程就是将这些带有场所特征的自然因素结合在设计之中，从而维护场所的健康。

3. 尽可能利用当地材料 植物和建材的使用，是设计生态化的一个重要方面。乡土物种不但最适宜在当地生长，管理和维护成本最少，还因为物种的消失已成为当代最主要的环境问题。所以保护和利用地带性物种也是时代对景观设计师的伦理要求。

在物种流动中如果合理地利用自然的过程，如光、风、水等，则可以大大减少能源的使用。城市绿化中即使是物种和植物配置方式的不同，如林地取代草坪，地带性树种取代外来园艺品种，也可大大节约能源和资源的耗费。

自然生态系统为维持人类生存和满足其需要提供各种条件和过程，包括空气和水的净化，减缓洪灾和旱灾的危害，种子的扩散和养分的输送，局部调节气候，维护文化的多样性，提供美感和启迪智慧，以提升人文精神等等。

（三）物种流动时应注意的问题

1. 引种　引进动植物物种，应当进行科学论证，避免对生态系统造成危害。在某一区域，由于各种生物经过漫长的地质和气候选择，形成各自的个体、种群和群落结构。在个体水平、种群水平和群落水平上保持相对的平衡和稳定，互相依赖，彼此制约，协同进化，生态系统处于良性平衡之中。引进动植物物种对新地区的影响可能有3种情况：一是对当地的生态系统有积极的影响；二是对当地物种没有任何影响；三是对当地物种有明显不利的影响，有时甚至是毁灭性的影响。因此，须事先进行科学论证，防止对生态系统造成危害。

要求在引进动植物以前，必须对该物种的生物学特征、生态学习性与其他物种的种间关系以及对周围生态环境的影响进行详细的科学研究，充分论证。只有确保该物种的引进不会对当地生态系统造成影响和破坏，才能考虑引进，而且应当规定允许引种的范围和区域。对于某一引进物种，还必须对其进行一段时间的隔离观察，在确保对其他物种无害或不破坏当地生态系统的情况下，才能扩大引种区域。

（1）引种试验。新引进的物种在推广之前，必须先进行引种试验，以确定其优劣和适应性。试验时应以当地具有代表性的同类物种作为对照。

（2）遵循引种规律。引种有一定的规律，现以主要观赏植物的引种规律为例予以介绍。对一二年生花卉，因其实际生长期只有半年，或春播秋花，或秋播春花，不存在生态适应的问题，可以直接引种；对宿根或球根花卉，因其种根可采取保护措施度过不良季节，也可直接引种；对观赏树木，由于其在生态最适宜的地区，才能表现出最美的形、枝、叶、花、果的观赏效果与特征，因此对其引种，主要应该是潜在型的驯化，即最大限度地发挥植物自身的适应能力。在观赏树木中，有许多这样适应性潜力巨大的树种，如悬铃木、柳树、银杏、水杉、雪松等。

以木本植物为例，引入的种类很少，又偏重于观赏植物，如雪松、法桐、铅笔柏、南洋杉、广玉兰、木麻黄、银桦和桉树等，只限于城市绿化，很少大量推广应用。

2. 防止外来生物入侵直接破坏生物多样性 保护生物多样性应做好以下工作：建立绝对保护的栖息地核心区；建立缓冲区以减少外围人为活动对核心区的干扰；在栖息地与缓冲区之间建立廊道，增加景观的异质性；在关键性的部位引入或恢复乡土景观斑块。

治理外来生物入侵，主要抓好以下措施：第一，加强立法，严格执法。我国现有的动植物检验检疫等相关条例有很多不充分的地方，在防止外来生物入侵方面要单独立法，从源头做起，从初期做起，使法制健全。例如，外来物种引入时要论证，夹带的植物、水果都要通过法律规范严格检验并追究相关人员责任。同时，要对人们加强教育，提高认识，使人们有守法意识。第二，加强国际合作。通过信息网络、参加国际研讨会进行讨论和交流，看各国外来生物入侵趋势，对目前世界上造成危害较大的动物、植物、昆虫要格外提高警惕，防患于未然。外来物种对于这个国家来说是入侵，对于那个国家则是原产地。原产地国家对于该物种的认识和治理的办法，对于被入侵国来说是可以借鉴的经验。我们要借鉴某一国家治理某种入侵生物的方法和经验。第三，提高警惕，要有前瞻性。一旦预测到什么物种近几年来可能会入侵我国，就要及早了解，早采取措施，防止传入，并做好一旦进入我国，就要快速控制和治理的准备。第四，要抓好入侵生物的防治。

在对入侵生物防治的策略上，按照"预防为主，综合防治"的原则。首先通过动植物检疫禁止或限制危险性害虫、病菌、杂草和带病的苗木、种子等的传入（出），或者在传入后严格限制传播，防止向其他地区蔓延。其次，对已入侵生物应因地制宜，积极合理利用农业、化学、生物、物理等一切有效的方法控制其扩大、蔓延，杜绝隐患于未然。

3. 保护和恢复湿地系统 湿地是地球表层上由水、土和水生或湿生植物（可伴生其他水生生物）相互作用构成的生态系统。湿地不仅是人类最重要的生存环境，也是众多野生动植物的重要生存环境之一，生物多样性极为丰富，对城市及居民具有多种生态服务功能和社会经济价值。所以在城市化过程中要保护、恢复城市湿地，避免其生态服务功能退化而产生环境污染，这对改善城市环境质量及城市可持续发展具有非常重要的战略意义。

长江三角洲地区为弥补耕地面积的急剧减少，沿海城市开展了大规模的滩涂围垦，对湿地的生态系统有相当大的影响。因此，首先为保护本区内有限的耕地资源，不仅要加强土地控制，而且要把耕地视为本区城乡景观的重要组成部分加以规划利用，要在城市之间保持良好的乡村景观，避免城市对乡村的不断侵蚀；其次，应开展围垦规模与湿地保护之间相互关系的研究，寻求一个平衡点；第三，设自然保护区、森林公园、风景名胜区，有不少保护区是位于城市之内或城市近郊，比如南京中山风景名胜区、杭州西湖风景名胜区、太湖风景名胜区、上海共青森林公园等等，在此基础之上进行生态网络的建设、保护和恢复城市湿地系统。

4. 将城郊防护林体系与城市绿地系统相结合　城市绿地系统规划普遍地可以看成城市生态系统的还原组织。城市绿地系统作为城市结构中的自然生产力主体，以植物的光合作用能力和土地资源的营养、承载力为条件，以转化和固定太阳能为动力，通过植物、动物，真菌和细菌食物链（网），实现城市自然物流、能源的循环，为城市注入供氧、调温调湿、滞尘吸污、杀菌、减噪、固土保水、净化水体、回充地下水、降解废弃物、治理病虫害等生态环境功能。城市绿地系统的发展，不仅是绿色植物的发展，而且是包括动物、微生物和无机环境在内的整个自然环境结构及其生态还原功能的发展。

城市绿地系统的生态结构包括：保护或恢复城市生物多样性。古树名木和乡土物种代表了自然选择的结果，应多加以运用，疏导城市绿脉。通过绿色通道，连接起散布于城市的、功能各异的大小绿地，形成绿地网络结构，通过城市的绿楔、绿肺的规划布局以及桥梁、道路、涵洞的生态设计，恢复城市内部生物基因的自然调节；恢复生物与无机环境之间的良性作用关系；引入自然群落的结构机制。

城市的生态系统是一个开放的系统，因此不仅要注重城市内部生态系统的建构，保护沿河林带、保护原有河谷绿地走廊，还要注重保护城郊防护林体系，使之成为城市绿地系统的有机组成部分。改造原有防护林带的结构，通过逐步丰富原有林带的单一树种结构，使防护林带单一的功能向综合的多功能城市绿地转化。

二、科学规划物种流动的途径和场所

（一）建立保护核

这是自然保护中最传统的战略，其基本思想是将保护对象（残遗斑块或濒危物种栖息地）尽量完整地保护起来，并将人类活动排斥在核心区周围的缓冲区以外。

岛屿生物地理学强调自然保护区设计中的面积和临近关系。这一理论最早由 Preston（1962）和 MacArthur 及 Wilson（1963，1967）等首先提出并发展。这一理论假设一个岛上的物种数目最终将趋于一种动态平衡。导致平衡的两种过程是物种的迁入和灭绝。达到平衡状态的物种数主要取决于岛屿的大小和岛屿距种源的距离，即面积效应和距离效应。也就是说，一个小的保护区不但最终将只能允许少数物种的生存，并在一开始就使物种迅速消亡。而远离种源的保护地，则很难使物种有再迁入来取代消亡的个体。这一假设或多或少在海洋岛屿和孤立的陆地残遗斑块的观察中得到证实。但是，陆地景观斑块与海洋岛屿的状况有很大差异，目前还没有一个有效的途径来衡量陆地景观斑块隔离状况。

（二）建立缓冲区

缓冲区或过渡带的功能是保护核心区的生态过程和自然演替，减少外界景观人为干扰带来的冲击。通常的方法是在保护核心区周围划一辅助性的保护和管理范围。但试图在保护核周围建立缓冲区的设想往往会落空，原因是缓冲区土地的所有权法律上不属于保护区管理部门。在有些情况下，保护区内部也设缓冲区。但是，国际上关于如何划分缓冲区的技术问题一直没有解决。也就是说缓冲区应该划到什么地方，如何划才最有利于保护，同时又不给当地居民带来过分的经济损失。显然，以保护核心为中心同心圆式地划分缓冲区的做法是不科学的。一个新的划分缓冲区的途径是利用阻力面的等阻线来确定其边界和形状。阻力面类似于地形表面，其中有缓坡和陡坡，呈现一些门槛特征。据此来划分缓冲区，不但可以有效地利用土地，而且可以判别缓冲区合理的形状和格局，减少缓冲区划分的盲目性。

（三）建立廊道

对抗景观破碎化的一个重要空间战略是在相对孤立的栖息地斑块之间建立联系（景观破碎化是指自然分割及人为切割导致的景观破碎，即景观生态格局由连续变化的结构向斑块嵌块体变化的过程。景观破碎化与人类活动密切相关。其变化也会引起原有景观在结构、功能及生态过程等多方面的变化）。其中最主要的是建立廊道。生态学家们普遍认为，通过廊道将孤立的栖息地斑块与大型的种源栖息地相连接有利于物种的持续和增加生物多样性。这一观点最近在景观规划和设计领域内受到重视。理论上讲，相似的栖息地斑块之间通过廊道可以增加基因的交换和物种流动，给缺乏空间扩散能力的物种提供一个连续的栖息地网络，增加物种重新迁入的机会和提供乡土物种生存的机会。许多实地观察也证实了廊道的这种功能。

廊道的联系和辐射功能使他们成为促进未来生物多样性进化的重要景观结构（Erwin，1991）。根据这一功能，廊道的设计应与生物进化的轨迹相适应，连接重要的物种源以保护不断的物种交流和辐射。但是，廊道的意义也不能过分地强调。他们有时并不能起到联系乡土物种栖息地的作用。相反，他们有可能对乡土物种带来危害。在大尺度空间上的一个例子是南北美大陆连接的形成在过去几百万年内导致生物多样性的灾难性的损失。在小尺度上的观察也证明廊道对乡土物种的危害性。对某些生态过程有促进作用的廊道，恰恰对某些物种的运动有阻碍作用。连接孤立栖息地之间的廊道往往会引导天敌的进入，或外来物种的侵入而威胁到乡土物种的生存。美国佛罗里达州的开发就有许多这样的问题。外来物种沿着交通廊道侵入景观深处，威胁乡土物种的生存。

由于廊道功能的这些矛盾，要求景观设计师谨慎考虑如何使廊道有利于乡土生物多样性的保护。特别应注重考虑以下几个方面：

①多于一条廊道策略。多一条廊道就相当于为物种的空间运动多增加一个可选择的途径，为其安全增加一份保险。

②乡土特性。构成廊道的植被本身应是乡土植物。

③越宽越好。廊道必须与种源栖息地相连接，必须有足够的宽度。否则，廊道不但起不到空间联系的效用，而且，可能引起外来物种的入侵。至于多宽的廊道较为合适，目前尚无定论，但越宽越好是一条基本原则。针对某一种动物运动的廊道，当地的生物和生态专家的经验往往能提供最可靠的参考（Binford 等，1993）。

④自然的本底。廊道应是自然的或是对原有自然廊道的恢复。任何人为设计的廊道都必须与自然的景观格局，如水系格局相适应。

其他连接破碎斑块的方式包括建立动物运动的“跳板”，改造栖息地斑块之间的质地和减少景观中的硬性边界频度等以减少动物穿越景观的阻力。

园林生态系统的廊道可分为三种，即绿道、蓝道、灰道。绿道是指以植物绿化为主的线状要素，如街道绿化带、环城防风林带、滨水河岸植被带等。蓝道主要是城市中各种河流、海岸等。灰道指那些人工味十足的街道、公路、铁路等。

①绿色廊道。首先，绿色廊道的植物配置应以乡土植物为主，兼顾观赏性和城市景观，以地带性植被类型为设计依据，保持自然的本底，并与作为保护对象的残存斑块相近似。一方面，本土植物适应性强，使廊道的连接度增高，有利于物种的扩散和迁移；另一方面，有利于残遗斑块的扩展。其次，绿色廊道要有一定的宽度，这样才能防止外来种的入侵。一般来说，河岸植被带的宽度在 30m 以上时，就能有效地起到降低温度、提高生境多样性、增加河流中生物食物的供应、控制水土流失、有效过滤污染物的作用，从而保护生物多样性；道路绿化带宽度在 60m 宽时，可满足动植物迁移和传播以及生物的多样

性保护的功能；环城防风林带在600～1 200m宽时，能创造自然化的物种丰富的景观结构。

②蓝色廊道。河流的治理是城市建设的重点工程。但往往是投入了很大的物力、人力和财力，却破坏了河流的自然属性，如水泥护堤衬底，裁弯取直等，破坏了生物多样的生境组合，严重影响了河流廊道应有的生态功能，这又使得生物净水能力消失殆尽。水—土—生物之间形成的物质和能量循环系统被彻底破坏，消减洪水的能力被减弱，同时人们还失去了富有诗情画意的感知与体验的空间。

城市绿色生态网络。充分利用河流、高压输电线路、铁路、道路和楔形绿地等，在城市各园林绿地斑块之间以及与城外自然环境之间，尤其在影响生物群体的重要地段和关键点修建绿色廊道和“暂息地”，形成绿色生态网络，减少“岛屿状”生境的孤立状态，增加敞开空间和各生境斑块的连接度和连通性，保证城市自然生态过程的整体性和连续性，减少城市生物生存、迁移和分布的阻力面，给生物提供更多的栖息地和更大的生境空间，使城外自然环境中的动、植物能经过“廊道”向城区迁移。

（四）增加景观的异质性

实验观察和模拟研究都显示，景观异质性或时空的嵌斑特性有利于物种的生存和连续及整体生态系统的稳定。许多物种需要两种或多种栖息地环境。景观的空间格局与时间更替一样可能会显得杂乱无章。但这种动态和交替抹去了景观中的剧烈性的变化，使系统保持稳定。所以，保护和有意识地增加景观的异质性有时是必要的。增加异质性的人为措施包括控制性的火烧或水淹、采伐等。

（五）恢复栖息地

另一种代价很高的生物保护战略是栖息地的恢复，在关键性的部位引进乡土栖息地斑块，作为孤立栖息地之间的“跳板”，或增加一个适宜于保护对象的栖息地。这样可以大大增强生物多样性保护的效果，同时也可提高景观的美学价值（Hayes等，1987；Morris，1987）。

上述多种生物多样性的保护战略都在不同程度上有积极作用。关键的问题是在什么地方和怎样来构建上述空间结构和战略。也就是说，在什么地方划分缓冲区？在什么地方构建廊道来连接栖息地斑块？在什么地方引入新的斑块来有效地影响生态过程？这些问题还远未得到解决。

针对上述普遍采用的景观规划和空间战略的局限性，有学者提出了一些新的概念和模式。尽管这些新概念仍很大程度上还停留在理论阶段，但对未来生物保护的景观规划有重要的启发意义。

（六）充分发挥城市园林的作用

在城市中，对生物多样性保护具有重要作用的斑块是城市园林。城市园林是一类以人工生态为主体的景观斑块单元，包括城市公园、花园、小游园、广场、绿化带等。园林空间的异质性、园林类型的多样化、园林物种的多样性等是城市生物多样性丰富和发展的基础。

城市园林建设时注重物种多样性表现在物种配置要以本土和天然为主。可以按这样的思路：在城市中，让野生植物在相当面积的待绿化土地上生长起来，让野花、野草、野灌木形成自然绿化。这样不仅使得现代化城市与自然共存，而且自然绿化避免了人工绿化的施肥，撒药，保护了环境。同时，在自然绿化形成的城市园林内，野生植物多样性能诱惑昆虫、鸟类和其他小动物来栖息，能很好地增加城市的生物多样性，增强城市的生态功能和景观。

斑块类型的多样性是景观多样性的一个方面，一般地说，随着斑块类型多样性的增加，物种也增加，因此保护生物多样性首先要保护生境斑块和各种各样的生态系统。按照构成城市园林斑块的主体和基础，可分为生产型植物群落、观赏型植物群落、抗逆性植物群落、保健型植物群落、知识型植物群落和文化环境型植物群落六大园林类型。

另外，应该重视空间异质性，即在城市园林建设时要根据生态学原则实行乔木、灌木、藤本、草本植物相互配置，充分利用空间资源，建设多层次、多结构、多功能的科学的植物群落，构成一个稳定的长期共存的复层混交体植物群落。园林空间异质性的增加，可以通过植物食物链的合理连接，形成稳定、协调的城市园林生态系统。

复 习 思 考 题

1. 你如何认识物种流动现象，试举1例说明物种流动及其对生命世界的作用。

2. 请查阅相关资料，用实例说明物种流动的特点。

3. 物种流动方式除教材中提到的迁移、入侵、引种外，还有其他方式吗？请从植物、动物、微生物三个层面全方位思考，提出自己的看法。

4. 试用自己观察到的情况或查阅资料，说明物种流动对种群的影响。

5. 请调研本地园林生态系统或其他自然生态系统，看看有否物种流动现象。如有的话，这种物种流动对该生态系统造成了什么影响?

6. 试述1种植物（或动物）的流动对生态系统的影响。如何理解“每个入侵物种对生态系统的影响是不一样的。同一物种对生态系统过程的作用也是不恒定的。”

7. 请对照教材中槭树与杜鹃的生态配置，从自己观察到的植物合理配置的现象，谈正确选择物种的原则的重要性。

8. 引种是人类主观作用下引起的物种流动现象。请综合分析引种对一个生态系统而言有哪些好处，有哪些坏处，如何规避风险使引种达到最佳目标。

第五章　园林植物的生态配置与造景

第一节　概　　述

一、园林植物生态配置与造景的概念与意义

落实科学发展观，形成“以人为本”、“人与自然和谐共处”的自然与经济社会环境，提高人类的生活质量，就需要提高城市生态环境质量，把城市建设成健康优美的生态园林城市。一个健康优美的生态园林城市，其最重要的特征就是拥有优美的植物景观。植物景观，是自然的或人工造就的植被、植物群落、植物个体所表现的形象，通过人的感官传到大脑皮层，使人产生一种实在的美的感受和联想。对城市而言，植物景观，主要是人工造就的植被、植物群落、植物个体所表现的形象，这一人工造就的过程就是园林植物的生态配置与造景。

园林植物的生态配置与造景是人类利用乔木、灌木、藤本及草本植物为题材，应用生态学原理，结合城市的自然和文化背景，通过艺术的手法充分发挥植物本身形体、线条、色彩等自然美，创造植物景观，供人们观赏，使园林植物既能与环境很好地适应和融合，又能达到良好的共生关系，最大限度地发挥景观植物群体的生态效应和观赏效应（彩图 5-1、彩图 5-2）。

园林植物的生态配置与造景具有很强的实践性。要造就完美的植物景观，必须具备生态学、园林植物栽培与管理以及园林艺术学的知识和技能，既满足植物与环境在生态适应上的统一，又实现通过艺术构图原理体现出园林植物个体及群体的形态美，及人们在欣赏时所产生的意境美，还营造出健康、清新、幽静、自然的休憩、游赏空间，以便城市人群在紧张的工作和学习之余能很好地消除疲劳，恢复精神和体力。这是园林植物的生态配置与造景的基本原则。如果植物造景的生态配置与种植设计不能使所选植物种类与种植地点的环境相适应，则该植物种群就不能存活或生长不良，达不到造景的要求；如果所营造的园林植物群落不符合当地自然植物群落的生存发展规律，其成长发育的结果也达不到预期的景观效果。

我国几千年的造园实践，强调师法自然，凡创作植物景观，就必须从丰富

多彩的自然植物群落及其表现的形象汲取创作源泉；若进行植物造景，则栽培植物群落的种植设计必须遵循自然植物群落的发展规律。可见，师法自然，其实质是依据生态学原理进行生态园林建设。然而，由于缺乏明确的生态学理论指导，在园林植物配置与造景的实践中总会出现这样或那样的问题。特别是在人类征服自然、改造自然能力空前强大的今天，城市生态园林建设中不按生态学原理办事，一味追求视觉效应和短期效益的情况屡屡出现，客观上给城市建设和国家利益造成损失。具体表现在如下方面：

（一）缺乏植物造景的生态效应意识

在我国多数城市的造园实践中，园林植物配置只追求视觉效应，忽视生态效应。没有秉承中国古典园林师法自然的精神实质，只学会写意山水，一味地挖湖堆山，筑台建亭，仅将植物景观作为陪衬，未在植物景观的数量和质量上下功夫，从而使植物景观产生不了应有的生态效应。实际上对现代城市，特别是在人口高度集中的城市，人们远离大自然，整天沉溺于紧张的生活、学习和工作中，回归自然的愿望非常迫切。生态园林的建设，首先应考虑的就是营造健康空间，以植物为主体进行园林要素的生态配置，提倡和发扬符合时代潮流的植物造景内容，使每一片园林、每一块绿地，都不仅能满足人们休憩、游赏的需求，而且使园林、绿地成为城市生态系统的湿地子系统，充分发挥其应有的生态效应。

（二）园林树种选择与应用存在不足

随着我国城市化进程加速，城市环境建设备受重视，各地园林绿化建设步伐加快。一些好的园林绿化已能将人与自然很好地协调，将历史文化内涵再现出来，对改善城市生态环境、实现城市社会经济可持续发展起到良好的促进作用。然而，相当一部分园林绿化在植物种类的选择、应用及各项园林功能的体现方面存在不足。据湖南省林业科学研究院调研，这些问题具体表现在：

1. 树种单一，观赏性差　现有园林绿化树种基本上都是香樟、大叶樟、雪松、广玉兰、杜英等常绿树木，花少、色暗，四季无变化，植物组成结构简单，观赏性差。

2. 园林绿化树种配置随意，整体功能性差　如用小叶黄杨和小叶女贞作马尼拉草坪镶边造成虫害难以根除，管理成本提高。

3. 生态保健功能不突出　在现有的园林绿化中很少考虑园林植物的生态保健功能，导致园林绿化生态保健功能不突出。

4. 缺乏地方特色，文化功能差　进行园林绿化时，在树种的选用及设计模式上千篇一律，缺乏创新，与城市的历史及文化渊源不相联系，体现不出某个特定城市的地方特色、历史和文化内涵。

（三）植物资源利用率较低

我国是世界上植物种类最多的国家之一。高等植物有 32 800 种，占世界的 12%以上，居世界第三位。我国也是世界上特有种最丰富的国家之一，其中有世界著名的珍贵种类，如银杉、珙桐、桫椤、金花茶等。虽然我国的植物种类丰富，但在园林上利用的种类却很有限，植物资源利用率较低。如广州仅用了 300 多种，杭州、上海 200 余种，北京 100 余种。为此，中国园艺学会观赏园艺专业委员会在贵阳召开了全国观赏植物种质资源研讨会，与会专家一致认为观赏植物种质资源是我国的宝贵财富，是发展园林事业的物质基础。一定要加强植物资源的收集、整理、分类及利用工作，以使我国的植物资源利用为环境建设的绿化、美化做出大的贡献。

（四）园林植物的引种、育种工作有待加强

随着植物景观在园林建设中作用的增强，园林建设中植物的引种、育种工作的作用和效益就突显出来。全国各地的植物园、科研院所等都积极开展引种、育种工作，并收到了明显成效。如沈阳园林科研所引种成功辽宁省野生花卉 70 余种，并在公园应用推广 20 多种；太原园林科学研究所采集鉴定野生观赏植物标本 2 500 个，隶属 97 科，168 属，326 种；昆明植物研究所统计云南观赏植物共 2 040 种。这些基础性工作为我国大规模开展园林植物的引种、育种工作创造了条件。应该说我国对园林植物资源的利用与发达国家还存在较大差距，特别是在育种及栽培养护水平上差距更大。因此，我们不能满足于现有传统的园林植物种类的应用，还应大力开展园林植物的引种、育种工作，创造更适合人类现代生活需要的园林植物品种，以满足现代社会、政治经济与文化发展的要求。

二、园林植物的造景类型与植物造景部位

（一）植物造景类型

园林植物姿态各异，依其外部形态可分为乔木、灌木、藤本植物、花卉、草地植物、水生植物等种类。

乔木具有体形高大、主干明显、分枝点高、寿命长等特点。根据其体形高

矮又分大乔木（20 m 以上）、中乔木（8～20 m）和小乔木（8 m 以下）。根据一年四季叶片脱落状况又分为常绿乔木和落叶乔木两类。乔木是园林中的骨干植物，对园林布局影响很大，在园林功能上或艺术处理上都能起到主导作用（图 5-1、图 5-2）。

图 5-1　乔木作为园路绿化的骨干植物

图 5-2　乔木作为绿地中心的主景

灌木没有明显主干，呈丛生状态。一般体高 2 m 以上者称为大灌木，1～2 m 为中灌木，不足 1 m 者为小灌木。灌木也有常绿灌木与落叶灌木之分。在园林中主要作下木、绿篱或基础种植，开花灌木用途最广（图 5-3）。

图 5-3　灌木植物"大叶黄杨"

藤本植物不能自立，必须依附于其他物体上，亦称攀缘植物。如地锦、紫藤、凌霄等。藤本有常绿藤本与落叶藤本之分。常作为花架凉棚、篱栅、岩石、墙壁等的攀附物，以增加立面艺术构图效果（图 5-4）。

竹类属常绿乔木或灌木，干木质浑圆、中空而有节，皮翠绿色；但也有呈方形、实心，皮具其他颜色的，如紫竹、金竹、方竹、罗汉竹等，数量很少。

花卉指具有观赏价值的草本和木本植物，通常指草本植物。根据花卉生长期的长短及根部形态和对生态条件要求，可分为一年生花卉、二年生花卉、多年生花卉（宿根花卉）及球根花卉等。花卉是园林中作重点装饰的植物材料，多用于园林中的色彩构图，在烘托气氛、丰富景色方面有独特的效果。

草地植物是指园林中用以覆盖地面的低矮草本植物，是园林艺术构图的底色和基调，能增加园林构图的层次感。

水生植物以水为生境，在园林水体中适当地点缀水生植物，可以大大地丰富水面的景色（图 5-5）。

图 5-4　藤本植物“常春藤”

图 5-5　苏州拙政园水生植物“莲花”的造景效果

（二）植物造景部位

园林植物由根、干、枝、叶、花和果实所组成，这些不同的器官或整体在植物造景中承担表现的功能，常有其典型的形态，具色彩与风韵之美。

1. 根 植物的根是生长在土壤之中，观赏价值不大。但某些根系发达的树种，根隆出地面，盘根错节，形成奇特的露根之美，堪供观赏。例如榕树，树上之气生根倒挂如珠帘下垂，落地后又可生长成粗大的树干，给人以新奇的感受。

2. 干 树干的观赏价值与其姿态、色彩、高度、质感密切相关。银杏、香樟、白杨等主干通直、气势轩昂、整齐壮观，是很好的行道树。白皮松，青针白干，树形秀丽，为极优美的观赏树种。

3. 枝 树枝的粗细、长短、数量和分枝角度的大小，直接影响着树冠的形状和树姿的优美。例如油松侧枝轮生，呈水平伸出，使树冠组成层状，老树更是姿态苍劲。垂柳小枝下垂，轻盈婀娜，摇曳生姿，极具观赏价值。

4. 叶 叶的观赏价值主要在于叶形和叶色。奇特或特大的叶形，具有较高的观赏价值，如苏铁、棕榈、荷叶、芭蕉、龟背竹等，以叶形取胜。也有些落叶树到了深秋，其叶片就会变成不同深度的橙红色、紫红色、棕黄色或柠檬黄色，堪为景色。还有些异色叶树如紫叶李、金叶鸡爪槭、银边黄杨、斑叶长春藤以及双色叶树胡颓子、银白杨、青紫木等另有一番情趣。

5. 花 花的种类繁多，其姿容、色彩和芳香对人的精神都有很大影响，如玉兰一树千花，亭亭玉立。荷花高洁丽质，雅而不俗。梅花、牡丹、金桂、山茶各有千秋，无不给人以美的感受。

6. 果 果的形状、大小、数量、色彩和香味对人们都有很强的感染力。每逢秋季硕果累累，色彩鲜艳，到处散发着果香味，为园林增添了不少景色。如金橘、佛手、珊瑚豆的观赏效果就很好。

7. 形 树形表现植物的线条轮廓，是构景的基本因素之一。山石、水体、建筑等，配置不同形状的乔、灌木，可产生不同的景观效果。常见的乔、灌木的树形有柱形、塔形、圆锥形、伞形、圆球形、半圆形、卵形、倒卵形、匍匐形等。特殊的有垂枝形、曲枝形、拱枝形、棕榈形、芭蕉形等。不同姿态的树种给人以不同的感觉，或高耸入云，或波涛起伏，或平和悠然，或苍虬飞舞，真正是景色万千。

三、园林植物造景的形态美与意境美

园林植物造景，说到底是为人类提高生活质量服务的。因而，完美的植物景观设计必须具备科学性与艺术性两个方面的高度统一。即既满足植物与环境在生态适应上的统一，又要通过艺术构图原理体现出植物个体及群体的形态美与形式美。从更高层次上看，园林植物造景是要通过植物与环境要素的组合营造一种意境，使游赏者的欣赏水平实现从欣赏植物景观形态美到意境美的升华，达到天人合一的境界（彩图 5-3）。

给景物以艺术的比拟和象征，赋予景物以“观念形态”的意义，给它以意趣和情感，从而使园林富有诗情画意，是中国园林艺术的精髓所在。园林植物造景，外在形态，内在意境。而意境总是以鲜明、生动、突出的形象性为主要特征的。意境中的形象集中了现实美中的精髓，也就是抓住了生活中那些能唤起某种情感的特征，并使这些特征能引起游人的共鸣。意境美不仅通过物的形态引起游人的美感，更因为意境中的含蓄，使人感到“言有尽而意无穷”，由此唤起欣赏者无尽的想像。应该说意境美是主观和客观的统一，是客观景物通过园林艺术家思想感情的熔铸创造出来的情景交融的境界。

中国的园林文化历史悠久，源远流长。传统的造园艺术常将松、竹、梅配置作为某种意境的表现形式，谓之岁寒三友。松苍劲古雅，不畏霜雪风寒的恶劣环境挺拔独立，具有坚贞不屈、高风亮节的品格，因此在园林中常用于烈士陵园。竹是中国人最喜爱的植物之一，被视作最有气节的“君子”（彩图 5-4）。有诗云：“未曾出土先有节，纵凌云处也虚心。”园林景点中如“竹径通幽”最为常用（彩图 5-5）。梅以其“俏也不争春，只把春来报”的高雅品格赢得人们的喜爱。以梅命名的景点极多，有梅花山、梅岭、梅岗、梅坞、香雪云蔚亭等。从这一点看，园林植物造景就是充分利用园林植物和环境要素的形象特征与内涵表达人类对自然山水美的认识，通过园林艺术创作把对自然山水及其美的感受予以外化，从而实现园林植物造景的形态美与意境美的高度统一。

四、园林植物生态配置与造景的基本原则

1. 园林植物生态配置与造景要充分考虑园林的性质和功能要求　园林植物配置要符合园林的性质，满足使用功能的要求。如街道绿地要遮荫、美观、方便交通；工厂绿地要保证生产安全、防护、观赏、休息；建筑周围的绿地主要应着眼于美化；公园绿地则以各功能区的活动内容不同，而对园林植物生态配置与造景有不同要求。

2. 因地制宜，选择适当植物种类，满足园林植物的生态要求　园林种植要着重考虑因地制宜，适地适树，使园林树种的生态习性与栽植地点的生态条件相适应，保证园林植物正常、健康地生长。因此在选择树种时应以乡土树种为主，也可以引种驯化生态要求与当地条件相符的树种。

3. 继承和发扬中国园林艺术文化，反映民族风格和地方特色　中国园林

以自然山水为风尚，在长期实践中，形成了一套园林种植艺术的传统手法和一定的栽培程式。

(1) 师法自然，小中见大，创造咫尺山林。

(2) 把植物材料的生态特性和形态特征作性格化的比拟与联想，创造意境。

(3) 根据人们的生活情趣和园林植物的观赏特性进行配置。

(4) 根据园林环境特点，结合植物生态习性和风韵美配置植物。

(5) 根据人们不同的观赏要求，结合传统的节日节气进行植物配置。

4. 汲取西方园林植物造景的长处，发展我国的园林种植艺术 东西方园林各有特点，欧洲的建园标准体现征服自然、改造自然的指导思想。园林种植是按人的理念出发，整形化、图案化。中国园林的种植方法则强调借花木表达思想感情，追求自然山水构图，寻求自然风景。近年来，西方园林植物造景的长处融进了我国园林，使我国园林风格发挥得更加完美，更能适应现代园林综合功能的要求。如杭州植物园分类区的构图中心，“植园春深”周围的植物配置，在池的一侧配置了一组高耸的水杉和池杉，它与水中倒影构成了一幅具有西洋画趣味的画面，而在相对的另一侧，在假山石旁配置了黑松、梅花、白玉兰等，俨然一幅国画，这两幅画面出现在同一个空间，却并没有使人产生任何不协调的感觉，相反，使得园林空间更加生动活泼，成为该园最吸引游人的中心。

5. 处理好整体与局部、远期和近期的关系 在园林植物的搭配方面，应充分考虑到远、近期的结合。一般寿命长的树种往往生长缓慢，而且苗木的规格都较小，不可能立即产生远景所需要的效果。必须同时考虑远期和近期的效果，因此要注意以下两点：第一，基调和骨干树种要留有足够的间距，以便远期达到设计的艺术效果；第二，近期内在栽植骨干树种的同时，搭配适量的速生填充树种，以便很快形成景观。

总之，在进行园林植物的生态配置时，要力求符合五性，即功能上的综合性，生态上的科学性，布局上的艺术性，经济上的合理性，风格上的地方性。

第二节 园林植物生态配置的基本手法与造景艺术

园林植物种类繁多，千姿百态，不同的植物类型、不同类型的植物造景部位以及不同的植物类型和造景部位与地形、水体、山石、建筑、园路、广场、园林小品等形成不同的生态组景，均可获得很好的造景效果。关键是要掌握园林植物生态配置的基本手法与造景艺术，这一点非常重要。

一、园林植物生态配置的基本手法

常见的植物配置的基本手法有孤植、对植、列植、丛植、群植、树林、绿篱、草坪等，分别介绍如下：

1. 孤植　孤植是树木单株栽植或二三株同一树种的树木紧密地栽植在一起而具有独立造景效果的植物配置类型。孤植树常布置在大草地或林中草地的构图重心上，或布置在庭园、水边、透视开阔的高地、山冈上。孤植树是园林植物构图中的主景，因而四周要空旷，要留出一定的视距供人欣赏，一般最适距离为树木高度的4～10倍左右。

孤植树主要表现植物的个体美，尤其以体形和姿态的美为最主要的因素（图5-6）。因此孤植树树种应该选择体形高大、枝叶茂密、树冠展开、姿态优美的树种，如银杏、樟、悬铃木、白桦等。还要注意选择观赏价值较高的树种，如雪松、云杉、苏铁等。另外，要注意选择当地乡土树种和长寿、病虫害少的树种。

孤植树要和周围的各种景物相配合，以形成统一的景观整体。

图5-6　孤植树的造景效果

2. 对植　对植一般是指用两株或两丛乔、灌木按照一定的轴线关系作相互均衡配置的植物配置类型。主要用于强调公园、建筑、道路、广场的入口，突出入口的严整气氛（图5-7）。同时结合蔽荫、休息，在构图方面作配景或夹景。

对植可分为对称种植和非对称种植两种。对称种植常应用在规则式种植构图中，利用同一树种、同一规格的树木依主体景物的中轴线作对称布置，两树的连线与轴线垂直并被轴线等分。对称种植的位置既要不妨碍交通和其他活动，又要保证树木有足够的生长空间。适宜对称种植的树种有白皮松、桧柏、云杉、雪松、广玉兰、大叶黄杨等。

图 5-7　对植的景观效果

非对称种植多用于自然式园林进出口两侧以及桥头、建筑物门口两旁等位置。利用同一树种，但体型大小和姿态可以有所差异。与中轴线的垂直距离大者要近，小者要远，才能取得左右均衡，求得动势集中。非对称种植也可以采用株数不相同、树种不相同的树种配置，如左侧是一株大树，右侧为同一树种的两株小树。或两边是相似而不相同的树种或两组树丛，双方既有分隔又有呼应。适宜非对称种植的树种有油松、元宝枫、合欢、马尾松、鸡爪槭、梅花等。

3. 列植　列植是指用同一树种或不同树种沿一定方向等距栽植的种植类型。列植给人以整齐壮观的艺术感受，有深远感和节奏感，遮荫效果好（图 5-8）。列植可分为单行式、双行式和多行式三种形式。一般在庄严宏伟的大型建筑、大型广场、庭园的前面或四周，宜用高大整齐的乔木进行列植；在较为整齐的池塘堤岸以耐湿的垂柳、水杉、水松等树种列植，亦可间植木芙蓉、夹竹桃、碧桃、樱花、海棠等，以形成红花绿叶、倒影成行的景观。

4. 丛植　丛植是指由数株到十数株乔木或灌木组成的种植类型。丛植的树木称树丛，树丛是种植构图上的主景，是园林绿地中重点布置的一种种植类型。丛植的配置形式有二株配合、三株配合、四株配合、五株配合以及六株以上配合等。树丛中应有一个基本树种，在布局上能清楚看出树丛的主体部分、从属部分和搭配部分，各部分要相互联系和呼应，但又各具独立性，在主次之间产生对立统一的艺术效果（图 5-9）。

树丛的组合主要考虑群体美，也要考虑在统一构图中单株的个体美。树丛的树种选择要注意树木在形象上的差异不宜过于悬殊，使树木能够组合成统一

图 5-8　单行式列植的景观效果

图 5-9　苏州虎丘景区内一角落几种树木的“丛植”效果

的整体。另一方面树种选择又要避免千树一面，使树木在性格和形态方面有差异、有对比，在树木形体和谐中求其高低大小的变化，在色彩的协调中求其丰富多样的变化，在有统一的质感和空透度中求质感和疏密的变化。

树丛和孤植树一样，在其四周要留出足够的观赏距离。作为主景或透景框对景的树丛，要有画意；作为水景焦点的树丛，色彩宜鲜艳。

5. 群植　群植是多数（20～30 株）乔木或灌木的混合栽植。群植的树木为树群，树群主要表现树木的群体美，并不把每株树木的个体美表现出来，所以树群挑选树种不像树丛挑选那么严格。树群在园林造景方面的作用与树丛类同，是构图上的主景之一，因此树群应该布置在有足够距离的开阔场地上，如靠近林缘的大草坪上，宽广的林中空地，水中的岛屿上，有宽广水面的水滨及小山坡上、土丘上。在树群的主要立面的前方至少在树群高度的4倍、树群宽度的1.5倍距离以上，要留出空地，以便游人欣赏（图5-10）。

图5-10　杭州西湖曲院风荷景区的"群植"效果

6. 树林　树林是大量树木的总体，具有一定的密度和群落外貌，对周围环境有着明显的生态影响，包括园林中的防护林和风景林。树林是一种最基本最大量的种植类型，在树种选择和个体搭配方面的艺术要求不是很高，着重反映树木的群体形象，可以供人们在里面活动（图5-11）。

7. 绿篱　绿篱是用乔木或灌木密植而成形的篱垣，根据其高度可分为矮

图5-11　山东曲阜孔庙大院内的柏树林

篱（50cm以下）、中篱（60～120cm）、高篱（120～160cm）和树墙（160cm以上）；按其形式分为规则式绿篱、自然式绿篱；依其观赏特性和功能分为常绿篱、落叶篱、彩叶篱、花篱、观果篱、刺篱、蔓篱、编篱等。绿篱具有篱垣的一切作用，可以规范场地，园林中的观赏草地尤其规则式观赏种植区常用绿篱加以围护，不让游人入内或任意穿行。这种植物组成的防范性边界，造价经济，富于生意，艺术效果又好（图5-12）。

图5-12　校园绿篱

8. 草坪　草坪是选用多年生宿根性禾本科或莎草科的草本植物，单纯或混合草种均匀成片密植的种植类型（彩图5-6、彩图5-7）。按规划形式不同划分，草坪可分为自然式草坪和规则式草坪两类。自然式草坪在地形地貌上是自然起伏的，草坪周围的景物布局，草坪上的道路布局、周界及水体均为自然状态，适宜在风景区和森林公园的空旷或半空旷地上铺植；规则式草坪在外形上具有整齐的几何轮廓，一般多用于规则式的园林中，作花坛、道路的边饰物，或布置在雕像、纪念碑、建筑物的周围起衬托作用。

草坪建植主要解决草种的选择、草坪的坡度及排水、草坪的空间划分和植物配置等问题。一般草坪多选用抗性和忍耐性强的草种，如狗牙根、结缕草、剪股颖、草地早熟禾等种类。为了保证人们游息活动的方便与安全以及草坪的排水，自然式草坪坡度一般不超过15%，规则式草坪坡度一般不超过5%。

二、园林植物造景艺术

不同的植物种植类型，或不同植物种植类型的有机组合，与园林环境融为一体，能产生很好的造景艺术效果。下面介绍几种主要的园林植物造景艺术。

（一）用植物作为造园主题，创造主景

在园林种植中，常用孤植树、树丛、树群、树林、花群、花坛等作为园林构图中心，如留园的“古木交柯”以孤植树作为主景。园林里一些局部空间，如草地中央、水际、岛上等视线集中的位置，可利用有突出观赏效果的孤植树或树丛作为局部构图的主景。

（二）用植物作为对景、障景和隔景

在园林中常用丛植、群植、树林、树墙等作为对景、障景和隔景，用于园林入口或主要道路的分道等的处理。杭州花港观鱼公园主要入口内正对主路有一组雪松组成的树丛，它一方面是入园后的一个对景，同时也起障景作用，使游人不至于一入园就一览无余，并自然地顺两边的分道入园游览。

（三）用植物作为山石、建筑、广场、道路、水体等景物的配景

如孤植树可种植在山道口旁、建筑旁作为配景。对植用于建筑、园林、道路、广场等入口处作为配景。列植、丛植、群植、绿篱、花坛群、花境、花丛等都可作为配景处理。如人民大会堂周围布置有油松、玉兰、丁香、珍珠梅和各色花草组成的树丛，是大会堂两面的配景，体量相称，朴素大方。

（四）植物可以作为其他景物的背景

为了突出雕塑、纪念碑、建筑等景物的轮廓，常用树丛、树群、树墙、草

图 5-13　杭州西湖雷峰塔前大台阶用植物作配景的景观效果

坪、花地等作为背景和陪衬。运用植物作为背景时应注意在色彩和亮度方面与主体景物有对比，以突出主景（图 5-13）。

（五）利用植物增加园林空间的层次，形成夹景、框景、漏景

对于比较狭长而空旷的空间，为了增加景深和空间层次，可以利用树丛、花丛、花群等作适当的分隔。也可用树丛、树群对植形成夹景，还可通过植物枝条隙间形成漏景（彩图 5-8）。

（六）利用植物创造园林空间的变化

1. 通过人们的视点、视线、视境而产生“步移景异”的空间景观变化　园林中运用植物组合来划分空间，形成不同的景区和景点，往往是根据空间的大小、树木的种类、姿态及株数的多少与配置方式来组织空间景观。

2. 由于园林植物随物候期变化而变化着其外貌，形成了园林植物的时序景色和园林空间的变化　如拙政园的“海棠春坞”着意春花烂漫的春景；“荷风四面亭”侧重渲染荷莲满池的夏景；留园的“闻木樨香轩”以秋色秋景为主；拙政园的十八曼陀萝馆以欣赏冬景为主。

（七）园林植物能形成点、线、面的形态特征，创造具有时代美感的园林

1. 点构成种植　在形态构成中，点作为造型要素之一可大可小。运用点的聚积性及其焦点特性，如孤植、丛植、花丛、花台、花坛等可创造园林主景；运用点的排列组合，可形成节奏和秩序美，形成陪景以点缀园林美。

2. 线构成种植　如列植、林带、绿篱、树墙、花带、花境等种植类型，形成直线、折线、曲线和自然、断续错落的线状景观。

3. 面构成种植　如树林、草坪与花地。密林与草坪成为园林植物景观中虚实对比度最强的构图，可构成不同景观特色的植物空间环境。草坪对园林的最大价值是提供一个有生命的底色，能把各种景物统一协调起来，减少郁闭感，增加明朗度，天空、山石、水体、乔木、灌木、花卉、建筑、道路、装饰小品等在草坪的映衬下，更添光彩，使园林的空间艺术得到完善和加强，草坪能给欢乐的游人提供足够的空间和一定的视距欣赏景物及洁净舒适的游憩场所，芳草如茵、赏心悦目、惹人喜爱。开敞的草坪中又有树群、树丛，做到“虚”中有“实”。而树丛、树群中又有空隙，“实”中有“虚”。

第三节　游园与风景区的植物生态配置与造景

一、园林建筑与园林植物的生态组景

（一）园林植物对园林建筑的造景作用

园林建筑是构成园林景观的重要因素之一，而园林植物与园林建筑的配置，会对建筑在整个景观中的作用产生很大的影响。配置得体，可收相互因借、扬长避短之效，体现了自然美与人工美的结合，使景点变得更为完美。园林植物对园林建筑的造景作用可归纳如下：

1. 使园林建筑主题更突出　园林风景中的“景”，有许多是以植物命题，以建筑为标志的，如杭州“柳浪闻莺”是西湖十景之一，在这个风景点里，种植大量柳树，以体现“柳浪”，但主景则是以“柳浪闻莺”的碑亭和闻莺馆主体建筑作为标志的。碑亭和闻莺馆旁的植物配置，可以将“柳浪闻莺”这一主题突出，使建筑与植物在这里取得相得益彰的效果。又如杭州岳庙的“精忠报国”影壁下种植杜鹃花，是借“杜鹃啼血”之意，以杜鹃花鲜红浓郁的色彩表达后人对忠魂的敬仰与哀思，突出了景点的主题。影壁左右边各栽植一株红枫，花台边植以沿阶草，使杜鹃花期过后，也不显得无景可赏，这是借助植物加强主题含义的一种手法。

2. 协调建筑与周围的环境　园林植物能使建筑突出的体量与生硬的轮廓

图 5-14　苏州沧浪亭小河边多种树木与古建筑有机结合形成别致幽雅、富有诗意的景观效果

"软化"在绿树环绕的自然环境之中（图5-14）。一般体型较大、立面庄严、视线开阔的建筑物附近，要选栽干高枝粗、树冠开展的树种；在结构细致玲珑的建筑物四周，选栽叶小枝纤、树冠茂密的树种。如杭州饭店体形高大，在饭店前种了4株高大的香樟，稍隐其庞大体形，使其与秀丽的西湖相协调。在好的园林中，一些服务性建筑，常利用植物来改变其与周围环境的关系。如园林中厕所旁常植浓密的珊瑚树等植物，使其尽量不夺游人的视线。

3. 丰富建筑的艺术构图 建筑物的线条一般多平直，而植物枝干多弯曲。植物配置得当，可使建筑物旁的景色取得一种动态均衡的效果。如青岛天主教堂前枝干虬曲的古树配置于圆尖的建筑前，显得既有对比又和谐。又如圆洞门旁种一丛竹，则竹的直线条与圆门形成对比，且竹影婆娑，平添圆洞门的自然美。

4. 赋予建筑物以时间和空间的季相感 建筑物的位置与形态是固定不变的，植物则随季节而变、随年龄而异。植物的生长发育，不仅使园林建筑环境在春、夏、秋、冬四季产生丰富多彩的季相变化，而且将原有的景观空间不断丰满扩张，产生时空差异，使凝固的建筑具有了生动活泼、变化多样的季相感（图5-15）。

图5-15 苏州沧浪亭内院中树木衬托古亭的景观效果

（二）不同类型建筑的园林植物配置

1. 古典园林建筑的植物配置 古典园林建筑的植物配置主要根据建筑物的外形特征及意境要求进行布置。

北京的皇家园林，宫殿建筑体量庞大、色彩浓重、布局严谨，选择侧柏、桧柏、油松、白皮松等树体高大、树姿雄伟、四季常青的华北乡土树种作为基调，与皇家建筑相协调。如颐和园，前山部分的建筑庄严对称，植物配置为规则式。进门后二排桧柏犹如夹道的仪仗。数株盘槐植于小建筑物前，宛如警卫一般。园内则配置了白玉兰、海棠果、牡丹、芍药、石榴等树种。整个园林布局庄严凝重、富丽堂皇。

苏州的古典私家园林由于面积不大，故在地形及植物配置上力求小中见大，以“咫尺山林”再现大自然景色。组合的建筑空间及小庭院，常成为植物造景的重点场所。在植物选配上着重观赏价值高、具有韵味的小乔木与花灌木，屡见以植物为题命名建筑或景点，体现植物与建筑的巧妙结合。如“海棠春坞”的小庭园中，一丛翠竹，数块湖石，以沿阶草镶边，使一处角隅充满诗情画意。修竹有节，体现了主人的清高寓意。

中国的古典园林建筑有亭、廊、榭、舫、厅堂、楼阁、塔、馆、轩、斋等多种类型，其中亭是应用最广、形式最多的一种景点建筑。亭的形式很多，因观赏要求不同，生态地理位置不同，配置的植物也不同。从亭的结构、造型考虑，植物配置应与其造型和功效取得协调、统一。亭的攒尖较尖、挺拔、俊秀，应选择配置圆锥形、圆柱形植物，如枫香、毛竹、圆柏、侧柏等；从亭的主题考虑，应选择能充分体现其蕴意的植物。如杭州龙井寺玉泓池畔的假山上，矗立着一座小巧玲珑的梅花形五角小亭，态势傲然。假山旁植以高大的枇杷、冬青等植物，使亭显得更为古朴自然。又如苏州拙政园中的荷风四面亭，四周柳丝如梳，池内莲荷环绕，夏季清香四溢，刻画出“四壁荷花三两柳，半潭秋水一房山”的意境。

2. 现代园林建筑的植物配置 现代园林建筑造型较灵活，形式多样，植物配置要注意建筑的形象、色彩、质感与外围自然环境的协调。树种选择范围较宽，应根据具体环境条件、功能和景观要求选择适当树种，如白皮松、油松、圆柏、云杉、雪松、龙柏、合欢、海棠、玉兰、银杏、国槐、牡丹、芍药、迎春、连翘、榆叶梅等都可选用。一般应注意如下原则：

（1）建筑物前的植物配置。应考虑树形、树高和建筑相协调。应和建筑有一定的距离，考虑建筑基础不能影响植物的正常生长，也不能因植物生长而影响建筑的使用。植物应与窗户间错种植，以免影响通风采光。应考虑游人的集散，植物配置不能太密。应考虑景观效果，选配的植物要与建筑的形象、色彩、质感与外围自然环境协调。

（2）建筑物墙的植物配置。一般选用藤本攀援植物，如常春藤、地锦、蔓性月季、爬山虎等。应在墙面的一定距离设计安置攀援架，行垂直绿化，减少太阳对建筑物墙面的暴晒。据测定，夏季高温时可减低室内温度 3～4℃。如墙面是白粉墙，可配置红枫、山茶、木香、杜鹃、南天竹等，景观效果很好。在园林中可利用建筑物墙的南面有良好的小气候的特点来引种和栽培一些美丽的不抗寒植物，继而发展成墙园。

（3）建筑物入口的植物配置。首先要满足功能要求，不影响人流与车流的正常通行及阻挡行进的视线；其二要能反映出建筑物的特点，如宾馆门前可用花坛及散植的树木来表达轻松和愉快感，纪念性建筑物入口则常植规整的松柏来表现庄严、肃穆的气氛；第三可采用对称式或自由式植物配置，入口前采用对称式植物配置表现端庄大方，用不对称的形式配置植物则比较活泼，有动态感。

（4）建筑物角隅的植物配置。因为建筑物的角隅线条生硬，通过植物配置可软化、柔和视觉效果。一般宜选择观叶、观花、观果、观干植物成丛种植，也可作地形处理，竖石栽花，配以优美的花灌木共同组景。

（5）建筑物窗的植物配置。由于窗框的尺度是固定不变的，植物却不断生长，增大体量，因此要选择生长缓慢、变化不大的植物，诸如芭蕉、棕竹、南天竺、苏铁等。近旁还可配些尺度不变的剑石、湖石，增添其稳定感。这样有动有静，构成相对持久的画面。

（6）岭南的园林建筑自成流派，具有浓厚的地方风格，轻巧、通透、淡雅，深得人们喜爱，这和当地气候有关。建筑旁大多采用翠竹、芭蕉、棕榈科植物配置，借以水、石，组成一派南国风光。

（7）对某些以欧式建筑为主的园林，植物造景以开阔、略有起伏的草坪为底色，其上配置雪松、龙柏、月季、杜鹃等，或丛植，或孤植，模拟英国或澳大利亚一些牧场的景色。

二、园路与园林植物的生态组景

园路是园林的骨架和脉络，好的园路本身便是园林景色。园路除了集散、组织交通外，主要起到导游作用。游人漫步其上，远近景色构成一幅连续的动态画卷，具有步移景异的效果。园路的宽窄、线路乃至高低起伏都是根据园景中的地形及各景区相互联系的要求设计的，一般园林的园路面积占总面积的6%～17%。因而，园路两旁植物配置的优劣直接影响全园的景观和生态效益。

园路一般分为主路、径路和小路。其植物生态配置方法如下：

（一）主路的植物生态配置

主路是从园林入口通向全园各活动区、景点及管理区的道路，宽度一般3～5m。对平坦笔直的主路，常用规则式配置，最好植以观花乔木，并以花灌木作下木，丰富园内色彩。对蜿蜒曲折的主路，则宜自然式配置，沿路的植物景观在视觉上应有挡有敞，有疏有密，有高有低。景观上有草坪、花地、灌丛、树丛、孤立树，甚至水面、山坡、建筑小品等不断变化。主路旁的树种应选择主干优美、树冠浓密、高低适度，能起画框作用的树种。如无患子、香樟、合欢、马尾松等。

（二）径路的植物生态配置

径路是主路的辅助道路，分散在各区范围内，连接各景点。一般宽 2～4m。径路可运用丰富多彩的植物、灵活多样的植物配置方法，以产生不同趣味的园林意境。

1. 野趣之路 此类径路一般在人流较少、幽静自然的环境之中，有的配置诸如木绣球、台湾相思、夹竹桃等具有拱形枝条等大灌木或小乔木，植于路边，形成拱道；有的植成复层混交群落。游人穿行其下，给人以深邃、幽静之感，富有野趣。

2. 山道 在山中林间穿路，宁静幽深，极富山林之趣。如苏州虎丘山后从涌泉亭通向揽月轩的石路，沿坡而下，穿过郁茂的榉树林，幽邃深远。若在平地造园，可通过降低路面、产生坡度、坡上种植高树的手法来创造出山林的效果。如杭州花港观鱼的密林区，在高差达 2m 的坡上植以枫香、麻栎、沙朴和刺槐等，郁闭幽深，园路完全成为密林中的小山道。

3. 花径 花径在园林中是具有特殊风趣的。它是在一定的道路空间里，以花的姿态和色彩创造一种浓郁的气氛，给游人以富有生命力的艺术感受。为花径配置植物时，木本植物宜选择玉兰、樱花、桃花和桂花等开花丰满、花形美丽、花色鲜明，或有香味、花期较长的树种。若采用花灌木时，既要密植，又要有背景树，形成立体绿化。对一些以某种花卉命名的园林可专设花径，令其名副其实。如绍兴兰亭，沿途兰花，清香盈袖，回味无穷。

（三）小路的植物生态配置

小路主要供游人休闲游赏，品味景色，引导游人更深入地到达园林的各个角落。宽度一般在 1m 左右。其植物配置不拘一格，自由布置。凡是林中所辟小路，多取山林之趣。如杭州植物园百草园中的小路，穿越刺槐、广玉兰和山茶，不胜幽深。花港观鱼通向牡丹亭的小路旁，杜鹃低拂，白玉兰高耸，别具风味。江南园林常在小径两旁配置竹林，组成竹径，让游人循径探幽。有诗曰："竹径通幽处，禅房花木深。"说明要创造曲折、幽静、深邃的园路环境，用竹来造景是非常适合的。杭州的云栖、三潭印月、西泠印社、植物园内都有竹径。

三、山石与园林植物的生态组景

山石之形态丰富多彩，具有很高的审美价值。中国古典园林将山石作为造园的三要素之一。因而，山石与园林植物的生态组景对发挥园林的景观效益和生态效益十分重要。

我国自然式山水园林的山石与植物配景很重视因条件制宜（图 5-16）。土山或土多石少的山，以松、柏类常绿针叶树为主体，以银杏、枫香、黄连木、槭树类、竹类等色叶树为衬托，并杂以杜鹃、栀子、绣线菊、紫珠等花灌木，丰富山林景观的层次和色彩。园林中的假山石常运用一些攀缘植物作点缀，以

图 5-16　杭州西湖灵隐寺景区树林与山石互相掩映的景观效果

增加自然山石苍润的生气（图 5-17）。如紫藤和湖石结合，从石洞中贯穿缠绕，至峰顶蔓垂而下，成伞状，开花季节紫花累累，显得格外生动；挺立的石笋缠绕以苍劲的攀缘植物或开花植物，可以打破其形体的单调。运用攀缘植物和山石搭配时，在选用树种和确定覆盖度时都要结合山石的观赏价值和特点来考虑，不可因植物根茎的生长使假山石结构受到损害。

山石与园林植物的生态组景以扬州个园最为典型，被誉为“国内惟一孤例”。个园中四季假山的植物配置颇具艺术特色：全园的植物配置以竹为主，兼顾四季景观效果，以烘托假山季相。春景以竹石开篇，竹枝青翠，枝叶扶疏之间几枝石笋破土而出，带来了春的气息，配置的丹桂、迎春、芍药、海棠等花木姹紫嫣红，呈现一派春意盎然的景象。夏景以假山水池作展开，湖石假山叠出“夏云多奇峰”，山腰蟠根垂萝，草木掩映，池内睡莲点点，水面涟漪。

图 5-17　苏州留园“爬藤植物与假山”有机结合的造景效果

广玉兰、紫薇、石榴、紫藤等争相媲美，艳丽旺威。秋景为仿黄山造型，辅之以竹、红枫、青枫显瑰丽，半山腰以古柏、黑松彰显雄浑之气。冬景以天竹、蜡梅为主要配置植物，用宣石（雪石）堆成一组雪狮，俨然一幅“岁寒三友”图。

总之，山石配之以园林植物，一般采用自然种植，要注意树种的选择、立面景观、色彩构图，特别是植物群落构象，既生态适宜，又形成山林野趣气氛。

四、水体与园林植物的生态组景

园林水体可赏、可游，是园林中重要的构景要素，给人以清澈、明净、近人、开怀的感受（彩图 5-9）。大水体有助空气流通，即使是一斗碧水映着蓝天，也可起到使游客的视线无限延伸的作用，在感觉上扩大了空间。淡绿透明的水色，简洁平淌的水面是各种园林景物的底色，与绿叶相调和，与艳丽的鲜花相对比，相映成趣。水体能使园林产生很多生动活泼的景观，形成开朗的空间和透景线。水体在园林中好似画面的空白，使得园林虚实相生，刚柔相济。

我国古典园林自南到北，几乎无园不水。古往今来，园林水体与植物之间就有着密切的关系，“画无草木，山无生气；园无草木，水无生机”。园林中的各种水体，无论它在园中是主景、配景，还是小景，无不借助植物来创造丰富多彩的水体景观。水中、水旁园林植物的姿态、色彩所形成的倒影，均加强了水体的美感。可见，园林水体的植物配置是造景不可缺少的素材。

江南园林处理水体的植物造景一般是：园池边配置少量体态富于变化之树，如柳树，它近水易于生长，姿态婀娜而偏于清丽，与水景的潋滟相配合，最能体现江南水乡的妩媚多姿（彩图5-10）。离池较高处常植迎春、探春、络石等，再高处便为萱草、玉簪花、六月雪、秋海棠之类，错落有致。池岸路边则较稀疏，不遮水面视线。水面常见些荷花、浮萍、菱等，丰富了水面空间层次，并控制其生长，不使其蔓延于水面，影响倒影效果；睡莲的花叶较小，超出水面不高，最常见于小池。而水藻仅配合鱼类，偶尔点缀少许。

水体绿化树种的选择，首先要具备一定的耐水、耐湿能力，其次应符合园林设计中艺术构图的要求。我国从南到北常用的水边植物有水松、蒲桃、小叶榕、高山榕、木麻黄、椰子、蒲葵、落羽松、池杉、水杉、大叶柳、垂柳、旱柳、苦楝、悬铃木、枫香、三角枫、重阳木、柿、榔榆、桑、柘、柽柳、香樟、棕榈、无患子、蔷薇、紫藤、南迎春、连翘、棣棠、夹竹桃、桧柏及梨属、白蜡属等。

水体中适当地点缀水生植物，可以大大丰富水面的景色。但水生植物栽植的位置和面积都要根据造园要求妥善安排。水生植物的位置选择首先要考虑游人的水上活动、欣赏倒影的艺术效果和用水面扩大空间、美化空间的作用。水生植物在水面上暴露的面积与水下部分栽植的面积要有一定的比例关系，如荷花在水面上的比例约为1∶5，大面积的水面，水生植物占的比例还可小些。为了便于观赏，水生植物一般布置在岸边、岸角。

水生植物的种类选择和搭配要因地制宜，要充分利用水生植物的体形、姿态、叶形、叶色、花色的变化，并与岸边环境取得协调，如根据水的深浅把睡莲、水生鸢尾、水葱、千屈菜、银芦等加以搭配，可以取得多样统一、主次分明的效果。

水生植物的配置也有弧植、丛植、群植等多种形式。

五、园林小品与园林植物的生态组景

园林小品一般包括园林花架、园椅、园凳、雕塑、雕刻、小桥、栏杆等。它们功能明确、体量小巧、造型新颖，是园林装饰中不可缺少的组成部分。在园林绿地中合理布置园林小品，配置相应的园林植物，于微小处见幽深，在休闲里赏雅致，能有效提高园林小品的景观价值，增强其艺术感染力，也使整个园林景观更富于表现力。现将常见的园林小品及其植物配置介绍如下。

（一）花架及其植物配置

花架是与攀缘植物相结合的小品性设施，利用柱子、横梁、桁条等构成，使攀缘植物攀附上架，既有绿阴，又可赏花，故称为花架。花架在园林中可作点状、线状或面状布置。作点状布置时称为亭架，可作为观赏点；作线状布置时称为廊架，可用来划分空间，增加风景的深度；作面状布置时称为棚架，可形成较大的半遮荫空间，供游人休息品茗、观赏花卉盆景（图5-18）。在我国传统园林中，由于花架与山水田园格调不尽相同，故较少被采用。但在现代园林中，花架这一小品形式已日益为人们所喜用。

图5-18　苏州留园花架与爬藤植物

适合花架的藤本植物很多，常用的有紫藤、木香、凌霄、蔷薇、金银花等。由于它们的生长习性和攀援方式不同，因此，与花架配置时，既要考虑格调清晰，景观亮丽，观赏时间长久，又要注意与周围环境在风格上统一。如在北京香山中国科学院植物园水生植物区小湖边的花架，采用凌霄、南蛇藤、金银花以及葡萄、猕猴桃等配置，春、夏、秋花开不断，色、香、味俱全。背景采用高大的槐树、白蜡，还配置有麦李、紫薇等花灌木，堪称花架之精品。

（二）园椅、园凳及其植物配置

园椅、园凳是各种园林或绿地中必备的设施，可供游人休息和观赏风景。在园林中，设置形式优美的坐凳具有舒适诱人的效果，丛林中巧置一组树桩凳或一组景石凳使人顿觉生意盎然。抑或在丛林中设置一组塑蘑菇状或仿树桩的休息园凳，能把周围环境衬托得自然而且富有情趣。在大树浓荫下，置石凳三二，长短随宜，往往能变无组织的自然空间为有意境的庭园景色。

在冠大荫浓的落叶树下设置条形座椅，常在座椅附近配置榆叶梅、连翘、丁香等花灌木。花开时节，景色美丽，香气袭人，为游人创造一种幽静的休息和赏景环境。也有在路旁树阴之下设置园椅、园凳，围绕林阴大树的树干设置园椅，既保护大树躯干少受损伤、根部土壤不遭践踏，又提供了纳荫乘凉之所（图 5-19）。如上海淮海公园门前的公共绿地上，即在悬铃木的周围布置了一圈座椅，真正做到了大树底下可乘凉，成为闹市区中的一处景观。

图 5-19　深圳荔枝大世界园路旁大树下的石凳

园椅可以设置在大灌木丛的前面或背面，为游人提供隔离隐蔽和相对安静的休息谈心场所。园凳可以星散在树林里，有的与石桌配套安放在树阴下，为人们休息、娱乐、就餐提供方便。园椅、园凳根据不同的位置、性质及其所采用的形式，足以产生各种不同的情趣。组景时主要取其与环境的协调。如亭内一组陶凳，古色古香；临水平台上两只鹅形凳别有风味；大树浓荫下，一组组圈凳粗犷古朴。城市公园或公共绿地所选款式，宜典雅、亲切；在几何状草坪旁边的，宜精巧规整；森林公园则以就地取材，富有自然气息为宜。

（三）园林雕塑及其植物配置

园林雕塑小品既具观赏性，又富有寓意。其题材不拘一格，形体可大可小，形象可具体可抽象，表达的主题可自然可浪漫，具有强烈的艺术感染力，在园林设计中有助于表现园林主题，点缀装饰风景。精美、成功的园林雕塑小品，往往是园林局部的造景中心。

园林雕塑小品的植物配置，主要强调环境气氛的渲染，其中背景的处理尤为重要。常用手法：以各种浓绿的植物作为浅色雕塑的背景，如北京植物园牡丹园的汉白玉“牡丹仙子”雕塑，即以紫叶李为背景，周围植以牡丹，主题突出，色彩丰富；而青铜色等深色雕塑则应配以浅色植物或以蓝天为背景。此外，对于不同主题的雕塑还应采取不同的种植方式和相应的树种。如在纪念性雕塑周围宜采用整齐的绿篱、花坛及行列式种植，并以体形整齐的常绿树种为宜。如唐山市“大钊公园”的李大钊雕像，即在轴线两侧规则式列植了雪松、黄杨球和小檗球，雕像背景栽植了油松、桧柏、侧柏组成的常绿针叶混交林，令人产生庄严肃穆的感觉。对于主题及形象比较活泼的雕塑小品，宜用自然的种植方式。在植物的树形、姿态、叶形、色彩等方面，则应选择比较潇洒自由的形式。如北京玉渊潭公园的“留春”雕塑、以常青的雪松，展叶早的树及早春开花的贴梗海棠、榆叶梅等组成的疏林草地为背景，突出了主题。

（四）园墙、漏窗及其植物配置

园墙的功能主要是分隔空间、丰富景致层次及控制引导游览路线等，是空间构图的一个重要手段。园墙与植物搭配，是用攀援植物或其他植物装饰墙面的一种立体绿化形式。通过植物在墙面上垂挂或攀援，既可遮挡生硬单调的墙面，又可展示植物的枝、叶、花、果，使景观气氛倍增。常用的悬垂和攀援植物有黄馨、迎春、金丝桃、紫藤、木香、凌霄、爬山虎、金银花等。另外，在墙前植树，使树木的光影上墙，以墙为纸，以植物的姿态和色彩作画，也是墙面绿化的一种形式。最典型的是我国江南园林中白粉墙前的植物配置：每当和风轻拂，树木枝叶随着阳光隐现，树影斑驳投射在粉墙上，使人心旷神怡，可谓“粉墙弄花影”，更添几分诗情画意。常用的植物有色彩鲜艳的红枫、山茶、杜鹃、南天竹或色彩柔和的木香花等。有时为取植物的姿态美，也可选用一丛芭蕉、数竿修竹。

由于园墙在园林中的位置和作用不同，植物配置时还应充分考虑植物的生长特性。如常见的木香、紫藤、藤本月季、凌霄等喜阳植物，不适宜配置在光照时间短的北向或蔽荫墙面，只能在南向或东南向墙面配置；但薜荔、常春藤、扶芳藤等喜阴或耐阴的植物，则宜在背阴处的墙面生长。有时为了避免色彩单调或落叶的缺憾，还可将几种攀援植物和花灌木相配伍，使其在形态和色彩上互相弥补和衬托，丰富墙面的景观和色彩。

墙上开设漏窗，不仅可以装饰墙面，增加景深层次，而且还可起框景作用。透过漏窗，窗外景物隐约可见，若在窗后再进行适当的植物配置，形成一幅幅生动的小品图画，能取得较为理想的视觉效果。如北京紫竹院公园西南门入口围墙上的绿竹琉璃漏窗，窗前配置艳丽的花草，窗后现出碧绿的竹丛，点出了“紫竹”院的主题。由于窗框的尺度是不变的，植物却在不断生长、增大体量，因此，进行植物配置时，于窗前或窗后近处宜选择生长缓慢、体形不大的植物，如芭蕉、棕竹、南天竹、孝顺竹、苏铁类、佛肚竹等。近旁还可配些尺度不变的剑石、湖石，增添其稳定感，这样有动有静，构成相对持久的画面。窗后远处则宜选体形高大、树姿动人、色彩艳丽的植物。

第四节　社区的植物生态配置与造景

一、社区园林植物生态配置的作用与意义

社区是为城市居民提供生活居住，从事社会活动的场所，包括居住建筑、公共建筑、公园绿地、建筑物附属绿地、社区道路等环境要素。社区环境质量的优劣在很大程度上取决于社区的植物生态配置与造景，这是因为社区的绿化、美化不仅要满足居民对生活空间的生态效应的需求，还要满足人们休闲娱乐等方面的社会需求。

一个高品位的社区，首先要拥有良好的生态环境，要尽可能多地栽种园林植物，并且对这些植物进行科学的生态配置与造景，从而改善社区的空气质量，改善社区的声环境、光环境，促进绿地小气候形成，使社区环境产生良好的生态效应。应该说，良好的植物配置，既可改善社区的空气质量，还可改善其温度和湿度环境，形成舒适的微风，保证内部小气候形成的同时，又可以向外辐射，扩大舒适环境的面积。使紧张工作、学习之余的人们能有安静祥和的环境，信步其间舒缓情绪、感受乐趣、调节心理、陶冶情操。

从生态学的角度考虑，良好的社区园林植物的生态配置可以降低空气中的粉尘污染，减少空气中的有害菌含量，保持空气清新、湿润、负氧离子充足，适合休憩的人们居住或游逸其中。据报道，城市人均绿地 $10m^2$ 才可平衡空气中 CO_2 和 O_2 的合适比例；可以减弱噪声污染，据测定，30m 宽的防护林可吸收 6～8dB 的噪音，50m 宽的草坪可减弱噪声 11dB，当攀缘植物覆盖房屋的时候，屋内的噪声强度可减少 50％；高大成行的行道树可以营造遮荫环境，产生凉爽效应。

从社会效应的角度考虑，通过良好的植物配置，可使社区的整体空间更加优雅、大方，既可保持绿色空间的连续性，又可通过层次变化，突出空间异质

性，为人们提供丰富的空间层次；利用季节变化，采用颜色和植物外部形态变化，给人以明显的季节氛围，展现季节魅力。现代快节奏生活易使人身心疲惫，而良好配置的植物景观可供人们尽情地享受自然风光，增加生活情趣，使人身心放松，精力充沛，减少或防止心理疾病的发生。

二、社区园林植物生态配置的原则与方法

（一）配置原则

园林植物的生态配置，首先应从景观方面考虑，应该有利于社区环境尽快形成面貌，即所谓“先绿后园”的观点。选用易于生长、易于管理、耐旱、耐阴的乡土树种。应该考虑各个季节、各类区域或各类空间的不同景观效果，以利于塑造社区的整体形象特征。具体配置原则为：

1. 确定基调树种 用作行道树和庭荫的乔木树种的确定要基调统一，在统一中求变化，以适合不同绿地的需求。例如：在道路绿化时，主干道以落叶乔木为主，选用花灌木、常绿树为陪衬，在交叉口、道路边则可配置花坛。

2. 以绿色为主色调 整个社区的植物配置应以绿色为主色调，适量配置各类观花观叶植物，以起“画龙点睛”之妙。例如：在居住区入口处或公共活动中心，种植体形优美、色彩鲜艳、季节变化强的乔、灌木或少量花卉植物，可以增加社区的可识别性。

3. 乔、灌、草、花结合 在社区园林植物配置时，要注意把握常绿与落叶、速生与慢生树种相结合；乔灌木、地被、草坪相结合；孤植、丛植、群植技术相结合的原则。构成多层次的复合结构，使社区的绿化疏密有致、四时有景，丰富社区景观，获得好的休憩效果（彩图5-11、彩图5-12）。

4. 注意选用具有不同香型的植物或传统植物，给人独特的嗅觉或视觉感受 如广玉兰、桂花、栀子花等在开花季节，其芬芳的花香给社区环境造就独特的休憩空间。选用梅、兰、竹、菊等性格化的观赏植物，可以赋予社区鲜明的个性特征，并突出某种象征意义。

5. 尽量保存社区内原有的树木、古树或名木 古树名木是活文物，可以增添小区的人文景观，使社区环境更富有特色。将原有树木保存可使社区较快达到绿化效果，可以节省绿化费用。

6. 选用与地形相结合的植物种类 如坡地上的地被植物，水景中的荷花、浮萍，池塘边的垂柳，小径旁的桃树等，创造一种极富感染力的自然美景。

此外，在进行社区植物配置时要注意选择对人体健康无害，并对环境有较

好生态作用的植物。具体来讲，要选择那些无飞絮、无毒、无刺激性和无污染的植物种类；在儿童容易触及的地方尽可能不用带刺的植物，如玫瑰、黄刺玫等。要选择具有各种防护作用的植物，如防火植物银杏、棕榈、榕树等；强滞尘植物榆树、木槿等；强降噪音植物梧桐、垂柳、云杉等应加大选用比例。要注重生物的多样性，尽可能增加植物的种类，选择不同类型的植物，一方面有利于保持植物群落的生态平衡；另一方面，也可以增加植物群落的观赏效果和生态功能。

（二）配置方法

社区植物的配置应灵活运用植物的层次数，采用乔、灌、草、花卉等相结合的方法，根据具体地段进行不同的植物配置。

1. 社区的开敞空间应适当增加乔木数量，形成开放空间，以供休闲、娱乐之用 多余空间宜散植灌木，地表适当覆盖草坪，留出人们行走或活动的空间。社区中的小游园可采用规则式几何配置，也可采用与地形等相协调的自由式配置，或二者结合。对于古树或名贵树种应注意保护，以原有树木为中心进行植物配置，既保护了宝贵资源，又节约了费用，还能形成特色。适当增加花卉和藤本等植物的使用，如多年生宿根花卉或各类观叶植物等，可形成稳固的景观效果，并辅以不同季节开花的花卉类型，形成错落有致的异时景观。

2. 宅旁庭院应选用季节性强的树木花草 通过不同的季相，使宅旁绿化具有浓厚的时空特点，让居民感受到强烈的生命力。宅旁绿化应充分发挥立体配置的优越条件，与建筑物相结合，进行墙面绿化或其他形式的绿化，大力发挥居民的积极性，形成多种配置形式，既可增加绿化量，又能增加居民对花草的情感，陶冶人们的情操；在宅旁庭院内的休息活动区，注意选用遮阳能力强的落叶乔木进行配置，既可在夏季为居民提供良好的遮荫场所，又可在冬季获得充足的阳光；在建筑物等的遮荫区域要适当选择较为耐阴的植物进行配置，以保证植物的良好生长，注意对区域内不雅设施或景观的遮掩，这样既增加覆盖率，又形成良好的视觉效果。当然，在配置时要充分考虑植物与环境之间的适应性。

3. 根据使用功能配置植物 从使用方面考虑，园林植物的选择与配置应该给居民提供休息、遮荫和地面活动等多方面的条件。具体应考虑以下三方面：

（1）构成空间。植物是软质景观，与硬质景观有同样的功能，可以构成和组织空间，给人以空间感。低矮的灌木和地被植物形成开敞的空间；树冠下的地面构成平面覆盖的空间；地被植物和草坪暗示虚空间的边缘；绿篱与铺地围合形成中心空间；高而直的植物构成开敞向上的空间；另外，植物还可以将建筑构成的主空间分隔成一系列的次空间，创造丰富的空间层次。

(2) 遮阳和其他功能。行道树及庭园休息活动区，宜选用遮阳力强的落叶乔木，成排的乔木可遮挡住宅西晒；儿童游戏场和青少年活动场地忌用有毒或带刺的植物；而体育运动场地则避免采用大量扬花、落果、落叶的树木。

(3) 注意植物配置的位置。要考虑种植的位置与建筑、地下管线等设施的距离，避免有碍植物的生长和管线的使用与维修。

第五节　城市道路的植物生态配置与造景

一、意义与功效

道路作为城市空间的重要组成部分，既是交通运输的通道，又是人们户外生活的重要场所。道路是人们在户外滞留时间最多的空间之一。因为一出门就得走路、乘车，就必须经过这样或那样的道路。所以，道路环境的好坏，直接影响人们的生活水平。而道路的植物生态配置与造景是改善城市道路环境最常用、最有效的方法之一。

应该说，城市道路的植物配置首先要服从交通安全的需要，能有效地协助组织车流、人流的集散。同时也起到改善城市生态环境及美化的作用。现代化城市中除必备的人行道、慢车道、快车道、立交桥、高速公路外，还有林阴道、滨河路、滨海路等。这些道路的植物配置，组成了车行道分隔绿带、行道树绿带、人行道绿带等。城市道路的植物生态配置在景观上有如下作用：

1. 丰富、统一街道立面　经过严谨规划的街道立面，在构图上犹如一曲乐章，如果把建筑比作其旋律的话，那么沿街的植物配置则是乐章中的鼓点、节奏。从景观上看，造景植物可以弥补城市建筑在色彩、质感上的不足。应该说随着经济社会发展，建筑装饰材料不断更新，建筑风格不断变化，建筑色彩丰富多样。然而建筑与建筑之间缺少一种基色去协调、统一。城市造景植物发挥了这种作用，它们自然的色彩、质感与建筑色彩形成一种对比和衬托，加强了景观效果。

2. 分割、组织道路空间　道路空间的分割和形成主要由路面、绿地植物和其他小品设施（如护栏、灯柱、坐凳等）来完成，在诸因素中，绿地植物最为活跃。通过绿地的形状和植物配置，对街道空间进行实的或虚的分割，结合其他因素，把各空间组织成流畅通达的整体。

3. 生长变化体现时间　绿地植物具有生命力，在形态、大小、色彩上，一年四季有变化，多年之后变化更大。这种变化，能给人以时间变迁的印象。正由于这种变化，道路景观景色各异、丰富多彩，弥补了建筑的不足，增加了城市的厚重感。

城市道路的植物生态配置除景观上的作用外，还在应用实践中拥有以下几项功能：

1. 组织交通　通过绿地在平面上的分割，植物在立面的遮拦，达到人车分流，各行其道。如绿化隔离带、行道树、绿篱、草地、花池等。

2. 荫棚效应　行道树所形成的绿阴，可使行人免受夏日炎热，也由于树阴遮盖，可使路面温度降低。

3. 隐蔽作用　有些道路旁边建有垃圾站、厕所等，可以通过种植树木、花卉、绿篱等使之隐蔽起来，以减少视觉上的不爽。

4. 防护作用　道路的植物配置可有效地减弱风力、降低噪音、遮挡灰尘、提高空气净度和大气湿度。

5. 生态效应　城市绿地是城市生态系统中的一个子系统，相当于天然调节器。道路绿地就像是这一调节器中的沟通链。城市中大量的人口、汽车、动力设备不断地向大气释放能量，产生热岛效应，城市中心温度比郊区高 2～3℃。行道植物通过叶面蒸发水分增加空气湿度，降低大气温度，改善城市小气候。此外，行道植物能吸收汽车尾气排出的有害气体，如 H_2S、SO_2 等，起到净化空气的作用。

在整个城市绿地系统中，道路绿地起着沟通链的作用。通过一条条绿色走廊把散布于城市各处的大小绿地联系起来，成为一个整体，加强了其作为气象调节器的作用。

二、城市道路造景植物的选择

（一）树种的选择原则

一般说来，城市道路树种应具备冠大荫浓、主干挺直、树体洁净、落叶整齐；无飞絮、毒毛、臭味、污染的种子或果实；适应城市环境条件，如耐践踏、耐瘠薄土壤、耐旱、抗污染等；隐芽萌发力强，耐修剪，易复壮；长寿等条件。

1. 道路树种选择应以乡土树种为主　从当地自然植被中选择优良的树种，但不排斥经过长期驯化考验的外来树种。华南可考虑香樟、木棉、台湾相思、凤凰木、黄槿、木麻黄、悬铃木、银桦、马尾松、大王椰子、蒲葵、白兰、大花紫薇及榕属、桉属等。

华东、华中可选择香樟、广玉兰、泡桐、悬铃木、无患子、枫香、银杏、女贞、刺槐、合欢、枇杷、楸树、鹅掌楸等。

华北、西北及东北地区可用杨属、柳属、榆属云杉属、落叶松属及槐、臭椿、油松、华山松、白皮松、红松、樟子松、刺槐、银杏、合欢等。

2. 根据适地适树原则，分别选择适合当地立地条件的树种 如重庆为山城，岩石多，土壤瘠薄干旱，高温，雾重，污染严重，可选择黄葛树、小叶榕、川楝、臭椿、泡桐等。天津地下水位高，碱性土，可选择白蜡、槐、旱柳、垂柳、侧柏、杜梨、刺槐、臭椿等。

3. 结合城市特色，优先选择市花、市树及骨干树种 如北京市市树为国槐和侧柏。国槐冠大荫浓，适应北京的都市立地条件，有宏伟雄壮、庄严肃穆的气魄，是优良的道路绿化树种。

4. 结合城市景观要求进行选择 如昆明是春城，要求有四季常青、四时花香的环境。道路树种要体现亚热带景观。采用云南樟、银桦、藏柏、柳杉等四种常绿树种及悬铃木、银杏、滇杨、滇楸、直干桉等 6 种落叶树种较为全面。

总之，道路造景植物的选择，需综合考虑多方面的因素，坚持功能与景观相结合，科学与艺术相结合的原则。

（二）选择城市道路造景植物应注意的问题

城市道路造景植物的选择是城市绿化的关键环节，直接关系城市绿化的成败，绿化效果的快慢，绿化质量的高低，绿化效应的发挥和城市街道景观特色的形成。因而在进行城市道路造景植物选择时，应考虑以下问题：

1. 植物生长 植物生长不仅与其本身的基因型有关，还与其所处的地理位置、气候条件、土壤状况及街道特定环境有关。因而，进行树种选择时首先要了解基本信息，在此基础上考虑易成活、生长快、寿命长、根系深、易于大苗移植、适应性强、耐干旱和抗病虫害的树种，以乡土树种为首选树种。

2. 养护管理 道路造景植物的养护管理十分重要，直接关系城市环境卫生和景观形象。因此，应选择易栽植成活，管理粗放，树皮光滑，落花、落果（种子）、落叶时间集中，耐修剪，少病虫害的树种。

3. 实用功能 道路造景植物的实用功能主要是分割空间、组织交通、提供绿阴、滞尘、减少噪音、吸收有害气体等作用，同时满足城市设施（如管线，沟道等）的需要。选择植物时宜根据道路的性质，结合这些实用功能一起考虑。比如，行道树的选择大都选择树干直、健壮、分枝点较高（一般 2.5 m

以上)、冠大荫浓、树叶茂密、花果无毒、无黏液、无臭气、树身清洁、无刺棘、无污染的树种。

4. 道路景观　道路植物造景不是简单意义上的道路绿化，而是具有美学意义的景观设计。应从城市的整体布局考虑，力求沿路植物景色因路而异，各具特色，形成多样统一的道路景观。

植物的形态、色彩有季相变化。从景观构图的需要考虑，需按植物的形态和色彩选择。就行道树而言，按树冠外形特征可分为圆柱形、圆锥形、椭圆形、伞形、球形等；按树枝特征可分为上伸、下垂、水平伸展、对称、放射状等；按树干特征又可分为直立、微曲、弯曲等。植物的色彩相当丰富，除了绿色深浅不同外，还有黄色、银色、红色、紫色等，花卉的色彩更多。因此，在选择植物时应考虑植物之间的搭配，兼顾其他季节的道路景观需要。通常以一季景观为主进行选择，搭配其他植物以弥补其他季节的景观需要。

三、城市道路的植物配置与造景

根据道路的性质、功能和规模的不同，可以把道路的绿化带分为人行道绿地（包括行道树、建筑与人行道之间的缓冲绿地）、车行道绿地（包括快、慢车道隔离带、中央隔离带）和街头休闲绿地（包括滨水绿地、步行街、广场绿地）三类。现将这三类绿地的植物配置简介如下：

（一）人行道绿地

人行道绿地指车行道边缘至建筑红线之间的绿化带，包括行道树绿带、步行道绿带及建筑基础绿带。人行道绿地起到与嘈杂的车行道分隔的作用，也为行人提供安静、优美、蔽荫的行道环境。在人流较大、空间相对较小的街区一般只有行道树。当人行道相对较宽敞时，行道树下多设置树池，池内通常配置耐阴花草（如酢浆草、麦冬等)。

建筑基础绿地的主要作用是在人行道与建筑之间起缓冲作用，保护建筑内部环境及人的活动少受干扰。绿带窄时，通常用直立的桧柏、珊瑚树或女贞等植于墙前作为分隔，用地锦等藤本植物作墙面垂直绿化；绿带宽时，可用规则的林带式配置或配置成花园林阴道。

（二）车行道绿地

车行道绿地指车行道之间的绿带。具有快、慢车道共三块路面者有两条分隔绿带；具有上、下行车道两块路面者有一条分隔绿带。在分隔绿带上的植物配置首先要满足交通安全的要求，不能妨碍司机及行人的视线。其次，应考虑景观需求，使行人在行进中享受美的感受。再次，应考虑生态效益。一般窄的分隔绿带上仅种低矮的灌木及草坪，或枝下高较高的乔木。

随着分隔绿带宽度的增加，分隔绿带上的植物配置形式多样，可规则式，也可自然式。规则式配置为等距离的一层乔木。也可在乔木下配置耐阴的灌木及草坪。自然式的植物配置较为多样。可利用植物不同的树姿、线条、色彩，将常绿、落叶的乔、灌木，花卉及草坪配置成高低错落、层次参差的树丛，树冠饱满或色彩艳丽的孤立树、花地、岩石小品等各种植物景观，以达到四季有景、富于变化的水平。

在暖温带、温带地区，冬天寒冷，为增添街景色彩，可多选用些常绿乔木，如雪松、华山松、白皮松、油松、樟子松、云杉、桧柏、杜松。地面可用沙地柏、匍地柏及耐阴的藤本地被植物地锦、五叶地锦、扶芳藤、金银花等。为增加层次，可选用耐阴的丁香、珍珠梅、金银木、连翘等作为下木。

我国亚热带地区地域辽阔，城市集中，树种更为丰富，可配置出更为迷人的街景。落叶乔木如枫香、无患子、鹅掌楸等作为上层乔木，下面可配置常绿低矮的灌木及常绿草本地被。对于一些土质瘠薄、不宜种植乔木处，可配置草坪、花卉或抗逆性强的灌木，如平枝栒子、金老梅等。无论何种植物配置形式，都需处理好交通与植物景观的关系。如在道路尽头或人行横道、车辆拐弯处不宜配置妨碍视线的乔灌木，只能种植草坪、花卉及低矮灌木。

（三）街头休闲绿地

街头休闲绿地主要指那些面积相对较大、具有休闲功能的街头开放绿地，包括城市广场绿地、滨水绿地、步行街绿地等。

1. 城市广场绿地 城市广场，从某种意义上来说，是道路空间的扩大或相对停滞状态。广场的功能相对道路要复杂得多，广场是行人形成城市印象的重要组成部分。广场景观应格外吸引注意力，植物造景是广场景观中一个重要的方面，它与广场的功能、性质联系更加紧密。

集散型广场，为满足集散功能，往往铺装面积大于绿地面积，如车站前广场、集会广场等，其中的植物造景力求简洁明了，壮观大气，注重大色块。

纪念性广场，一般带有很重的文化内涵，这种广场注重气氛的庄严，在景观上要求壮观、气派。植物造景上多以规则式出现，注重整体效果。

休闲性广场，规模上相对要小，主要侧重休憩、观光功能。这类广场更加强调观赏性、休闲性、趣味性，更多地给人以亲切感为尺度。在植物造景上讲究细部处理及形态、色彩的搭配。

2. 滨水绿地　滨水绿地，往往有得天独厚的景观资源，有宽敞的空间，开阔的视野，平坦的水面。人有天生的亲水性，滨水绿地是人们喜欢去的地方之一。如何巧妙利用这些有利的条件是建设滨水绿地造景的关键。滨水绿地的形式和内容多种多样，大小不定。如杭州西湖的滨湖公园，长沙湘江风光带，沈阳新开河带状公园等。

3. 步行街　步行街往往地处繁华区，人流量大，所以车辆禁止通行，或定时停止通行。由于步行街的特殊功能购物、旅游、观光、休闲等，对其景观上的要求也特别高。步行街中的绿化往往由于受步行空间的限制而比较零散，大多以花坛、花池、棚架等形式出现，所以步行街的植物造景都与相应的景观设施相配合，如花池、坐凳、灯具、路牌、花架、水体等，植物景观更加注重其细部趣味。

复习思考题

1. 用自己的语言叙述园林植物生态配置与造景的概念与意义，简述你所在的城市（地区）在城市园林建设中存在哪些问题。

2. 试述园林植物生态配置与造景的基本原则。你如何理解园林植物造景的形态美与意境美。

3. 请查阅资料，除教材中提到的 8 种园林植物生态配置的基本手法外，园林植物生态配置还有哪些手法?

4. 描述你所在的城市的园林建筑的植物配置状况和配置特点，对照教材介绍的知识，对重点园林建筑的植物配置进行评价。

5. 观察你所在的城市中公园主路的植物配置状况，试提出更好的植物生态配置方案，并说明理由。

6. 请用你看到的或从资料查阅的实例说明“园林水体的植物配置是造景不可缺少的素材”。

7. 观察你所在的城市公园中园林小品与园林植物的生态配置情况，可否提出改进的意见?

8. 植物生态配置与造景对建设一个良好的社区环境有哪些作用?

第六章　园林生态系统的管理与调控

第一节　园林生态系统的健康管理

健康的园林生态系统具有活力、稳定和自调节的能力。换句话说，园林生态系统的生物群落在结构、功能上与理论上所描述的相近，这个系统就是健康的。如果一个系统的生物群落在结构、功能上与理论上所描述的有距离，甚至差距很大，这个系统就是亚健康的，或者是不健康的。武德利指出："生态系统健康是生态系统发展的一种状态。在此状态中，地理位置、光照水平、可利用的水分、营养及再生资源量都处在适宜或十分乐观的水平。或者说，处在可维持该生态系统生存的水平。"在这种水平的环境中生态系统有能力维持一个或多个平衡、完整、适应的生物群落。园林生态系统的健康管理，说到底，就是为园林生物及其群落创造、保持和维护这样一种水平的环境。本节着重从生物多样性与园林植物的健康配置、园林生态系统的清洁养护和园林生态系统的监测三个方面来学习园林生态系统的健康管理。

一、生物多样性与园林植物的健康配置

（一）生物多样性的概念及意义

生物多样性是近年来生物学与生态学研究的热点问题。它是指所有生物种类、种内遗传变异和它们的生存环境以及与此相关的各种生态过程的总和，包括动物、植物、微生物和它们所拥有的基因，及它们与其生存环境所形成的复杂的生态系统和自然景观。生物多样性可分为遗传多样性、物种多样性、生态系统多样性和景观多样性四个层次。

遗传多样性是种内所有遗传变异信息的总和，既包括了同一种的不同种群的基因变异，也包括了同一种群内的基因差异。遗传多样性对任何物种维持和繁衍其生命、适应环境、抵抗不良环境与灾害都是十分必要的。

物种多样性是指以种为单位的生命有机体的复杂多样性，强调物种的变异性。全世界有 500 万～5 000 万种，但科学描述的仅有 140 万种。物种多样性

代表着物种演化的空间范围和对特定环境的生态适应性，是进化机制的最主要产物，所以物种被认为是最适合研究生物多样性的层次。

生态系统多样性是指生态系统中生境类型、生物群落和生态过程的丰富程度。生态系统由植物群落、动物群落、微生物群落及其环境所组成。系统内各个组分之间存在着复杂的相互关系。生态系统中的主要生态过程包括能量流动、水分循环、养分循环、生物之间的相互关系（如竞争、捕食等）。

景观多样性是指与环境和植被动态相联系的景观斑块的空间分布特征，从原理上讲，它包括了其他层次的多样性。

生物多样性是人类赖以生存的物质基础，是自然科学、社会科学、旅游观赏、文化历史、精神文明等多门学科教育和研究的重要资料。

生物多样性提供了多种环境服务，保证了大自然生命的必须进程，这类环境服务包括调节大气中的气体成分、保护海岸带、调节水循环和气候、形成并保护肥沃土壤、分散和分解废弃物、吸收污染物和使多种作物授粉等，生物多样性是人类赖以生存和社会可持续发展的物质基础之一。

生物多样性给人类带来巨大的经济价值。生物多样性为食物和农业提供遗传资源，因而它构成了世界食物安全的生物基础并维持着人类的生计。人类健康和幸福直接依赖于生物多样性。许多种最重要的抗菌素，如青霉素和四环素，是从真菌和其他微生物中获得的。1997年世界上最畅销的25种药中有10种来源于自然资源。75％的世界人口的卫生保健依赖于传统药物，而这些传统药物直接来自于自然资源。

生物多样性是属于人类的共同财富。生物多样性不仅能对当代产生最大的持续利益，而且能造福于子孙后代，生物多样性的研究及其合理利用和保护与经济持续发展密切相关，成为当今人类环境与发展领域的中心议题，指导园林植物的配置。

（二）园林植物的健康配置

园林植物的健康配置是指在基本满足园林植物生态习性要求的基础上，按照各自的观赏特性与功能作用，利用乔木、灌木、藤本以及草本等植物通过艺术的手法充分发挥植物本身形体、线条、色彩等自然美，创造植物景观，供人们观赏，使植物既能与环境很好地适应和融合，又能使各植物之间达到良好的协调关系，最大限度地发挥植物群体的生态效应，为居民提供富有天然情趣的生活空间。

植物配置的优劣直接影响到园林工程的质量及园林功能的发挥。园林植物配置不仅要遵循科学性，而且要讲究艺术性，力求科学合理的配置，创造出优美的景观效果，从而使生态效益、经济效益、社会效益三者并举。在进行园林植物配置时应考虑以下几个方面：

1. 因地制宜，适地适树 因地制宜的“地”表现在不同的气候、土壤、地形条件及建筑物的性质、功能等方面。植物配置时要使所选取树种的生态要求与当地的立地条件相统一，建立相对稳定的植物群落，充分发挥园林植物改善和保护环境的功能，首先要根据当地的立地条件来选择树种。如海南岛濒临大海，常有台风吹过，因而在进行园林规划时，抗风性这一因子是树种选择的主要因素之一。再如寒冷地区的冬季，落光了树叶的树木使得园林的结构显露出来，因而，园林结构对园林的冬季形态有着特殊的影响，设计者利用植物的不同形态创造出特色鲜明的寒地园林结构：针叶树作为常绿树木构成了园林的骨干树种，大片的樟子松、红松林与白桦林相间布置，并以白桦林作背景结合种植红色枝条的红瑞木，这样就会形成强烈的空间效果。其次，要结合自然地形特点，来合理安排植物群落，组织植物景观，划分景观空间。地形和植物巧妙结合，能创造出许多意境深远的自然景观来。如南京市情侣园地形平坦，起伏变化不大，为强调地形的变化，在略微凸起的地面上种植了雪松，增加了地形的起伏变化，极富山林情趣。最后要结合建筑物的特征来选择树种，如西双版纳景洪市的中心广场一侧的民族文化宫，具有傣族建筑的风格，因而在广场的植物配置上选取了傣族的常用树种菩提树等来体现民族特色和民族风貌。

2. 因材制宜，合理布置 因材制宜的“材”表现在植物的生态习性和观赏特性上，全面考虑植物在造景上的综合作用，结合立地条件和功能要求，合理布置。首先，不同的园林植物对生态环境的要求是不同的，园林布置时必须考虑园林植物对环境的适应性，根据当地的生态环境来选择适宜的园林植物。比如说，在茂密的树林下，由于光照较弱，适宜选择蕨类、杜鹃花、黄杨、桃叶珊瑚和山茶花等耐阴的草本和灌木，它们不仅能适应树林下的阴湿环境，而且由于个体比较矮小，还能与高大的树木相互辉映，形成高低错落、层次分明、疏密相间的园林氛围。在地势低凹和积水的地带，可以选择一些喜湿、耐涝的植物，比如高大的水杉、橙色的萱草和紫色的鸢尾等。至于强光、干燥的环境，则应该选择喜阳、耐干燥的植物，比如桃花、杨树和合欢等等。据专家介绍，在园林造景中大量使用乡土树种，是节约成本的好办法。其次，要将设计的要求和树种的观赏特性结合起来，例如西双版纳景洪市的园林植物的配置就是以热带常绿树种和具有民族特色的花木为主，以外来的树种为辅，既充分体现了园林的地方风味和特色，又创造出了热带地区生机勃勃的景色。此外，观赏树木的种植方式也十分讲究，一般来说，有孤植、对植、列植、丛植和群植等方式。在园林植物的配置中，采用不同的种植方式可以表现不同的园林主题。

3. 因时制宜，季季有景　植物和其他园林组景不同，植物的色彩和形态随时间的变化而不断变化，春花、秋实、冬青，给园林增添了无限的动态美景。因此在实际的树种选择和配置上应将花木成片栽植，加强艺术效果，突出各景区的风景特征，形成景景不同、季季不同的园林景色。随着树龄的增长，不同的园林树木本身树形、树皮、生长速度、对外界环境的要求都会发生一定的变化，如松树在幼龄时团簇似球，壮年时亭亭如华盖，老松则枝干蟠扎而有飞舞之姿，在配置时要创造出足以表现其美妙的条件。园林树木随树龄的增长，种间关系也产生了相应的变化，所以在树种生长的过程中要适当地分批进行疏伐，保证目的树种的正常生长。如在乔灌混交的园林中，当树木接近郁闭时，由于灌木树冠和根系体系庞大，可能对乔木的生长产生一定的抑制作用，这时要对灌木进行一定数量的调节，从而协调乔灌木之间的关系。

4. 因景制宜，突出功能　园林植物的健康配置应遵循美学原理，重视园林的景观功能。在遵循生态和谐的基础上，根据美学要求，进行融合创造。不仅要讲求园林植物的现时景观，更要重视园林植物的季相变化及长远的景观效果，从而达到步移景异，时移景异，创造“胜于自然”的优美景观。

（1）营造园林植物形态美。园林植物形态各异，其不同部位、不同时期的欣赏价值不同，植物的花、叶、果实等的形状、颜色、质感常各具风姿。在园林植物配置时应注意观赏位点的表现与搭配。

园林植物姿态各异，常见的乔木的树形有柱形、塔形、圆锥形、伞形、圆球形、匍匐形、垂枝形等。不同姿态的树种给人以不同的感觉：高耸入云或波涛起伏或平和悠然。园林树木主干、枝条形状，树皮结构也是千姿百态，合理地利用树木形态，可以配置出各具情态的优美景观。颜色变化是园林植物的特色，不同的颜色变化都会给人以不同的感受。万紫千红的“花”世界越来越丰富地呈现在人类面前，叶片的颜色也越来越受到人们的重视，在植物景观营造中发挥着巨大的作用，如叶色五彩缤纷的彩叶草具花纹、斑纹、斑点，叶片就是一幅美丽动人的画面。

园林植物众多的形态美位点，为植物景观的营造创造了有利条件，不同季节景观、不同风格景象，都可通过不同的植物配置实现。

（2）布局合理，疏朗有致，单群结合。自然界植物并不都是群生的，也有孤生的。园林植物配置就有孤植、列植、片植、群植、混植多种方式。这样不仅欣赏孤植树的风姿，也可欣赏到群植树的华美。

（3）注意园林植物自身的文化性与周围环境相融合。如岁寒三友松、竹、梅在许多文人雅士的私家园林中很得益，但松、柏则多栽于陵园中。

总之，园林植物的健康配置在遵循生态学原理的同时，还应遵循美学原理。此外，园林植物配置还可以根据需要结合经济性、文化性、知识性等内容，扩大园林植物功能的内涵和外延，充分发挥其综合功能，服务于人类。

二、园林生态系统的清洁养护

工业革命以前，人类充分享受自然生态系统提供的取之不尽、用之不竭的资源。工业革命以后，由于人类对生态平衡的重要性不了解，导致生态环境破坏，尤其近年来大规模的城市改造工程的开展，成年树木大量被砍伐，造成绿地中遮荫树种减少，同时，新建各类绿地中盛行“装饰”之风，过于分强调绿地的美化作用，整形修剪的花、灌木、草坪及艺术水平一般的雕塑占据大量的空间，忽视了人的基本需求，也降低了城市的绿化覆盖率和人文环境水平。随着可持续发展机制的深入，人们发现维持与保护生态服务功能是实现可持续发展的基础。园林生态系统作为一种生态系统，具有有机质的合成与生产、大气组成成分的调节、生物多样性的产生与维持、调节气候、营养物质贮存与循环、水资源保持与调节、土壤肥力的更新与维持、环境净化与有害有毒物质的降解、植物花粉的传播与种子的扩散、有害生物的控制、减轻自然灾害、基因资源保持、提供文化和娱乐等等方面的作用与功能；还有净化环境、产生与维持生物多样性、改善小气候、维持土壤自然特性、缓解各种灾害，为环境教育和公众教育提供机会和场所的作用。但是，由于自然因素（地震、台风、干旱、水灾、大面积的病虫害等）和人为因素（如城市建设中建筑物大面积占用园林用地、任意改变园林植物种类、任意摘叶折枝、扒树皮、砍大树、捕获树体中的昆虫等）造成园林生态失调，导致园林生态系统的功能不能充分发挥。因此，清洁和养护园林生态系统是维持园林景观不断发挥各种效益的基础。

（一）园林生态系统清洁养护的方法

1. 防止园林生态系统的污染　目前，生态环境问题仍然是四大公害（废气、废水、废渣和噪声污染）。对园林生态系统的清洁包括：①城市大气污染防治，采取的措施有：调整能源构成、开发新能源；合理城市工业布局；改进燃烧设备和燃烧方法；采用除尘装置，减少烟尘污染；减少机动车尾气污染。②防止城市水污染，包括加强水资源的保护，节约用水；重视园林系统废水排放量和污染物浓度。③园林固体废弃物处理，减少垃圾来源，及时妥善地处理固体废弃物。④噪声控制，包括降低或减弱噪声声源，控制噪声传播途径等。

2. 对园林植物进行管护

(1) 浇灌。园林植物，尤其是室内园林植物，由于不能直接接触雨水，因此，必须适时浇水，以保持植物体内的水分平衡。根据具体的植物生长环境采取自动浇灌或人工浇灌方式。通常，为防止土壤积水，影响植物呼吸，浇水时，特别是为盆栽植物浇水时要遵循一个基本原则：不干不浇，干透浇透。当然也不能过于干燥，否则花木就会出现萎蔫甚至枯死。浇水最好用河水、池水、井水或贮存的雨水等天然水，不要直接用自来水。因为自来水温度太低，尤其在炎热的夏天，水、气温差大对花木刺激亦大。另外，自来水经过漂白粉消毒，含有氯元素，对花木生长不利。

(2) 施肥。园林植物要想维持长期的正常生长，必须进行适时、适量施肥。施肥要针对不同的植物类型、同一类型的不同植物以及同一植物的不同生长发育阶段分别考虑施肥方式和施肥量。如植物苗期要多施氮肥；花芽分化和孕蕾阶段则需要较多的磷、钾肥；观叶植物应多施氮肥等等。由于许多园林植物生长相对缓慢，施肥时要少量多次；室内园林植物多是人工土壤栽培，为防止土壤盐分蓄积，应施偏酸性肥料，并要使用无臭味、无怪味肥料。

(3) 整形和修剪。整形和修剪是园林植物管理的一项重要措施。一方面，由于空间相对狭小，特别是受限制性空间，更要及时修剪整形，以保持植物的优美姿态和艺术造型，提高其观赏价值；另一方面，通过修剪还可以调整植物的生长状况，促进植物的生长、开花和结实等。

(4) 换植。园林植物的换植非常普遍，特别是受光线限制的植物，不能长期生长在低光强下。换植一方面可以维持良好的植物景观，另一方面还可以改变植物的景观形式、色彩等，体现更加丰富多彩的景象。

(5) 其他管护措施。室内园林植物的正常生长发育以及美好景观的维持，必须建立在良好的管理之上，如防治病虫害，及时进行松土和除草，以及盆栽植物的换盆，甚至有些叶片的除尘等。

此外，园林生态系统的清洁和管护还包括以下几个方面：

完善水体空间布局，创造宜人的亲水景观。处理好水体与绿化、建筑、道路、桥梁的关系。城市形成以中心城区块状绿地为核心，以三江六岸绿化为主线，近郊生态防护绿地和大面积的风景园林林地为基础。

对居住区内的植物景观进行精细的生态管护，保证居住区内有良好的生长条件，对环境较差的地段应进行重点管护，喜湿的草坪要适时浇灌，规则的植物造型要定期修剪等。

要保持道路植物的美学景观、生态效应的长期性，以及不影响交通及行走，进行连续的生态管护。保持植物的旺盛生命力，发挥景观效应和生态效应。植物，特别是城市道路用植物，必须进行人工管理，例如浇水、防治病虫害等等。在植物生长过程中，还要采取整枝、修剪等措施，保持植物的外部形态美，以保证达到最初设计时的效果。并可根据实际情况，组建更适合的植物景观，充分发挥生态效应、景观效应和社会效应。生态景观强调通过景观生态规划与建设来优化景观格局及过程，减轻热岛效应、水资源耗竭及水环境恶化、温室效应等环境影响。

庇荫地的生态管护，特别是人工庇荫地的管护，对维持良好的生态效应和景观效应是必需的。适时浇灌、及时施肥、除草和松土可保证植物的旺盛生长；对死亡植株及时清除并进行补植，以防破坏景观的协调统一；对于一些小乔木或灌木，要适时修剪，以防影响交通安全等等。

水体的生态管护，既要保持水体及周边植物的成活，还要及时调节水体与周围环境的关系，保持水体中植物适度，水体洁净，及时清理水体中的杂物和多余的水草等，适时修剪、补植等以维持其良好的外部景观。

屋顶植物的生态管护主要有两方面：一是保证植物的成活。屋顶花园的建设对管理提出了更高的要求，必须适时浇水、松土、施肥、修剪等。二是杜绝安全隐患，对容易被风吹走的植物类型及其附属设施要进行人工管护，保持植物的稳固性，防止其任意移动，以确保建筑物或房屋下行人或居民的安全；对于花盆或花桶等容器也要充分考虑被外界因素影响移动的可能，确保其稳定性，以避免对人类的伤害。

（二）园林生态系统清洁和养护应注意的问题

加大宣传力度，引导市民爱护身边的一草一木，积极支持和参与园林城市建设，在全社会形成重视园林生态系统清洁与养护的良好氛围，这是养好管好园林绿地的根本措施。从各级主要领导到负责基层园林绿化工作的人员；从市政园林部门到各企事业单位；从政府到市民，对城市园林绿化、美化、清洁与养护工作的重要性要形成共识。

城市园林的清洁、养护、管理要考虑经济的承受能力。例如20世纪90年代中期，大连颇具欧陆风情的城市景观风靡一时，许多城市刻意模仿，耗费了巨大的环境资源和经济实力；又如我国南方的一座“园林城市”，其城内有一条主干街道，是该市人大、政协、市政府所在的街道，道两边运用了大量需不断更换的花卉，3km长的道路一年的养护费就需30万元人民币。近年来，我国园林界提出生态园林的理论，其核心是以改善生态环境为最高目标，按照生态学规律，追求最大的投入产出比和多方面、多层次的产品，并使园林的生态和美学价值随时间增值。具体到园林植物的应用上，应进行合乎自然规律的植物群落配置，以便维持群落的相对稳定，降低人工养护费用。目前，已有越来越多的有识之士认识到应着力发展节水、节能、控制污染的园林植物，利用自然植被，摒弃刻意修饰的造园手法。

此外，研究城市生态环境保护政策，使城市生态环境有长效管理机制。积极推动市政、环卫、园林等行为市场化，运用市场经济手段，引导各种所有制单位、个人通过招投标、入股等方式，参与城市园林、绿地养护，减轻政府财政支出。

三、园林生态系统的监测

园林生态系统的监测指环境监测，包括环境污染监测和生态监测。

（一）环境污染监测

环境污染监测是间断或连续测定环境中污染物的浓度，分析和研究其变化对环境影响的过程。由于污染源强度、地理环境、气候条件的不同，排放的有害物质有化学活性、分散性、扩散性的差异，所以，污染的影响有些是短期性、急性的，有些则是长期性、慢性的或者是潜在性的。因此，要在一定范围内设置若干监测点，组成监测网监测污染物的浓度变化及影响，为环境治理和法规实施提供依据。

1. 环境污染监测的目的和任务

园林生态环境监测的目的是对园林生态环境状态和变化的监测与观察，分析和评价环境质量，根据监测结果制定治理对策和管理办法，评价防治措施和实施效果，确保环境管理法规的有效实施。环境监测的主要任务是：

（1）检验和判断环境质量是否符合国家规定的环境质量标准，定期提出环境质量报告书。

（2）判断污染源造成的污染影响，为环境法规实施提供数据，并评价防治措施的实施效果。

（3）确定污染物的浓度、分布状况、发展趋势和发展速度，掌握污染物的污染途径，预报环境状况，确定防治对策。

（4）研究污染物扩散模式。一方面用于新污染的环境影响评价，为决策部门提供数据；另一方面为环境污染的预测预报提供资料。

（5）积累旅游区内的长期监测数据，结合流行病的调查资料，为保护人民的健康，制定和修改环境质量标准提供科学依据。

2. 环境污染监测的原则 由于受监测手段以及经济、设备等方面条件的限制，环境污染监测不可能包罗万象，应根据需要和可能确定监测对象，并要坚持以下两条原则：

(1) 监测对象的选择。

①在实地调查的基础上，针对污染物的性质，选择毒性大、危害严重、影响范围大的污染物作为监测对象，同时，对于潜在性危害大的污染物要予以重视；②对被确定监测的污染物，必须采用可靠的测试手段和有效的分析方法，以便获得有效的检测结果；③对监测的数据能够做出正确的解释和判断，根据标准分析其危害程度，做出合理的评价，防止监测中的盲目性。

(2) 优先监测的原则。环境监测的项目很多，不可能同时进行，必须坚持优先监测的原则。首先要考虑的是污染物的危害性和迫切性，对影响范围大的污染物要优先监测；其次，要考虑局部的严重污染。

在大气污染监测中，根据以上两条原则以及《国家大气标准质量规定》，现阶段常规分析的指标有二氧化硫、硫化氢、二氧化碳、一氧化碳、氯化氢、烟尘和粉尘。

水污染监测的项目是水污染综合指标和单个污染物的浓度。综合指标主要有：水温、电导率、溶解氧、混浊度、化学需氧量（COD)、生化需氧量(BOD)、总需氧量（TOD)、总氮、总有机氮（TOC)、溶解性和悬浮性固体等。监测单个污染物的浓度的项目有氟、氨、硝酸根、硫酸根、氰化物、砷、镉、铅、汞、酚等。

3. 环境污染监测的方法

(1) 化学、物理监测。对污染物的监测，目前使用较多的是化学和物理方法，尤其是分析化学的方法在环境监测中得到广泛应用，例如，容量分析、质量分析、色谱分析等。物理方法发展也很快，如遥感技术在大气污染监测、水体污染监测等方面显示出特殊优越性，是地面逐点定期测定所无法比拟的。

(2) 生物监测。包括大气污染物中的生物监测和水体污染物中的生物监测。大气污染物中的生物监测有以下办法：利用指示植物的伤害症状对大气污染做出定性、定量的判断；测定植物体内污染物的含量，做出判断；观察植物的生理生化反应，如酶系统的变化、发芽率的变化等，对大气污染的长期效应做出判断；测定树木的生长量和年轮，估测大气污染的现状；利用某些敏感植物，如地衣、苔藓等作为大气污染的植物监测器。

水体污染中的监测方法有：利用指示生物监测水体污染状况；利用水生生物群落结构变化进行监测，同时可利用生物指数和生物种的多样性指数等数学手段进行监测；水污染的生物测试，即利用水生生物受到污染物的毒害作用所产生的生理机能变化，测定水质污染情况。

（二）环境生态监测

1. 生态监测的意义 随着经济的发展，诸如排放污染物所引起的人类健康问题、工业污染和不合理的资源利用所引起的环境质量下降、生物多样性加速丧失等生态问题已对人类社会的生存构成直接或潜在的巨大威胁，迫使人们采取各种措施预测、预防和解决生态问题，开展生态保护，而生态监测是生态保护得以实现的前提和基础。

实施生态建设，需要建立一套有效可行的生态监测方法，对生态系统的演化趋势、特性以及存在的问题进行监测、开展研究，对生态系统的运行状况进行动态的定量监测与控制。生态监测是一项新的工作，在我国，由于生态监测工作刚刚起步，基础设施差、底子薄，工作人员少。目前，除国家建立的生态监测点外，全国还没有进行系统的生态监测。因此，开展相应的工作，建立和完善生态监测体系是非常必要的。

园林生态系统监测是一种综合技术，它能够相对方便地收集整个园林生态系统中生命支持能力的数据，这些数据涉及人、动植物等。生态监测的实质是通过科学设计的时间和空间布局，采用可比的、连续的技术和方法，对生态系统各要素的结构与功能变化进行长期的综合观测和评价，不断地监测园林生态系统中各个组成部分的状况，确定改变方向和速度。

园林生态系统监测的主要目的是选择能够反映生态系统条件的指标来对各类生态资源的现状、变化及其趋势进行评价；对各类生态系统的环境污染物的暴露和生态条件进行监测，寻求自然、人为压力与生态资源条件变化间的联系，并探求生态资源退化的可能原因；定期地为政府决策、科研及公众等提供生态资源现状、变化及趋势的统计总结和解释报告。

2. 园林生态系统生态监测的任务

（1）对区域范围内珍贵的生态类型，包括珍稀物种和因人类活动所引起的重要生态问题的发生面积及数量，进行时间和空间上动态变化的监测。

（2）对人类的资源开发利用所引起的生态系统的组成、结构和功能变化的监测。

（3）环境污染物对生态系统的组成、结构和功能的影响监测，以及在食物链中的迁移、转化和传递的监测研究。

（4）对破坏的生态系统在人类的治理过程中生态平衡恢复过程的监测。

（5）通过监测数据的积累，研究上述各种生态问题的变化规律及发展趋势，建立数学模型，为预测预报和影响评价打下基础。

（6）为政府部门制定有关环境法规、进行有关决策提供科学依据。

(7) 寻求符合我国国情的资源开发治理模式及途径，以及保证我国生态环境的改善及国民经济持续协调发展。

3. 园林生态系统生态监测项目指标体系的建立 在园林生态系统中，选择一系列项目指标，来反映该生态系统的基本特征及主要的生态问题，是生态监测的主要内容和基本工作。可通过典型生态类型和重点生态监测实验逐步完善。

(1) 生态监测指标的选择。生态监测指标主要包括：①自然指标，包括自然景观、自然状况、自然因素等指标；②人为指标，包括人文景观、人为因素等指标；③一般性监测指标，包括重点生态监测指标、常规生态监测指标；④应急监测指标，包括自然力和人为因素造成的应急生态问题监测。

(2) 园林生态系统监测项目。根据以上原则，园林生态系统监测项目主要包括：园林建设布局、园林绿化面积、空气环境质量指标（气温、湿度、主导风向、风速、年间降水量及其时空分布、蒸发量、土壤温度梯度、有效积温、大气干湿沉降物的量及化学组成、大气中 CO_2 组成及动态、大气中有毒气体浓度及动态、日照和辐射强度等）、水环境质量指标（地面水化学组成、地下水水位及组成、地表径流量、水温、水深、水色、透明度、气味、酸碱度、重金属、亚硝酸盐、农药等）；园林人口密度、人类活动，沙尘暴的频度；自然景观、人文景观的保护及利用等；环境教育的普及程度等。

4. 生态监测方法 生态监测是指对生态系统中项目指标进行具体量测和定度，从而得出生态系统中某一项目的特征数据，通过统计分析，反映该项目指标可采用多种监测方法进行定性定量分析。在选择监测方法时，要注意现有的条件，结合实际选择出最佳监测方案。监测方案大致按以下几点内容编制：①监测目的；②监测方法及使用设备；③监测场地描述（土壤类型、植被、海拔、经纬度、面积等）；④监测频度；⑤监测起止时间、周期；⑥数据的整理（观测数据、实验分析数据、统计数据、文字数据、图形数据、图像数据），编制生态监测项目报表；⑦监测人员及监测要求（监测依据、执行标准、人员持证监测）。

第二节　园林生态系统的调控原理、机制和原则

一、调控的生态学原理

(一) 园林生态系统调控的目的和意义

园林生态系统的调控是以生态学原理为指导，利用绿色植物特有的生态功

能和景观功能，创造出既能改善环境质量，又能满足人们生理需要和心理需要的自然景观。在大量栽植乔、灌、草等绿色植物，发挥其生态功能的前提下，根据环境的自然特性、气候、土壤、建筑物等景观要素的要求进行植物的生态配置和群落结构设计，达到生态学上的科学性、功能上的综合性、布局上的艺术性和风格上的独特性，同时，还要考虑人力、物力的投入量。因此，园林生态系统的建设必须兼顾环境效应、美学价值、社会需求和经济合理的需求，确定园林生态系统的目标以及实现这些目标的步骤等。

园林生态系统规模宏大、结构复杂、功能多样，是以人的行为为主导、自然环境为依托、资源流动为命脉、社会体制为经络的规模宏大、结构复杂、功能多样的人工环境系统，它具有自然、社会、经济等多阶层性、开放性，各层级内部和层级之间，关系复杂。人与自然之间有适应、抑制、改造、促进关系；人对资源有开发、利用、贮存、扬弃、恢复、补偿等关系；生物间有竞争、捕食、寄生、共生等关系。只有通过调控才能协调各种关系。

园林生态环境系统运行以人为主体，具有主动性、积极性。从生态学的观点来看，园林是一个人、物、空间融为一体，生产、生活相辅相成的新陈代谢体。它的基本特点是由相互联系的各部分组成，具有系统性、有机性、决策性。它以人为中心，以人的根本利益为目的，能自我调节，有再生和决策能力，与周围环境协同进化，是生长和运动着的有机体的体系。园林中人的作用主动、积极、活跃，增加了生产、生活的多样性。各组分之间密切关系，各条块之间横向联系。人口流动、物质循环的整体性功效及环境变化的区域性影响，使系统中生产的量与生活的质之间，资源利用与环境负载能力之间，园林系统内部之间，眼前利益与长远利益之间的矛盾，需要通过人的决策行为进行调节控制。探讨提高园林的综合效益，减少园林的生态风险，创造园林的发展机会。

园林生态系统的生产着眼于局部而不是整体功能；条块间缺乏必要的共生关系和物质能量的多层分级利用功能；系统的自我调节能力差，多样性低。所以要利用生态学原理和最优化方法调节系统内部各等级、各组分间的关系，提高物质转化和能量利用的生态效率，开发未被园林利用的环境资源，达到平衡协调持续发展。

园林生态系统调控就是根据自然生态系统高效、和谐原理去调控园林生态环境的物质、能量流动，使之达到平衡、协调的目的。

（二）园林生态系统调控的生态学原理

自然生态系统的优化原理很多，归纳起来不外乎两条：一是高效，即物质、能量的高效利用，使系统生态效益最高；二是和谐，即各组分之间关系的协调融洽，使系统演替的机会最大而风险最小。所以园林生态系统调控是根据自然生态系统的高效、和谐原理，即靠共生、竞争、自然选择来自我调控各种生态关系，达到系统整体功能最优，同时通过规划、法规、制度、管理来人为控制。

1. 生态工艺原理 根据自然生态系统结构与功能相适应，物质分解、转化、富集、再生循环不断；生物共生竞争，协同共生竞争，协同进化的生态学原理，结合系统工程，涉及多层次和循环利用的工艺流程，通过技术改造，解决资源低效利用问题，达到高效目的，即高的生态经济效益。其高效生态工艺原理包括：循环再生、协同共生和生态选择。

（1）循环再生。依据生物圈生态系统食物链结构原理，生物圈中的物质是有限的，原料、产品和废物的多重利用和循环再生是生物圈生态系统长期生存并不断发展的基本对策。生物圈生态系统中，绿色植物从环境获得营养元素，通过食物链，转移给其他生物重复利用，最后被微生物分解与转化回到环境中，进行再循环。为此，生态系统内部必须形成一套完善的生态工艺流程。

园林环境系统污染、资源短缺问题的内在原因，在于系统内部缺乏物质和产品的这种循环再生机制，致使资源利用效率和环境效益都不高。只有将园林生态系统中的各条“食物链”接成环，使物质在系统内循环利用，减少废物的排放——废物处理后再利用。在园林系统废物和资源之间、内部和外部之间搭起桥梁，才能提高园林的资源利用效率，改善园林的生态环境。

（2）协同共生。依据是共生协同进化原理。共生指不同种的有机体或子系统合作、共存、互惠互利的现象。共生导致有序，生态效益高。共生的结果使所有共生者都大大节约了原材料、能量和运输，系统获得多重效益。共生者之间差异越大，系统的多样性越高，从共生中获得的收益也就越大。因此，单一功能的土地利用，其内部多样性低，共生关系薄弱，生态系统效益不高。所以要提高园林生态系统的经济效益就要建立共生关系，发展多种经营。可用园林生态规划的方法，通过调整关系，解决系统关系不合理的问题，达到系统和谐的目标。

（3）生态选择。依据因地制宜，占领生态位原理，要尽可能抓住一切可以利用的机会，占领一切可利用的生态位，包括生物、非生物（理化）环境、社会环境的选择。要有灵活机动的战略战术，善于用现有的力量和能量去控制和引导系统。善于因势利导地将系统内外一切可以利用的力量和能量转到可利用的方向。

生态工艺原理的基本思想是变对抗为利用，变征服为驯服，变控制为调节，以退为进，化害为利，顺应自然，尊重自然，因位制宜。

2. 生态协调原理　依据自然生态系统生物与生物之间，生物与环境之间的协同共生、相生相克、自生趋适、最适功能与最小风险的原理，提出用生态管理的方法，通过行为引导、生态规划、调整关系、解决系统不协调和自我调节能力低下的问题，用生态协调原理增强调节能力，达到系统和谐协调，整体生命力增强的目标。

维持园林生态平衡的关键，在于增强园林系统的自我调节能力，协调各种关系，其基本原理包括：

（1）整体优化和最适功能原理。园林生态系统是一个自组织系统，其演替的目标在于整体功能的完善，而不是其组分的增长。要求一切组织增长必须服从整体功能的需要，其产品的功效或服务目的是第一位的。随着环境的变化，管理部门应及时调整产品的数量、品质、质量和价格，以适应系统的发展。

（2）最小风险定律。能量流经生态系统的结果不是简单的生死循环，而是一种螺旋式的上升演替过程。其中虽然绝大多数能量以热的形式耗散了，但却以质的形式储存下来，记下了生物与环境相适应的信息。在长期的生态演替过程中，只有生存在与限制因子上、下限相距最远的生态位中的那些种，生存机会才大。因此，现存的物种是与环境关系最融洽、世代风险最小的物种。限制因子原理告诉我们，任何一种生态因子在数量和质量上的不足和过多，都会对生态系统的功能造成损害。

园林提高了人类的生活质量，但是这一人工生态系统也为生产与生活的进一步发展带来了风险。要使经济可持续发展，生活质量稳步上升，园林生态系统也应采取自然生态系统的最小风险对策，调整人类活动使其处于上、下限风险值相距最远的位置，使其风险最小，园林系统长远发展的机会最大。

园林生态学的任务，就是利用自然生态的原理和最优化方法去调节园林系统内部各组分的关系，提高物质转化和能量利用效率，促进园林系统持续高速度发展。

二、调控机制

园林生态系统一方面从自然生态系统继承了自我调节能力，保持一定的稳定性；另一方面它在很大程度上受人类各种技术手段的调节。充分认识园林生态系统的调控机制和调控技术，有助于建立高效、稳定、整体功能良好的园林生态系统，有助于保护和利用现有园林资源，提高系统生产力。

(一)调控机制的基本特点

1. 兼有中心式调控和非中心式调控两种机制 自然生态系统没有形成专用的信息通道,也没有形成一个高速的信息加工和传输中心。自然生态系统的信息网是叠加在动物、植物、微生物、水体、土体、气体组成的能量和物质转化主体上的一个分散信息网。因而信息传输速度较慢,也没有明确的系统预定目标。然而,依靠这个信息网,自然生态系统有效地协调着整个系统的发展、演替和进化,使系统的有序性不断提高。这种调控机制称为非中心式调控机制,见图6-1。

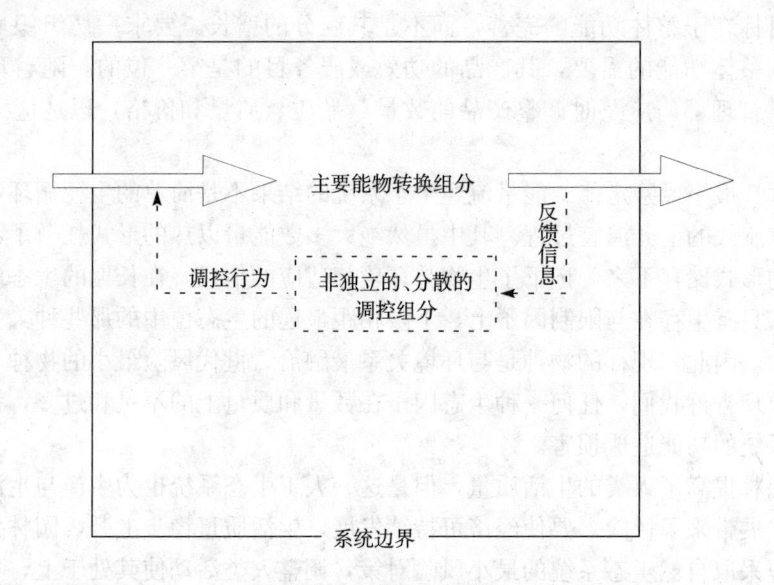

图6-1 非中心式调控机制

人工控制系统的调节控制则充分利用专用的信息系统,在信息中心高速处理信息,在专用的信息通道高效传输信息,并按人为设定目标较迅速地调节主要的能量和物质转化部分的状态和变化。这就是中心式调控机制,见图6-2。

园林生态系统是一个人工管理的生态系统,既有自然生态系统的属性,又有人工管理系统的属性。因此,它既有自然生态系统的非中心式调控机制,又叠加了人工设置的中心式调控机制。了解和掌握园林生态系统调控机制的这一特点,就会有效地避免非中心式调控机制中由于很多组分受到人类干扰,自控能力减弱的问题,又能有效地避免中心式调控机制中由于受控的对象复杂,投入不足等原因,控制不够完善的问题。使两套调控机制取长补短,相互协调,对整个系统的调控事半功倍。

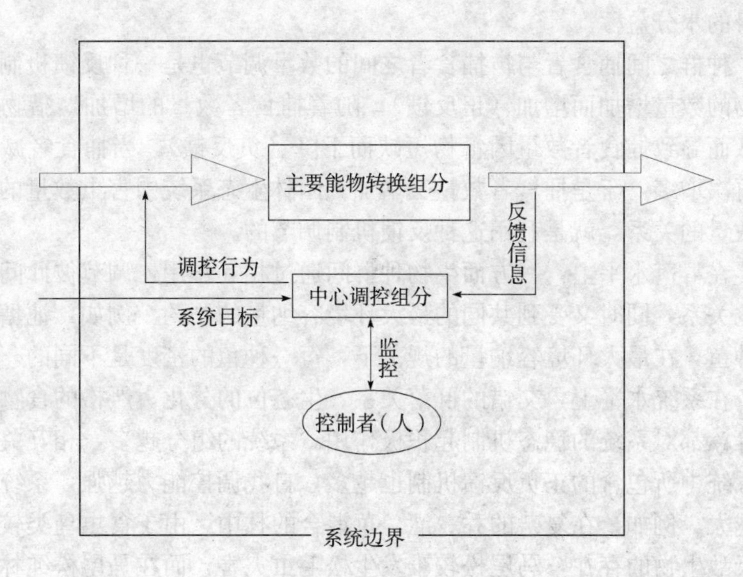

图 6-2　中心式调控机制

2. 园林生态系统的调控有 3 个层次　从自然生态系统继承的非中心式调控机制是园林生态系统的第一层调控。这个层次的调控通过生物与其环境，生物与生物的相互作用，生物本身的遗传、生理、生化机制来实现。园林生态系统的第二层调控是由系统的经营管理人员通过中心调控组分，应用调控技术手段，投入辅助能直接控制实现的。园林生态系统的第三层调控是社会间接调控。这一层次通过社会的财政、金融、工交、通信、行政、司法、科教等系统影响第二层次的经营管理人员的决策和行动，从而实现对园林生态系统的间接调控。了解和掌握园林生态系统调控机制的层次特点，有助于我们主动认识规律，自觉服从规律，科学地应用规律，通过有效的调控实现系统的高效有序运行。

（二）自然调控机制

园林生态系统的自然调控机制是从自然生态系统中继承下来的生物与生物、生物与环境之间存在的反馈调控、多元重复补偿稳态调控机制。如光温对园林植物生长发育的调节作用，林木的自疏现象等。

1. 反馈机制　园林生态系统具有多种正负反馈机制，能在不同的层次结构上行使功能控制。

（1）在个体水平上，通过正负反馈，使得个体与环境、个体与群体之间保持一定的协调关系。如树木通过膨压变化、气孔开闭，形成角质层以至落叶等调节自身的水分盈亏。

(2) 种群之间捕食者与被捕食者之间的数量调节也是一种反馈机制。捕食者因猎物的数量增加而增加（正反馈）；随着捕食者数量的增加，猎物会逐渐减少，从而导致捕食者数量因食物短缺而下降（负反馈）。当捕食者减少，猎物可能再次增多，于是捕食者数量又增加。园林生态系统中害虫数量的增长与其天敌数量的关系，就是利用这种反馈机制调节的。

(3) 在群落水平上，一方面生物种群间通过相互作用，调节彼此间种群数量和对比关系，同时又受到共同的最大环境容纳量的制约。例如，池塘中同时放养各种鱼，在最大环境容纳量的规范下，每一种鱼的密度是不同的。

(4) 在系统水平上，交错的群落关系、生态位的分化、严格的食物链量比关系等等，都对系统的稳态机制起积极作用。系统的组分越多，相互关系越复杂，则系统中所包含的正负反馈机制也越多，自我调控能力越强，系统的稳定性也就越大。例如，在复杂的乔、灌、草混合的林中，由于食虫鸟类较多，加上其他天敌生物的存在，马尾松较难发生松毛虫灾害；而在马尾松纯林中，则最易发生松毛虫灾害。

生态系统的反馈机制，其作用是有一定限度的。系统在不降低和不破坏其自动调节能力的前提下所能忍受的最大限度的外界压力，称为生态阈值。外界压力包括自然灾害、不利环境因素的影响等自然力，也包括人力的获取、改造和破坏。例如，每一座森林的采伐有一定的限度，应控制采伐量，使之低于生长量。

2. 多元补偿重复 多元补偿重复是指在生态系统中，有一个以上的组分具有完全相同或相近的功能，或者说在网络中处在相同或相近生态位上的多个组成部分，在外来干扰破坏其中一个或两个组分的情况下，另外一个或两个组分可以在功能上给予补偿，从而相对地保持系统的输出稳定不变。例如，同一种食草动物常消费众多种类的植物，同一种生物残体为数以百计和各种大小的生物所分解利用等等。这就使得生态系统在遇到干扰后，仍能维持正常的能量和物质转换功能。这种多元重复有时也理解为生态系统结构上的功能组分冗余现象。

生态系统中的反馈机制和多元补偿重复往往同时存在，使系统的稳定性得以有效地保持。这些自然调控相对人为调控来说，往往更为经济、可靠和有效，对保护生态环境更为有利。

（三）人为调控机制

人为调控机制是指生态系统在自然调控的基础上，受人工的调节与控制，人工调节遵循生态系统的自然属性，利用一定的技术和生产资料，加强系统输入，改变生态环境，改变生态系统的组成成分和结构，以达到加强系统输出的目的。生态系统的调控的本质就是对系统组成和结构的调控。

（1）利用调控技术手段，对系统的组成、结构和机能进行直接调控。直接调控包括环境改造、品种布局、输入安排、产出计划、改善灌溉条件等。这种调控机制直接影响园林生态系统的组成和结构，调节见效快。

（2）利用社会因素对园林生态系统进行间接调控，如政策导向、资金投放等。这种机制的作用虽然不是直接的，且往往作用过程慢，但它是通过影响生态系统的组成、结构及功能的人而发挥作用，因而这一调控机制往往波及面大，影响深远，必须正确运用这一机制。

三、调控原则

园林生态系统是一个半自然生态系统或人工生态系统，在其调控的过程中必须从生态学的角度出发，遵循以下生态学的原则，才能建立起满足人们需要的园林生态系统。

1. 森林群落优先建设原则　在园林生态系统中，如果没有其他的限制条件，应适当优先发展森林群落。因为森林能较好地协调各种植物之间的关系，最大限度地利用当地的各种自然资源，是结构最为合理、功能健全、稳定性强的复层群落结构，是改善环境的主力军；同时，建设、维持森林群落的费用也较低，因此，在调控园林生态系统时，应优先建设森林。在园林生态环境中，乔木高度在5m以上，树冠覆盖度在30%以上的类型为森林。如果特定的环境不是建设森林，或不能建设森林，也应适当发展结构相对复杂、功能相对较强的森林型植物群落。

2. 地带性原则　任何一个群落都有其特定的分布范围，同样，特定的区域往往有特定的植物群落与之相适应。也就是说，每一个气候带都有其独特的植物群落类型，如高温、高湿地区的热带典型的地带性植被是热带雨林，四季分明的湿润温带典型的地带性植被是落叶阔叶林，气候寒冷的寒温带则是针叶林。园林生态系统的调控要与当地的植物群落类型相一致，才能最大限度地适应当地的环境，保证园林植物群落调控成功。

3. 充分利用生态演替理论　生态演替是指一个群落被另一个群落所取代的过程。在自然状态下，如果没有人为干扰，演替次序为杂草→多年生草本或小灌木→乔木等，最后达到“顶级群落”。生态演替可以达到顶级群落，也可以停留在演替的某一个阶段。园林工作者应充分利用这种理论，使群落的自然演替与人工控制相结合，在相对小的范围内形成多种多样的植物景观，既丰富群落类型，满足人们对不同景观的观赏需求，又可为各种园林动物、微生物提供栖息地，增加生物种类。

4. 保护生物多样性原则 生物多样性通常包括遗传多样性、物种多样性和生态系统多样性3个层次。物种多样性是生物多样性的基础，遗传多样性是物种多样性的基础，而生态系统多样性则是物种多样性存在的前提。保护园林生态系统中生物多样性，就是对原有环境中的物种加以保护，不要按统一格式更换物种或环境类型。另外，应积极引进物种，并使其与环境之间、各生物之间相互协调，形成一个稳定的园林生态系统。当然，在引进物种时要避免盲目性，以防生物入侵对园林生态系统造成不利影响。

5. 整体功能原则 园林生态系统的调控必须以整体功能为中心，发挥整体效应。各种园林小地块的作用相对较弱，只有将各种小地块连成网络，才能发挥更大的生态效应。另外，将园林生态系统建设成为一个统一的整体，才能保证其稳定性，增强园林生态系统对外界干扰的抵抗能力，从而大大减少维护费用。

第三节　园林生态系统的调控技术

园林生态系统是一个开放的人工生态系统。与其他人工生态系统一样，也是由生物与其生存的环境组成的相互作用或有潜在相互作用的统一体。园林生态系统的环境组分包括气候、土壤和水分，生物组分是指人类及其他生物类群。在组成系统的诸元素中，有些是人为可以控制的可控因子，如生物组分和环境质量组分中的水分和养分，而气候在目前的技术条件下无法直接进行人为控制，属于非可控因子，但通过一些适当的措施，可以营造一个相对适宜的健康的生态系统。通过物理、化学和生物措施等的应用，来调控园林生态系统，达到建立起光、热、水、气、土壤和各种生物的生态平衡，使经济、生态和社会三大效益相统一。但是人工调控必须按照生态学原理来进行，才能既可以满足目前需要，又能促进园林生态系统的良性发展。

一、个体调控

园林生态系统的个体调控是指对生物个体，特别是对植物个体的生理及遗传特性进行调控，以增加其对环境的适应性，提高其对环境资源的转化效率。主要表现在新品种的选育上。

我国的植物资源丰富，通过选种可大大增加园林植物的种类，而且可获得具有各种不同优良性状的植物个体，经直接栽培、嫁接、组培或基因重组等手段产生优良新品种，使之具有较高的生产能力和观赏价值，又具有良好的适应性和抗逆性。同时，从国外引进各种优良植物资源，也是营建稳定健康的园林植物群落的物质基础。

但是应注意，对于各种新物种的引进，包括通过转基因等技术获得的新物种，一定要谨慎使用，以防止其变为入侵种对园林生态系统造成冲击而导致生态失调。

二、群体调控

园林生态系统的群体调控是指调节园林生态系统中个体与个体之间、种群与种群之间的关系，充分了解园林植物之间的关系，特别是园林植物之间、园林植物与园林环境之间的相互关系，在特定环境条件下进行合理的植物生态配置，形成稳定、高效、健康、结构复杂、功能协调的园林生物群落，是进行园林生态系统调控的重要内容。具体措施主要包括：①密度调节，如调节园林系统中植物种植密度等；②前后搭配调节，如林木的更新；③群体种类组成调节，如立体种植、动物混养、混交林营造等；④采用化学调控对系统的生物组分进行调节。它包括两个大方面，一是利用肥料、生长调节剂、生物菌肥等对园林植物生长的调节；二是利用除草剂、杀虫剂、杀菌剂、园林益虫等对病虫草害的调控。

三、环境调控

环境调控就是利用农业技术措施改善生物的生态环境，达到调控的目的。它包括对土壤、气候、水分、有利有害物种等因素的调节。其主要目的是改变不利的环境条件，或者削弱不良环境因子对生物种群的危害程度。具体表现在运用物理（整地、剔除土壤中的各种建筑材料等）、化学（施肥、使用各种化学改良剂等）和生物（使用有机肥、利用赤眼蜂和七星瓢虫等益虫防治害虫等）等方法改良生物生存的环境条件；通过各种自然或人工措施调节气候环境（利用温室、大棚、人工气候室等保存、种植园林植物）；通过增大水域面积，喷灌、滴灌等方法直接改善生物生存的环境的水分状况。

四、其他调控技术

1. 适当的人工管理　园林生态系统是在人为干扰较为频繁的环境下的生

态系统，人们对生态系统的各种负面影响必须通过适当的人工管理来加以补偿。当然，有些地段特别是城市中心区环境相对恶劣，对园林生态系统的适当管理更是维持园林生态平衡的基础。而在园林生物群落相对复杂、结构稳定时可适当减少管理的投入，通过其自身的调控机制来维持。

2. 生态环境意识的普及与提高 加强法制教育，依法保护生态，大力宣传，提高公众的生态意识，是维持园林生态平衡，乃至全球生态平衡的重要基础。要加强生态环境宣传教育，树立牢固的环境意识和环境法制观念，为保护环境与资源，维持生态平衡做贡献；参与监督、管理、保护环境的公众活动；积极开展以《环境保护法》为主的各类宣传教育活动，让人们认识到园林生态系统对人们生活质量、人类健康的重要性，从我做起，爱护环境，保护环境。另外，在工业上推广不排污或少排污的工艺，推行废水、废气、废渣的回收利用；在园林植物的管护时推广节水、节肥、节农药以及生物防治病虫害等技术；积极调整能源结构，积极推广太阳能、风能等“洁净”能源。并在此基础上主动建设园林生态系统，真正维持园林生态系统的平衡。

3. 系统结构调控 指利用综合技术与管理措施，协调不同种群的关系，合理组装成新的复合群体，使系统各组分成分间的结构与功能更加协调，系统的能量流动、物质循环更趋向合理。

从系统构成上讲，结构调控主要包括3个方面：①确定系统组成在数量上的最优比例；②确定系统组成在时间、空间上的最优联系方式，要求因地制宜、合理布局园林系统的配置；③确定系统组成在能流、物流、信息流上的最优联系方式，如物质、能量的多级循环利用，生物之间的相生、相克配置等。

4. 设计与优化调控 随着系统论、控制论的发展和计算机应用的普及，系统分析和模拟已逐渐地应用到生态系统的设计与优化之中，使人类对生态系统的调控由经验型转向定量化、最优化。

复习思考题

1. 试述园林生态系统健康的概念。园林生态系统健康管理的本质是什么？
2. 何为生物多样性？生物多样性包含哪些层次？试述生物多样性的意义。
3. 简述园林生态系统清洁养护的方法。园林生态系统清洁和养护应注意哪些问题？
4. 环境污染监测要把握哪些原则？简述环境污染监测的主要方法。
5. 用自己的语言叙述生态监测的概念，简述生态监测的意义和方法。
6. 简述园林生态系统调控的生态学原理。

7. 你如何认识园林生态系统的调控机制？简述不同调控机制的优缺点，谈谈如何利用这些机制调控园林生态系统。

8. 简述园林生态系统的调控技术。

第七章　园林生态规划与设计

人类只有一个地球，地球是我们的家园，也是所有生灵的家园。自工业革命以来，人类以牺牲环境为代价，大肆掠夺自然资源，贪婪地向自然界索取，创造了辉煌的物质文明，但作为人类赖以生存的环境却受到严重的污染与破坏，人类面临严峻的生存危机和发展挑战。我国自1978年改革开放以来，经济上取得了举世瞩目的成绩，工业迅猛发展，国民经济持续繁荣，人民生活水平极大提高。在这样的发展背景下，国人比以往任何时候都更向往园林城市、生态城市、田园城市，园林生态规划与设计的呼声越来越高，生态规划已成为世界各地城市建设和规划研究的热点。

园林生态规划与设计首先要树立正确的生态观念，了解生态规划思想的由来，园林生态规划和园林生态设计的涵义及其原则，园林生态规划的步骤和园林生态设计的范畴，学习中国现代园林生态规划设计的典型案例，从区域生态系统的整体性出发，进行园林规划与设计。通过园林生态系统的整体建设，实现区域环境的改善，尤其是人居环境的改善。

第一节　园林生态规划

生态规划与设计的思想可以追溯到19世纪中叶，早期的生态规划多集中在农业景观规划和城市景观规划。一些颇有远见卓识的学者在不断反思的过程中，逐渐认识到自然保护的重要性和景观价值，提出景观、生态是一个自然的系统，并开始了生态规划的初步尝试。从20世纪初至中叶，出现了大量涉及开放空间系统、城市公园及国家公园的规划设计。生态思想渗透到规划领域，为规划注入了活力。到20世纪70年代，生态与环境已得到大众的广泛关注，生态规划也受到人们的普遍认同。

一、园林生态规划的涵义

1. 生态规划的含义　要理解园林生态规划的涵义，首先必须要了解什么是生态规划。有关生态规划的理解，不同国家不同学者各抒已见、观点不一。

被誉为生态规划设计之父的美国宾夕法尼亚大学的伊恩·麦克哈格（Ian Mcharg）在他的《结合自然的设计》一书中写道："生态规划是在认为有利于利用的全部或多数因子的集合，并在没有任何有害的情况下或多数无害的条件下，对土地的某种可能用途，确定其最适宜的地区。符合此种标准的地区便认定其本身适宜于所考虑的土地利用。利用生态学理论而制定的符合生态学要求的土地利用规划称为生态规划。"可见土地利用规划在生态规划中占有重要的地位。日本学者通常将生态规划定义为生态学的土地利用规划，而欧美国家的生态规划更侧重于城市生态规划。

结合我国的实际情况，本教材认为生态规划可理解为：应用生态学的基本原理，根据经济、社会、自然等方面的信息，从宏观、综合的角度，参与国家和区域发展战略中长期发展规划的研究和决策，并提出合理开发战略和开发层次，以及相应的土地及资源利用、生态建设和环境保护措施。从整体效益上，使人口、经济、资源、环境关系相协调，并创造一个适合人类舒适和谐的生活与工作的环境。

2. 园林生态规划的涵义 园林生态规划概念在中国的兴起不过短短20余年，如今却已成为行业内最时髦的术语。什么是园林生态规划呢？园林生态规划的涵义可从广义和狭义两个层面去理解。

广义的园林生态规划是从区域的整体性出发，在大范围内进行园林绿化，通过园林生态系统的整体建设，使区域生态系统的环境得到进一步改善，特别是人居环境的改善，促使整个区域生态系统向着总体生态平衡的方向转化，实现城乡一体化，大地园林化。

狭义的园林生态规划主要是以城市（镇）为中心的范围内，特别是在城市（镇）用地范围内，根据各种不同功能用途的园林绿地，进行合理布置，使园林生态系统改善城市小气候，改善人们的生产、生活环境条件，改善城市环境质量，营建卫生、清洁、美丽、舒适的城市。

由此可见，园林生态规划的任务应包括确定城市各类绿地的用地指标，选定各项绿地的用地范围，合理安排整个城市园林生态系统的结构和布局方式，研究维持城市生态平衡的绿地覆盖率和人均绿地等，合理设计群落结构、选配植物，并进行绿化效益的估算。

二、园林生态规划的原则

1. 自然优先原则 保护自然景观资源和维持自然景观生态过程及功能，是保护生物多样性及合理开发利用资源的前提，是景观持续性的基础。自然景观资源包括原始自然保留地、历史文化遗迹、森林、湖泊以及大的植物斑块等，它们对保持区域基本的生态过程和生命维持系统及生物多样性保护具有重要意义，因此，在规划时应优先考虑。

2. 整体优化原则 各类园林绿地是构成园林生态系统的单元，其独立的功能相对较弱。园林规划时应把园林生态系统作为一个统一的整体来考虑，实现整体结构优化，才能最大限度地发挥整体功能，达到最好的生态效应，并保证园林生态系统的稳定性与协调性，增强系统自身对外界干扰的抵抗力，从而大大减少维护费用，取得环境生态效益、社会效益和经济效益的同步增进。

3. 地带性原则 任何一个群落都有其特定的分布范围，使得不同地域具有不同的植物群落类型，从而形成植物群落地带性分布的特点。如从南到北，典型的地带性植被有热带雨林、常绿阔叶林、落叶阔叶林、针叶林等。园林生态规划时，应根据地域的不同合理配置园林植物，以乡土植物为主，并以当地的主要植物群落类型为基础，构建多彩、多层次、立体、群落类型丰富的绿地景观，使园林生态系统以最大限度地适应当地的气候、土壤等环境条件，保护乡土植物和乡土生物多样性。

4. 多样性原则 多样性是指一个特定系统中环境资源的变异性和复杂性。生物多样性通常包括遗传多样性、物种多样性和生态系统多样性3个层次。园林生态规划应坚持生物多样性原则，保持园林绿地类型、结构、组成等方面的多样与变化，尤其是物种多样性，这是园林生态规划的准则。因为物种多样性是生物多样性的基础，其存在的前提则是生态系统多样性。保护园林生态系统中的生物多样性，就是要对原有环境中的物种加以保护，不要按统一格式更换物种。此外还应积极引进新物种，但引种时要注意外来物种对原有园林生态系统格局安全的影响。

5. 针对性原则 不同地区、不同类型的园林绿地常具有不同的个体特征，其差异反映在绿地生态系统的结构与功能上，故生态规划的目的也不尽相同。如为保护生物多样性的自然保护区设计、为维持良好环境的城市绿地系统规划等等。因此，园林生态规划时一定要因地制宜，体现地方特色，突出园林绿地的生态、社会功能，以人为本，充分考虑人的需求，同时注重自然保护。规划时，资料的收集与整理应该有所侧重，针对绿地功能确定规划思想与原则。

三、园林生态规划的步骤

有关园林生态规划的步骤目前尚无统一的标准。结合景观生态规划以及园林规划的步骤，本教材认为园林生态规划包括以下基本步骤。

（一）园林环境生态调查

园林环境生态调查是园林生态规划的首要工作，是关系园林生态系统建设成败的关键。其主要目标是收集规划区域的资料与数据，目的在于了解规划区域的气候、地形地貌、土壤、水文、生物、社会文化等状况，从而获得对区域园林生态系统的整体认识，为以后的规划工作奠定资料基础。

园林环境生态调查的方法有历史资料的收集、实地勘察、社会调查、遥感及计算机数据库。比如区域环境绿化或大型风景区的规划常用到遥感技术。值得注意的是，资料的收集不仅要重视现状、历史资料及遥感资料，更要重视实地考察，获得第一手资料。

1. 土壤调查　土壤是园林植物生长的基础，园林生态系统植物的选配与群落的设计很大程度上取决于土壤条件。土壤调查通常包括土壤类别、土壤质地、土壤肥力、土层厚度、土壤结构、土壤酸碱性、土壤孔性等内容。数据的获得必须借助室内的土壤分析技术。

2. 气候调查　气候是园林植物能否正常生长发育的首要条件。气候调查通常包括大气候和小气候两个方面。大气候调查一般包括区域大气温度、大气湿度、降雨量、日照强度、风向与风速等内容。小气候调查则包括诸如城市所形成的特殊小气候，城市热岛、城市风等，以及局部地形、建筑物、植物群落内部、小型水体等因素形成的特殊小气候。植物既要适应大气候，也要适应小气候才能良好地生长发育。

3. 地形调查　地形的变化常导致光、热、水等其他环境因子的重新分配，从而对园林植物的生长发育产生很大影响。充分了解园林环境的海拔、坡向、坡度、地势等地形条件，对园林生态整体规划、植物类型的选择、植物群落的设计具有重要意义。

4. 水文调查　水文调查主要包括江、河、湖泊等地表水体和地下水体，以及它们的分布情况等内容。江河是生态系统的重要廊道，对物种流动、信息传递等具有重要功能。了解地表水和地下水的变化规律及侵蚀和沉积作用对园林生态规划是十分有帮助的。

5. 生物调查　植物和动物是园林生态系统主要的组成要素，园林绿地在为人服务的同时也应该为动、植物提供良好的栖息地。所以，园林生态规划也强调对生物的调查，主要内容包括生物群落、植物、鸟类、兽类、两栖类、爬行类、鱼类、昆虫以及园林微生物等等。

6. 文化调查　文化调查包括社会影响、政治和法律约束以及经济因素等。地方的财力物力、市民的态度和需求、历史文化价值、环境质量标准、土地价值、地方增长潜力等因素都会对园林生态规划产生影响。

园林生态规划强调人是园林生态系统最重要的组成部分，同时也注重人类活动与园林生态系统的相互影响和相互作用。因为无论是过去的还是现在的以及将来的园林生态系统结构和各种环境问题都与人类活动相关，是人类活动的直接或间接结果。

（二）园林环境生态分析

园林环境生态分析主要是对园林生态系统的结构和功能进行分析，研究不同园林生态子系统之间的时空关系，物种的分布与流动，子系统的大小、形状、数量和类型，以及子系统之间的能量流动（能流）、物质循环（物流）和信息传递（信息流）。

园林环境生态分析对园林生态规划具有重要意义。因为园林生态规划的中心任务是通过已有园林生态因子的重新组合或引入新的绿地组分来调整或构建新的园林生态系统，以增加整个系统的多样性和稳定性。

由于人类活动长期改造的结果，园林生态系统的组成、结构和生态过程（物流能流）都带有强烈的人为特征，所以在园林生态规划时一定要注意处理好人与自然的关系，充分考虑人的需求，维护自然生态过程，实现人与自然的和谐发展。

（三）园林生态规划方案的制定

园林生态规划方案的制定，首先应在园林环境生态调查与分析的基础上确定园林生态规划的思想和原则，然后合理布局各项园林绿地，确定其位置、性质、功能、范围和面积。再根据该地区生产、生活水平及发展规模，研究园林绿地建设的发展速度与水平，拟定园林绿地各项定量指标，并编制园林生态规划的图纸和文件。

（四）园林生态规划方案的评价

园林生态规划方案的评价目前尚无统一的体系标准，一般可以从生态、环境、美学、文化、社会、经济、可持续发展、公众喜好等方面进行评价。对被选方案的评价结果可以用表格的形式来表达，也可用计算机制图来表示，供决策者参考。

特别一提的是公众的参与。一个规划的成功很大程度上取决于有多少公众参与其决策过程，公众教育和参与是园林生态规划必不可少的部分。公众参与应贯穿整个生态规划全过程，而不是方案确定之后向公众的展示。园林生态规划必须考虑规划项目涉及的各方利益主体，解决公众关心的焦点问题，体现公众意愿，获得公众支持，使园林生态规划更具实效性、可行性和持久性。

（五）园林生态规划方案的实施

园林生态规划方案确定后，需要制定详细的实施措施，促使规划方案的全面执行，采取的战略战术及程序，实现园林生态规划中确定的目标。园林生态规划是一个动态的过程，随着时间的推移，客观情况的变化，还需要对原有的园林生态规划进行调整、充实、修正和提高，提出园林绿地分期建设及重要修建项目的实施计划，以及划出需要控制和保留的园林绿化用地。

第二节　园林生态设计

园林生态设计与园林生态规划，既有密切联系，又有一定的区别。通常认为，园林生态规划是从较大尺度上对原有生态系统进行结构的优化，以及组分的重新分配，或引入新的组分，调整或构建新的园林生态系统结构及功能区域。而园林生态设计则是小尺度上对园林生态规划中划分的不同区域（绿地）的实现过程，一般都与具体的园林工程相联系，以园林植物生态配置为主要特征。

一、园林生态设计的原则

1. 协调共生原则　协调是指保持园林生态系统中各子系统、各组分、各层次之间相互关系的有序和动态平衡，以保证系统的结构稳定和整体功能的有效发挥。如豆科和禾本科植物、松树与蕨类植物种植在一起能相互协调、促进生长，而松和云杉之间具有对抗性，相互之间产生干扰、竞争、互相排斥。

共生是指不同种生物基于互惠互利关系而共同生活在一起。如豆科植物与根瘤菌的共生，赤杨属植物与放线菌的共生等。这里主要是指园林生态系统中各组分之间的合作共存、互惠互利。园林生态系统的多样性越丰富，其共生的可能性就越大。

遗憾的是，目前有关园林植物之间协调共生方面的研究还很少，需要引起有关专家学者的高度重视，以解决这一瓶颈问题。

2. 生态适应原则　生态适应通常指生物对园林环境的适应和园林环境对生物的选择两个方面。因地制宜、适地适树是生态适应原则的具体表现。

环境是影响植物分布的重要因素，在环境适宜的热带和亚热带，植物种类繁多，而在寒冷干旱的北方，植物种类骤减，因此，环境对植物有选择作用，从而导致植物分布具有明显的区域性。

生物只有适应环境才能生存下来，这叫适者生存。如沙漠里的仙人掌、海水中的红树林、盐碱地里的碱蓬、酸性土中的杜鹃等等，都是生物适应环境的典范。城市热岛、城市风、城市环境污染常改变城市园林生态环境，给园林植物的适应带来障碍。因此，在进行园林生态设计时必须考虑这种现状。

对某一特定环境，通常会有一两个因子起主导作用，故考虑生物适应性时应有所侧重。如高山植物长年生活在云雾缭绕的环境中，在引种到低海拔平地时，空气湿度是存活的主导因子，种在树阴下一般较易成活。

乡土植物是经过与当地环境长期的协同进化和自然选择所保留下来的物种，对当地的气候、土壤等环境条件具有良好的适应性。园林生态设计时，应保护和发展乡土物种，节制引用外来物种，使园林生态系统成为乡土植物和乡土生物的栖息地。

3. 种群优化原则 生物种群优化包括种类的优化选择和结构的优化设计。

种类选择除了考虑环境生态适应性以外，还应考虑园林生态系统的多功能特点和对人的有益作用。比如住宅区绿化，应尽可能选择对人体健康无害、并有较好的环境生态作用的植物，适当地选用一些杀菌能力强的芳香植物，香化环境，增强居住区绿地的生态保健功能。不要选择有飞絮、有毒、刺激性大的植物，儿童容易触及的区域尽量不要选择带刺的植物。

有针对性地选择具有抗污、耐污能力、滞尘能力、杀菌能力强的园林植物，可以降低大气环境的污染物浓度，减少空气中有害菌的含量，达到良好的空气净化效果。比如可选择樟树、松树、栾树、椴树、柑橘、榕树、杧果、海桐、九里香、大叶黄杨、米兰等作为居住区绿地的绿化树种。

乔、灌、草结合的复层混交群落结构对小气候的调节、减弱噪音、污染物的生物净化均具有最佳效果，同时也为各种鸟类、昆虫、小型哺乳动物提供栖息地。在园林生态系统中，如果没有其他的限制条件，应适当地优先发展森林群落。在园林生态环境中，乔木高度在5m以上，林冠盖度在30%以上的类型可以被视为森林群落。森林具有良好的环境生态效益和经济效益，能较好地协调各种植物、动物和微生物之间的关系，能最大限度地利用各种自然资源，是结构合理、功能健全、稳定性强的复层群落结构，是改善环境的主力军。

4. 经济高效原则 园林生态设计必须强调有效地利用有限的土地资源，用最少的投入（人力、物力、财力）来建立健全园林生态系统，促进自然生态过程的发展，满足人民身心健康要求。我国是发展中大国，也是人口大国。土地资源极度紧张，人口压力十分巨大，人均收入居于世界落后水平。又由于近20多年经济社会的高速发展，忽视了发展经济与保护环境的辩证关系，乱砍滥伐、侵吞耕地、破坏植被、污染水源的现象频繁出现，不少地方人们的基本生存条件都受到威胁，这样的国情不允许我们设计高投入的园林绿化系统。比如园林中大量施用化肥、农药，大量设计喷泉、人工瀑布，大规模应用单一草坪和外来物种，大面积种植花坛植物，清除一切杂草等生态工程都是有悖于经济高效原则的，因而也是不可行的。

二、园林生态设计的范畴

了解园林生态设计的范畴有助于园林生态规划与设计的进行。为此，必须掌握城市园林绿地分类标准。根据国家建设部 2002 年 9 月 1 日颁布实施的《城市绿地分类标准》（CJJ/T85—2002），城市绿地分为五大类，即公园绿地、生产绿地、防护绿地、附属绿地及其他绿地。

1. 公园绿地的生态设计　公园绿地代码为 G_1，是面向公众开放，以游憩为主要功能，兼具生态、美化、防灾等作用的绿地，包括综合公园、社区公园、专类公园、带状公园及街旁绿地。

公园绿地的植物选择首先要保证其成活，特别是在环境条件相对差的条件下，要选择那些适应性较强，容易成活的种类，大量应用乡土植物，形成鲜明的地方特色。尽可能地增加植物种类，促进生物多样性，丰富园林植物景观，保持景观效果的持续性。避免选用对人体容易造成伤害的种类，如有毒、有刺、有异味、易引起人过敏或对人有刺激作用的植物。

公园绿地的植物配置要结合当地的自然地理条件、当地的文化和传统等方面进行合理的配置，尽可能使乔、灌、草、花等合理搭配，使其在保证成活的前提下能进行艺术景观的营造，既能发挥良好的生态效益，又能满足人们对景观欣赏、遮荫、防风、森林浴、日光浴等方面的需求。为此，公园绿地植物的时空配置往往要分区进行，并尽可能增加植物种类和群落结构，利用植物形态、颜色、香味的变化，达到季相变化丰富的景观效果，满足不同小区的功能要求。

2. 生产绿地的生态设计　生产绿地代码为 G_2，是为城市绿化提供苗木、花草、种子的苗圃、花圃和草圃等园圃地。可依据园林生态设计原则，合理选择、搭配苗木生产种类，优化群落结构，提高土地生产力，并适当进行景观营造，美化园圃地。

3. 防护绿地的生态设计　防护绿地代码为 G_3，是城市中具有卫生、隔离和安全防护功能的绿地。包括卫生隔离带、道路防护绿地、城市高压走廊绿带、防风林、城市组团隔离带等，其布局、结构、植物选择一定要有针对性。

比如卫生隔离带的生态设计，对于烟囱排放的污染源，防护林带要布置在点源污染物地面最大浓度出现的地点，而近地面无组织排放的污染源，林带可近距离布置，以把污染物限制在尽可能小的范围内。一般，林带越高，过滤、净化、降噪、防尘效果越好。乔、灌、草密植的群落结构降噪效果最为显著，以防尘为目的的林带间隔地带则应大量种植草坪植物，以防降落到地面的尘粒再度被风扬到空中。卫生防护林带的植物一定要选择对有毒气体具有较强的抗性和耐性的乡土植物。

4. 附属绿地的生态设计 附属绿地代码为 G_4，是城市建设用地中绿地之外各类用地中的附属绿化用地。包括居住用地、公共设施用地、工业用地、仓储用地、对外交通用地、道路广场用地、市政设施用地和特殊用地中的绿地，其生态设计一定要坚持因地制宜的原则，针对性要强。

比如工厂区防污绿化，树种的选择必须充分考虑植物的抗污、耐污能力与净化吸收能力以及对不良环境的适应能力。植物群落结构既不能太密集，又不能太稀疏，污染源区要留出一定空间以利于粉尘或有毒气体的扩散稀释，而在其与清洁区域的过渡地带，则应布置厂区内的防护绿地。

5. 其他绿地的生态设计 其他绿地代码为 G_5，是对城市生态环境质量、居民休闲生活、城市景观和生物多样性保护有直接影响的绿地。包括风景名胜区、水源保护区、郊野公园、森林公园、自然保护区、风景林地、城市绿化隔离带、野生动植物园、湿地、垃圾填埋场恢复绿地等。

如风景名胜区植物种类的选择首先要与风景名胜区的风格或特色相一致，在此基础上，按照具体需求进行植物种类的选择，尽可能选用当地的乡土植物种类，以充分发挥其效应。植物配置则要在保护的前提下，按照具体地段和位置进行，以保证自然景观的完整风貌和人文景观的历史风貌，突出自然环境为主导的景观特征。

由上可见，园林生态设计的范畴非常广泛，从公园、附属绿地的生态设计，到生产、防护绿地的生态设计，以及风景名胜区、自然保护区、城市绿化隔离带、湿地、垃圾填埋场恢复绿地的生态设计等均可纳入园林生态规划与设计的范畴。其功能用途不同，生态设计重点自然也应有所区别。

三、园林生态规划与设计实例

俞孔坚教授提出了城市生态基础设施建设的十大景观战略，分别是：①维护和强化整体山水格局的连续性；②保护和建立多样化的乡土生境系统；③维护和恢复河道和海岸的自然形态；④保护和恢复湿地系统；⑤将城郊防护林系与城市绿地系统相结合；⑥建立无机动车绿色通道；⑦开放专用绿地并完善城市绿地系统；⑧溶解公园并使其成为城市的绿色基质；⑨溶解城市并保护和利用高产农田作为城市的有机组成部分；⑩建立乡土植物苗圃。

其中，第一大战略就是维护和强化整体山水格局的连续性，这是维护城市生态安全的关键。破坏山水格局的连续性，自然的生态过程就会被切断，造成生态系统物质、能量、信息流动不畅，使城市失去可持续发展的生态基础。而河流水系是维护生态格局连续性的纽带，是大地生命的血脉，是大地景观生态的主要基础设施。污染、干旱断流和洪水是目前城市河流水系面临的三大严重问题，治河之道在于治污，而不在于改造河道。大地景观是一个生命系统，一个由多种生境构成的嵌合体，其生命力就在于物种和景观的丰富多样性，哪怕是一种无名小草，其对人类未来以及对地球生态系统的意义可能不亚于大熊猫和红树林。

园林规划设计强调生态理念，本书所举案例仅是中国现代园林生态规划设计的少量代表之作，由于篇幅所限，大量优秀经典案例未能一一列举。同学们课后可查阅相关网站，留意相关杂志书籍，以进一步拓展知识面，巩固课本知识。

（一）广东中山城市景观生态规划

本案例摘自俞孔坚教授的论文“论城市景观生态过程与格局的连续性：以中山市为例”。

1. 引言　景观是一系列生态系统或不同土地利用方式的镶嵌体。在这一镶嵌体中发生着一系列的生态过程。从内容上来分，有生物过程、非生物过程和人文过程。生物过程如某一地段内植物的生长、有机物的分解和养分的循环利用过程，水的生物自净过程，生物群落的演替，物种之间的过程，物种的空间运动等；非生物过程如风、水和土及其他物质的流动，能流和信息流等；人文过程则是城市景观中最复杂的过程，包括人的空间运动，人类的生产和生活过程及与之相关的物流、能流和价值流。从空间上分，景观中的这些过程可分为垂直过程和水平过程。垂直过程发生在某一景观单元或生态系统的内部，而水平过程发生在不同的景观单元或生态系统之间。

尊重生态过程，进行景观和城市规划是生态规划的核心。景观生态强调水平过程与景观格局之间的相互关系，把“斑块—廊道—基质”作为分析任何一种景观的模式。在一个人为影响占据主要地位的景观中，特别是城市和城郊，自然景观和自然过程已被人类分隔得四分五裂，自然生态过程和环境的可持续性已受到严重威胁，最终将威胁到人类及其文化的可持续性。因此，园林生态学应用于城市景观规划中特别强调维持和恢复景观生态过程及格局的连续性和完整性。具体地讲，在城市和郊区景观中要维护自然残遗斑块之间的联系，如残遗山林斑块、湿地等自然斑块之间的空间联系，维持城内残遗斑块与作为城市景观背景的自然山地或水系之间的联系。这些空间联系的主要结构是廊道，如水系廊道、防护林廊道、道路绿地廊道。

2. 中山市城市景观生态过程与格局的连续性　中山市是“园林城市”和“全国园林绿化先进城市”，其城市景观建设在全国处于领先地位。现以中山市为例，介绍城市景观生态过程与格局的连续性。

（1）景观格局现状。经过多年的城市规划建设，中山市已形成了良好的城市景观，集中体现在：

① 在区域范围内，普遍的大地绿化，使中山市有了一个良好的整体生态景观背景，即郊野景观基质。

② 在城区范围内，已建成了多个面积可观的公园绿地，包括紫马岭公园、孙文公园。这些新建的公园绿地加上原有的城中山丘绿地，形成了有中山市特色的城中绿岛景观。

③ 社区绿地、各类专用绿地、街头公共绿地星罗棋布，设计讲究，管理精细。

④ 道路街道绿化质量较高。

未来中山市欲求在城市景观上的长足发展，应努力克服以下几方面的景观缺陷：

一、城区内外景观生态过程与格局上缺乏连续，城区与区域景观尚未成为有机的整体。特别是在城市边缘带，自然景观生态过程和格局得不到应有的尊重。

二、城区各绿地斑块之间缺乏联系，如中山公园和西山公园等均被建筑物所包围，没有绿色的生命廊道与外界相连。

三、一些重要的自然过程与景观格局联系通道未得到很好的维护和利用，包括水系廊道。

为此，中山市未来景观改进之重点在于加强景观生态过程与格局的连续性。

（2）加强中山市景观生态过程与格局连续性的几个关键途径。

① 建立水系廊道网络。首先是打通岐江两岸，建设绿化带。这一绿色廊道在规划设计时应特别注重多种功能，除了作为文化和休闲娱乐走廊外，最重要的是将它作为自然过程的连续通道来设计，切忌过于精雕细刻。亭台楼阁之类，应把南部和西南部郊野景观引入城市，并使之成为中山城区南北部郊野景

观的联系廊道，使生物跨越城市的运动成为可能，使被城区割断的自然通道重新打开，也使市区腹地居民有机会接触自然。

除了打通岐江两岸外，应对城区的四支自然河流及排洪水系进行治理，即城东的起弯道排洪渠，城西的西河，城南的白石涌，城北员峰山下的排洪渠。其西可与石岐河相连，东可与起弯道排洪渠打通。这四支水系与石岐河相贯通，使以水流为主体的自然生态流畅连续，在景观上形成以水系为主体的“中”字形绿色廊道网络。

在上述水系的治理中，应注意以下几个方面以利于理想连续景观格局的形成。

第一，慎明渠转暗。治理易于污染的城区明渠的简单做法是将其覆盖，明渠转暗。这从一定意义上讲，对改善城市卫生面貌有益处。但在覆盖明渠的同时，也埋葬了居民能体验到的自然的过程。西方发达国家在经历了几十年填埋排水渠的历史之后，已开始回味明渠的意义，并重新考虑明渠的设计，成为城市难得之景观。起弯道排洪渠的南段已覆盖，而北段尚为明渠。建议不再覆盖。在可能的情况下打通已覆盖的暗渠，使之与现有的明渠连为一体。

第二，节制使用工程措施，还水道以自然本色。目前，国内对城市河渠的工程处理基本上都是水泥衬底和驳岸，裁弯取直，这似乎对排洪、排污有效，但实际上这种工程措施是落后的。目前，国际上先进的国家已普遍反对河道治理的这种工程措施，都强调还河道以自然本色。拓宽河道使之成为一个水—湿地—旱地生境的系列综合体。节制使用钢筋水泥，至少有以下好处：减少工程投资，利用自然的生态过程净化污水，维护城市中难得的自然生境。使垂直的和水平的生态过程得以延续，既是自然水生、湿生和旱生生物的栖息地，也是联系城市各自然栖息地斑块以及城郊自然基质间的生物廊道。

第三，治理污染，引注清水。除西河外，上述几个水系都已严重污染，主要原因是城市生活污水排入其中造成的。应设排污管将污水分别处理，同时沟通水系，引入自然清水，使污水河成为清溪。结合两岸绿化带，使河道两侧成为人们消暑纳凉，闻花香听鸟语之好去处。

② 连接城中残遗斑块。中山市城区目前保留有多个山丘而成为建成环境中的自然残遗斑块，这些自然残遗斑块已陆续建成为公园绿地。但这些绿色斑块像城市海洋中的孤岛，相互之间缺乏联系，与城外自然丘陵山地也没有结构和功能上的联系。建立起这种景观联系是中山市整体景观的一个突破点，可以通过以下几个方面来实现：

第一，水系廊道连接城中绿色斑块。以上述水系网络结构为联系，将城中孤立斑块连为一体，形成一种串珠式结构。这就要求城市扩展和旧城改造过程中有意识地留出绿化用地，以保持山体与水系之间的空间联系。这种空间联系是山、水景观元素之间自然过程的必然（如水源于山泉），也为生物提供一个连续的空间。许多生物需要两个以上的生境生存，孤立的山丘就很难满足这种需求，城中自然就失去“鸟语花香”的生物景观之美。目前景观格局下，通过较少的改造就可使员峰山与北部水系相连；葫芦山、莲峰山与东部排洪渠绿带相连；紫马岭、孙文纪念公园及筹建中的体育公园与白石涌接通。这样，基本上构成城区山水相连的整体景观格局。通过水系还可以使城中孤峰与郊野整体自然山水基质建立联系。

第二，城区街道绿化作为联系通道。应设计一些绿色斑块与主要街道绿地的联系廊道，并通过主要街道绿地将城区各孤立斑块连为一体。如通过湖滨路将员峰山、逸仙湖和烟墩连为一体，通过延龄路和莲塘路把莲峰山与上述绿地系统连为一体。

中山市的旧城区有悠久的城市文化历史，其建筑、习俗等形成了中山市独特的传统文化景观，在旧城区改造中应审慎地加以保护，使之成为中山市有独特吸引力的部分。但旧城区的道路、建筑缺乏适于现代化城市发展所需要的合理的规划，其街道狭窄、绿地空间缺乏。应该在保持旧城区原有的文化景观风貌的基础上，扩展旧城区内部的绿地，并通过道路和水系廊道建立旧城区与周围的生态联系。通过改造，使旧城区传统的文化景观和自然生态过程都得以保持和恢复。

第三，从整体景观格局出发开辟新绿地。建立城市景观生态连续体需要通过有意识地增设园林绿地来实现，规划师和城市建设决策者应从整体景观格局出发，在关键性的局部和连接点投子，使城市景观格局形成一盘活棋，在中山市有许多这样的关键性部位，经过全面分析可作为新建绿地的部位，对全局景观会有重要影响。

第四，未雨绸缪，在城市扩展中维护景观生态过程与格局的连续性。在城市扩展过程中，应把维护景观生态过程与格局的连续性作为城市规划的主要内容。尤其应注重城市边缘带的土地利用格局。这就需要分析景观生态过程，通过其动态和趋势的模拟来判别对维护景观生态过程具有重要战略意义的景观局部、位置和空间联系，即景观生态安全格局。中山市城区在向东南山地扩展中尤其应注意山地与水系的连续性和完整性。

（二）浙江黄岩永宁江河流再生设计

本案例摘自俞孔坚教授的论文“河流再生设计——浙江黄岩永宁公园生态设计”。

1. 概述　永宁公园位于永宁江右岸，总用地面积约为21.3hm²。永宁江孕育了黄岩的自然与人文特色，堪称山灵水秀，自古以来为道教圣地，鱼米丰饶，盛产黄岩蜜橘；现代则有模具之乡等美誉。然而，近几十年来，当地的人们并没有善待这条母亲河。由于人为的干扰，特别是河道硬化和渠化，导致河流动力过程的改变和恶化，水质污染严重，河流形态改变，两岸植被和生物栖息地被破坏，休闲价值损毁。永宁江公园对黄岩的自然、社会和文化有很重要的意义。如何延续其自然和人文过程，让生态服务功能与历史文化的信息继续随河水流淌，是设计的主要目标。

2. 设计战略　为实现此目标，永宁江公园方案提出以下六大景观战略：

（1）保护和恢复河流的自然形态，停止河道渠化工程。设计开展之初，永宁江河道正在进行裁弯取直和水泥护堤工程，高直生硬的防洪堤及水泥河道已吞噬了场地1/3的滨江岸线。考察完场地后，设计组提出了停止河道渠化工程的建议。接着，进行了流域的洪水过程分析，得出洪水过程的景观安全格局，提出通过建立流域的湿地系统，与洪水为友，把洪水作为资源而不是敌人。

（2）建立内河湿地，形成生态化的旱涝调节系统和乡土生境。本公园设计的第二大特点，是在防洪堤的外侧营建了一块带状的内河湿地。它平行于江面，而水位标高在江面之上，旱季则开启公园东端的西江闸，补充来自西江的清水；雨季可关闭西江闸，使内河湿地成为滞洪区。尽管公园的内河湿地只有2hm²左右，相对于永宁流域的防洪滞洪来说无异于杯水车薪，但如果沿江能形成连续的湿地系统，必将形成一个区域性的、生态化的旱涝调节系统。这样一个内河湿地系统同时为乡土物种提供栖息地，创造了丰富的生物景观，也为休闲活动提供了场所。

（3）一个由大量乡土物种构成的景观基底。应用乡土物种形成绿化基底，整个绿地系统平行于永宁江，分布如下几种植被类型：

第一带，河漫滩湿地，在一年一遇的水位线以下，由丰富多样的乡土水生和湿生植物构成，包括芦苇、菖蒲、千屈菜等。

第二带，河滨芒草种群，在一年一遇的水位线与五年一遇的水位线之间，用当地的九节芒构成单优势种群，是巩固土堤的优良草本，场地内原有大量九节芒杂乱无章地分布，可进入性差。经过设计的芒草种群疏密有致，形成安全而充满野趣的空间。

第三带，江堤疏树草地，在5年一遇的水位线和20年一遇的水位线之间，用当地的狗牙根作为地被草种，上面点缀乌柏等乡土乔木，形成一条观景和驻足休憩的边界场所，在其间设置一些座椅和平台广场。

第四带，堤顶行道树，结合堤顶道路，种植行道树。

第五带，堤内密林带，结合地形，由竹林、乌桕、无患子、桂花等乡土树种，构成密林，分隔出堤内和堤外两个体验空间。堤外面向永宁江，是个外向型空间，堤内围绕内河湿地形成一个内敛式的半封闭空间。

第六带，内河湿地，由观赏性较好的乡土湿生植物构成，如睡莲、荷花、菖蒲、千屈菜等。

第七带，滨河疏林草地，沿内河两侧分布，给使用者一个观赏内河湿地和驻足休憩的边界场所。

第八带，公园边界，在公园的西边界和北边界，繁忙的公路给公园环境带来不利的影响，为减少干扰，设计了用香樟等树种构成的浓密的边界林带，使公园有一个安静的环境。

(4) 水杉方阵，平凡的纪念。水杉是一种非常普通而不被当地人关注的树种，它们或孤独地伫立在水稻田埂之上，或排列在泥泞不堪的乡间路旁，或成片分布于沼泽湿地和污水横流的垃圾粪坑边。本设计通过方格网状分布的树阵，在一个自然的乡土植被景观背景之上，将这种平凡的树按 5×5 棵种在一个方台上，给它们一个纪念性的场所，凸显高贵典雅。树阵或漂于水上、或落入繁茂的湿生植物之中、或嵌入草地，无论身处何地，独特的水杉个性都会显露无遗。

(5) 景观盒，最少量的设计。在自然化的地形和林地以及乡土植物所构成的基底之上，分布了 8 个 5m 见方的景观盒。它们是公园绿色背景上的方格点阵体系，融合在自然之中，构成了"自然中的城市"机理。同时，野生的芦苇、水草、茅草等自然元素也渗透入盒子，使体现人文和城市的盒子与自然达到一种交融互含的状态。这些盒子由墙、网或柱构成，以最简单的方式，给人以三维空间的体验。

(6) 延续城市的道路，便捷地实现公园的服务功能。公园是为市民提供生态服务的场所，因此，应该是开放式的，为居民提供最便捷的进入方式。为此，公园的路网设计是城市路网的延伸，直线式的便捷通道穿过密林成为甬道，越过湖面湿地成为栈桥，穿越水杉树阵成为虚门，贯通盒子成为实门，并一直延伸到永宁江边，无论是游玩者还是行路者，都可以获得穿越空间的畅快和丰富的景观体验。

3. 结语 永宁公园于 2003 年 5 月正式建成开园，由于大量应用乡土植物，在短短的一年多时间内，公园即呈现出生机勃勃的景象。设计之初的设想和目标已基本实现，2004 年夏天还经受了 25 年来最严重的台风破坏，也很快得到了恢复。作为生态基础设施的一个重要节点和示范地，永宁公园的生态服务功能在以下几个方面得到了充分的体现：

(1) 自然过程的保护和恢复。长达 2km 的永宁江水岸恢复了自然形态，沿岸湿地系统得到了恢复和完善；形成了一条内河湿地系统，对流域的防洪滞洪起到积极作用。

(2) 生物过程的保护和促进。保留滨水带的芦苇、菖蒲等种群，大量应用乡土物种进行河堤的防护，在滨江地带形成了多样化的生境系统。整个公园的绿地面积达到 75%，初步形成了物种丰富多样的生物群落。

(3) 人文过程。为广大市民提供了一个富有特色的休闲环境。无论是在江滨的芒草丛中，还是在横跨内河湿地的栈桥之上，或是在野草掩映的景观盒中，我们都可以看到男女老幼在快乐地享受着公园的美景和自然的服务：远山被引入公园中的美术馆，黄岩的历史和故事不经意间在公园中传颂着、解释着；不曾被注意的乡土野草突然间显示出无比的魅力，一种关于自然和环境的新的伦理犹如润物无声的春风细雨在游赏者的心中孕育——爱护脚下的每一种野草，它们是美的，借着共同的自然和乡土的事与物更便于人和人之间的交流。

永宁公园通过对生态基础设施关键地段的设计，改善和促进自然系统的生态服务功能，同时让城市居民能充分享受到这些服务。

复习思考题

1. 谈谈你对园林生态规划涵义的理解。
2. 你认为园林生态规划和园林生态设计是一回事吗？
3. 你是如何理解园林生态规划的自然优先原则的？请举例说明。
4. 结合实例，谈谈你对园林生态规划的地带性原则的理解。
5. 园林生态规划为什么要强调多样性原则？
6. 能列举一些生态系统中的协调共生实例吗？
7. 园林生态设计时如何贯彻落实生态适应原则？
8. 你是如何理解种群优化原则的？请举例说明。
9. 说说园林生态设计经济高效原则的重要性与必要性。

第八章　园林生态系统评价与可持续发展

第一节　园林生态系统评价

园林生态学是生态学科在园林绿地建设和规划设计的理论与实践领域的应用分支，是为城市建设和科学管理服务的，其最终目的是建设可持续的、适合人类生活的生态园林城市。因此，必须对园林现状进行生态系统综合评价，并在此基础上进行生态规划，作为园林建设和管理的基础。

生态系统评价是系统分析生态系统的生产及服务能力，对生态系统进行健康诊断，做出综合的生态分析和经济分析，评价其当前状态，并预测生态系统今后的发展趋势，为生态系统管理提供科学依据。园林生态系统评价是指应用生态学原理和方法，坚持综合、整体、系统的观点，坚持以人为本和可持续发展的思想，对园林景观整体及各个生态学子系统的组成结构、空间格局、功能效应、动态变化及其存在的问题进行的分析和评价，为园林生态规划、建设和管理提供基础信息和依据。

对于生态系统的评价，从生态评价的研究进程来看，总体上可以分为两类：一是对生态系统所处的状态进行评价，二是对生态系统服务功能评价。这两类评价之间的时间界线是模糊的，前者主要是在生态评价研究的初期，生态问题刚刚引起人类的注意，人们特别关注生态系统所处的状态，因此开展了对生态系统的环境质量评价、安全评价、风险评价、持续性评价、退化评价、脆弱性评价、多样性评价、预警评价、工程影响评价、健康评价等反映生态系统各种状态的研究。对生态系统服务功能进行评价是当前生态学研究的热点和前沿。这两类评价在评价内容和方法上有很大的不同。

一、生态系统状态的评价

生态系统状态方面的评价由于研究较早，目前有相当多的研究成果，在评价的理论与技术方面都比较成熟。

在评价方法上，最常用的方法是多线性加权法，其基本模型为：

$$I=\sum_{i=1}^{m}W_i(\sum_{j=1}^{m}W_{ij}P_{ij})$$

式中，W_i 为第 i 个因素的权重；W_{ij} 为第 i 个因素中第 j 个因子的权重；P_{ij} 为第 i 个因素中第 j 个因子指标的标准化值；I 为反映生态状态的综合指数。

其基本思路是首先根据评价的目的建立评价指标体系，然后确定各指标的权重，并对评价指标进行量化与标准化，最后根据评价模型进行评价。

二、生态系统服务功能的评价

生态系统的服务功能是指生态系统的生态过程所形成与维持的人类赖以生存的自然环境条件与效用。园林生态系统服务主要指园林生态系统提供的服务，包括空气和水的净化、气候调节、传粉与种子扩散、休闲娱乐等服务。通过对园林生态系统服务功能的评价，可以促进传统的国民经济核算体系走向环境与经济的综合核算体系，有助于制定合理的自然资源价格体系，做出绿色决策以及提高全民的生态意识。

生态系统服务功能由自然系统的生境、物种、生物学状态、性质和生态过程所生产的物质及其所维持的良好生活环境对人类的服务性能，即生态系统与生态过程所形成及所维持的人类生存的自然环境条件与效用。Costanza 等把生态系统提供的产品和服务统称为生态系统服务。

园林生态系统服务可以归纳为 4 个层次，即生态系统的生产（包括生物多样性的维持等），生态系统的基本功能（包括传粉、传播种子、生物防治、土壤形成等），生态系统的环境效益（包括改良减缓干旱和洪涝灾害、调节气候、净化空气等）和娱乐价值（休闲、娱乐、文化、艺术、生态美学等）。

目前，对于生态系统服务功能的评价主要包括景观效益评价、生态效益评价、生态系统健康评价等。

（一）园林景观效益评价

1. 景观效益评价的概念　景观效益评价主要从景观美化和宜人性角度结合景观生态学原理考虑其评价问题。是指用一定的评价指标评价景观从视觉上带来的舒适度和其在生态上的可持续性。园林景观效益评价主要包括园林功能和景观分区分析、景观格局分析、景观特色分析和评价。具体讲，在进行景观效益评价时，应根据基础资料分析园林的实际情况，选定评价的景观要素，以此建立群体植物景观综合评价体系，选择评价因子应侧重于群体效果与对生态条件改善的考虑，反映评价要素的特征值。常采用的评价要素有：① 植物物种多样性；② 植物生活型结构；③ 植物观赏特性；④ 植物景观时序；⑤ 植物景观空间；⑥ 植物景观与硬质景观的和谐性；⑦ 植物景观与生境的和谐性；⑧ 植物景观与整体环境的协调性。根据以上评价因子，对所调查的主要因子进行相应的记载和分析。

2. 评价方法与评价指标 园林植物景观评价是由风景资源的评价发展和演变而来的，其方法和模型很多。评价方法能以一定的数学模型反映各种环境因子（或变量）的重要程度及其对景观总体影响的大小，从而可以描述、比较和判断环境景观质量的高低。最具代表性的评价方法有两种类型，一种侧重于由个人或群体对景观质量进行主观的非量化评价，另一种方法是通过对景观的物理特性进行理性分析研究而得出的客观量化评价。由于景观评价离不开人的环境感知，评价中涉及人的生理、心理层面，对同一景观，不同个体所做出的评价差异很大，所以评价中将主观描述方法通过语意学角度转化成可供量化的指标，进行主观环境质量的研究，同时建立起不同的数学模型对环境景观进行评价。评价方法中目前可借鉴的主要是环境质量的综合评价方法，即通过赋予评价指标不同的权值求出各构成要素评价指数，再将各要素评价指数相加得出综合评价指数，将其与环境质量分级对比，以判断评价对象质量的好坏，这就是传统模型（1）的主要思想。

$$P = \sum_{i=1}^{n} K_i R_i \tag{1}$$

式中，P 为总体评价；K 为指标的权重；R 为打分；n 为指标的个数。

该模型对于定量化的客观事物，能进行比较准确的评价，得到比较满意的结果。而对于主观环境质量评价时，一般是对各个指标进行问卷调查，然后通过打分的方式，对其进行总体评价。

模型（1）能从一定程度上反映出环境质量的高低，但景观质量评价不仅是对景观的丰富度、绿地率、景观水质、路面材料的防滑系数等的评价，而且更是牵涉不同文化、审美观念、心理归属感等主观心理上的评价，是基于景观对人们的心理造成影响，从而人们对环境做出反应的过程。上述模型用于景观评价尤其是主观环境评价时有很大的局限性：模型没有说明 K 和 R 为什么是乘积关系；该模型对于容易定量化的指标较准确，对于难以定量化的指标欠准确。因此，又提出了一种新的模型，解决传统模型对难以定量化指标进行评价的局限性问题。这就是德国著名的生理学家韦伯和物理学家费希纳提出的韦伯—费希纳定律，即感觉的大小同刺激强度的对数成正比，刺激强度按几何级数递增，而感觉强度按算术级数递增。

$$S = \mathrm{K}\lg R \tag{2}$$

式中，S 为感觉；R 为刺激强度；K 为常数。

心理学研究指出，人从物理的环境中选择信息，根据这些信息形成了心理的环境，可称为认知模型，这对人们如何感受和评价景观非常重要。运用物理景观特征的刺激变量计算人们对景观质量的偏好，以求应用心理学原理探寻在环境刺激的景观环境特征和人们感知反应之间建立精确的量化关系，韦伯—费希纳定律正是从这一原理出发，根据外界环境对心理刺激的强度进行的评价。它是基于心理物理学派而建立的模型，比起评价景观质量的其他模型，能从本质上更好地解释说明问题。这个模型曾有人用于环境质量分级。对于景观评价中同一个指标来讲，权重 K 为一常数；打分值的大小就是人们对外界景观中某一因素的印象，反映到心理学或生理学上就是外界环境对人的刺激程度。正如前面述及的感觉的大小同刺激强度的对数成正比，刺激强度按几何级数递增，而感觉强度按算术级数递增。所以本研究将传统评价方法加以改进，对传统模型（1）进行完善和改进，在韦伯—费希纳定律的基础上建立起新的评价模型。

$$P = \sum_{i=1}^{n} K_i \lg R_i \tag{3}$$

式中，P 为总体评价，即总体感觉；K 为指标的权重；R 为打分，即环境对人的刺激强度；n 为指标的个数。

园林景观效益评价的指标有：绿化覆盖率、绿化斑块均匀度、破碎度、分离度和优势度、人均公共绿地面积、景观分布的均匀度等指标。

（二）生态效益评价

1. 园林生态效益评价的概念　生态效益是指在人类干预和控制下的生态系统，对人类的环境系统在有序结构维持和动态平衡保持方面的输出效益之和，包括调节气候、涵养水源、改良土壤、减少灾害、保护生物多样性等多方面。园林生态系统的生态效益评价是指园林生态系统在保护和增殖资源，改进生态环境质量方面的效果，也就是与人类活动相联系的生态环境状况的改善而使生产成果增加或减少的表现。生态效益有正负之分，正效益表现为园林生态环境的改善和优化，如植被覆盖率的提高对生态环境的改善，土壤有机质含量的提高对土壤肥力的增加作用等；负效益表现在人类的生产过程之中，如不合理的灌溉导致的土壤盐渍化，农药、化肥等的过量投入导致的环境污染问题等。寻找或消除负效益，增大或提高正效益的有效途径是园林生态学的重要任务之一。

2. 园林生态效益的评价　对园林生态效益的评价可以定性评价，也可以定性与定量相结合进行评价，主要包括以下几方面：

(1) 园林植物的生态效益评价。

① 固碳释氧的价值。同地球上分布的大量森林相比，城市园林的绿量是相当有限的。但是城市园林植被通过光合作用释氧固碳的功能，除在城市低空范围内从总量上调节和改善城区碳氧平衡状况中发挥重要作用外，在城市中就地缓解或消除局部缺氧、改善局部地区空气质量的作用显得尤为重要。园林植被的这种功能，也是在城市环境这种特定的条件下其他手段所不能替代的。

目前国内外计算园林植物固定 CO_2 量的方法主要有 3 种：一是根据光合作用和呼吸作用方程式计算，园林植物每生产 1g 干物质需要吸收约 1.63g CO_2；二是实验测定园林植物每年固定 CO_2 的量，英国林业委员会 1990 年核算森林价值时曾测定了全国 6 种主要森林年固定 CO_2 的量；三是采用数学模型计算。同样，园林植物年释放 O_2 量也可以根据光合作用和呼吸作用方程计算，园林植物每生产 1g 干物质需要释放 O_2 约 1.2g。这样，在计算出园林植物每年的生长量后，就可以根据生产 1g 干物质所需要的 CO_2 量和释放的 O_2 的量来计算年固定 CO_2 总量和年释放 O_2 总量。

另外，对于园林绿地固碳释氧的价值也可按日平均吸收 CO_2、释放 O_2 量来计算，以及由此推算出全年吸收 CO_2 和释放 O_2 的量。固定 CO_2 的经济价值按照国际上通用的是瑞典的碳税率（碳税率大约为 C150 美元/t），释放 O_2 的经济价值国际上主要采用工业制氧价格来计算植物释放 O_2 的经济价值，以工业氧的现价来计算。而我国主要以造林成本法来计算，我国森林释放 O_2 的造林成本为 O_2 369.7 元/t（1990 年价）。

② 蒸腾吸热、调节气候。城市是一个以水泥、沥青等具有高热容量又是优良的热导体的建筑材料所覆盖的下垫面，加上交通拥挤，人口集中，人为热的释放量大大增加，并由于城区建筑物的遮挡使通风不良，不利于热量的扩散，因此气温常比郊区高；同时城市自然降雨大部分流入地下水道而丧失，自然降雨通过植被的蒸腾向大气补偿水分的数量大为减少，又使城市过热和过干的恶性循环得以继续。城市园林植被作为城市中宝贵的绿色资源，通过其叶片大量蒸腾水分而消耗城市中的辐射热。以及通过树木枝叶形成的浓荫阻挡太阳的直接辐射热和来自路面、墙面和相邻物体的反射热而产生的降温增湿效益，缓解城市的热岛和干岛效应，减少居民由于干热环境所引起多种疾病的发生，带来提高居民的健康水平、提高生活舒适度和生活质量的效益。

城市园林绿地调节气候的价值通过绿地年蒸腾耗水量、年蒸腾吸热，日平均蒸腾耗水、蒸腾吸热来评价。用空调降温来换算城市园林绿地的吸热降温效果。

③ 净化空气。城市中化石燃料燃烧过程产生大量的二氧化硫，另由于工业生产、汽车尾气等产生空气污染的物质还有氯、氟化物、臭氧、氮氢化合物和碳氢化合物等，已成为影响城市环境质量的重要因素。城市园林绿地净化空气效益主要为：降尘作用、吸收有毒气体、杀菌作用、降低噪音等。

园林植物通过呼吸作用对许多有毒气体吸收，将有毒气体转变为无毒的物质，从而在一定程度上起到净化环境的作用；此外，园林植被通过树木降低风速而起到减尘作用；通过其枝叶对粉尘的截留和吸附作用，从而实现滞尘效应。园林植被的滞尘作用也具有一定的"可塑性"，通过绿地种植结构的调整，如乔、灌、草组成的复层结构可以改善和提高绿地的滞尘效益。

降尘的价值采用燃煤炉窑大气污染物排污收费等筹资型标准的平均值计算城市园林绿地滞尘的价格；空气中有害气体很多，主要成分是 SO_2，吸收有毒气体价值根据不同园林植物对 SO_2 的净化作用计算，再根据 SO_2 排污费征收标准（北京市 1999 年 120 元/kg SO_2）计算其价值；减弱噪音的价值按照植物配置合理，4～5m 宽的林带能降低噪音 5dB，目前市场上根据隔音板价格及隔音效果，换算出减弱噪音的单位价格。公式为：

$$W = L \times C \times S$$

式中，W 为年货币量；L 为林带长度；C 为植被减弱噪音单位价格；S 为减弱噪音的分贝数。

净化粉尘的价值，可用削减粉尘的平均单位治理费用来评估。

据测定，阔叶林 $q_1 = 10.11$t/（hm^2·年），针叶林 $q_2 = 33.2$t/（hm^2·年）。滞尘的总量 $K = q_1 s_1 + q_2 s_2$（s_1、s_2 分别为阔叶林、针叶林的面积）。价值量按照除尘运行成本 170 元/t 来计算经济价值。

园林植被对细菌的抑制和杀灭作用，通过对城市园林绿地中含菌量显著少于非绿地的测定以及前人对此类的大量研究已提供实证，研究证实不同植物种类在杀菌能力方面存在显著差异性。在城市的环境条件下，园林植被通过其枝叶的吸滞、过滤作用减少粉尘（作为细菌的载体）而减少城市空气中的细菌含量。同时城市园林绿地的减菌作用也具正负两面性。在绿地卫生条件不好和过于阴湿的条件下有利于细菌的滋生繁殖，含菌量呈上升趋势，而且细菌量也与人流量的大小呈正相关。在适宜的条件下，绿地减菌的正作用大于负作用，提高绿化覆盖率有利于减少空气含菌量，故应合理安排乔、灌、草的配置比例，保持一定的通风条件，提高城市园林绿化生态效益，避免产生有利于细菌繁殖的阴湿小环境。城市园林绿地杀菌的价值一般按照杀菌效益占总环境效益的1%来计算。

④涵养水源。涵养水源包括蓄水、延长供水期、增加供水量等。在市区一

般近2/3的降水随下水道排掉，造成水资源的浪费，同时绿地的不足，减少了蒸发散热，是城市地区产生热岛效应的主要原因。城市园林绿地犹如森林，也具有涵养水源的生态效益。城市园林绿地涵养水源的价值一般采用水量平衡法计算，即

$$R = P - E$$

式中，R为年平均径流量（森林涵养水源量）；P为年平均降水量；E为年平均蒸散量。

⑤固土保肥效益。园林中凋落物层的存在，使降水被层层截留并基本上消除了水滴对表土的冲击和地表径流的侵蚀作用。此外，林木和林下植物根系对土体有固持作用，避免了在水和冲力作用下的土体移动，也具有固土保肥作用。园林植被固土保肥效益的计量，主要是确定有林地每年每公顷可比无林地（如耕地或无植被覆盖的土地）少流失的泥沙量以及流失工程的费用（最低为0.7元）计算固土效益。泥沙流失伴随着土壤养分的丧失，如以化肥弥补养分的损失，则所需要化肥价格，即可作为保肥效益的评价值。

⑥游憩效益和保护生物多样性效益。园林生态系统能够给人们提供游玩和休息场所，提供美学和文化价值，同时也提高了城市景观的可览度。园林也为动物、昆虫和鸟类提供栖息场所，提高了城市生态系统的生物多样性，适应人们在园林环境中享受自然的需求，有助于消除城市人们生活的精神压抑。同时，园林点缀城市建筑群体景观，美化了市容，有利于人们的身心健康。

园林的游憩效益可采用森林游价值的评估方法。其理论依据是：如果人们是理性的，他们评价园林的价值至少不低于他们在园林中游赏的花费。所以，旅行费用法的核心是确定消费者剩余（即人们对一种商品、一种服务等愿意支付的费用与实际支付费用之差，即“净自愿支付”）。具体做法是选择样地，收集各地的园林游资料，如游赏种类、面积、人数、收费和门票等，求出各样地人均年消费者剩余，根据游赏需求曲线，可求出各样地人均的消费者剩余，再乘以该地区的游赏总人数，可得出被评价地区年总消费者剩余，即园林游赏总利用价值。另外，游赏者的游赏花费可以通过直接询问游赏者获得，包括被评价的游赏区域、游赏花费、自愿支付的最大额，从而计算出园林游赏的总价值。而对于园林保护生物多样性效益评价可参照森林野生资源保护效益的评价方法。

(2) 园林小水系生态效益评价。除园林植物的服务功能外，园林小水系在蓄水防灾、净化环境等方面也具有明显的生态效益。

园林小水系是指城市园林内具有一定生态服务功能的各种自然、人工的中小水文物体以及邻接的水陆交接地带（如湖泊、池塘、溪流、水渠、井泉等）。

①水分调节。包括蓄水防灾、水供应及地下水交流。

城市小水系的水分调节功能可用建设有相同水量调节功能的城市给排水工程的花费来代替。因此，适宜采用替代花费法进行评估，即通过估算替代环境物品或服务的人工替代物的花费来评价某生态功能的价值。替代花费法的优点在于能够推算非市场物品的价值，不足之处在于生态系统的一些功能无法用人工手段直接代替或准确计量，如与地下水交流的功能就十分复杂，难以简单替代。因此，在实际应用中，还需要根据各城市的具体情况测算后制定经验系数。参考公式如下：

$$W_1 = a \cdot C_1 \cdot V_1$$

式中，W_1 为水分调节功能价值；a 为城市地下水交流等相关经验系数；C_1 为城市给排水设施调节每吨水的年造价及运行花费，参考地方统计年鉴以及工程报价；V_1 为某小水系每年可调节水量，参考小水系体积、水位落差以及年降雨量。

该项功能据 Costanza 估算，全球平均水平为 7 562 美元/（hm^2・年）。

②净化环境功能价值。采用生产成本法中的恢复成本法，即若某生态系统破坏后，恢复原貌所需的物品或服务的成本。该方法仅适用于可以恢复的生态系统服务功能。城市小水系生态系统的净化环境功能价值，即可用城市污水净化处理的恢复成本来推算。公式如下：

$$W_2 = (C_2 + P_2) \cdot V_2$$

式中，W_2 为净化环境功能价值；C_2 为污水处理厂净化每吨污水的基建投资，参考地方统计年鉴以及工程报价；P_2 为污水处理厂净化每吨污水的运行成本；V_2 为某小水系每年纳污量，参考小水系的容量、净化周期。

该项功能据 Costanza 估算，全球平均水平为 665 美元/（hm^2・年）。

③生物栖息地功能价值。采用机会成本法，由于任何一种生态系统都存在许多相互排斥的待选方案，选择了某种使用机会就会失去另一种使用机会以及通过后者获得效益的机会，因此将失去使用机会的方案中能获得的最大收益称为该生态系统选择方案的机会成本。比如城市小水系被规划为保护对象后，就不可填埋，从而失去了在寸土寸金的城市中作为可建设开发土地的机会成本。公式如下：

$$W_4 = S \cdot P_4$$

式中，W_4 为提供栖息地功能价值；S 为水系面积；P_4 为所在城市地段的土地价格，参考现状资料。

④休闲娱乐功能价值。采用享乐价格法，即由人们为优质环境享受所支付的额外的价格差来确定环境质量的价值。比如人们支付城市某小水系地段土地

房屋的价格高于支付另一无水系类似地段相同土地房屋的价格，在除去其他因素差别的影响后剩余的价格差就是城市小水系的休闲娱乐功能价值。以享乐价格法估算小水系生态系统休闲娱乐功能价值的步骤：一是资料收集，包括相关地段房产交易情况以及有关影响因素；二是建立享乐价格函数，通过多元回归分析房地产价格与小水系环境因素之间的相关性；三是获得小水系休闲娱乐功能的需求曲线，了解人们对休闲娱乐环境的支付意愿。

享乐价格法需要大量数据资料支持，适用于资料齐全的案例。

另外，还可采取意愿调查法，直接通过邮寄、电话和面谈的方式，向调查对象询问对城市小水系的休闲娱乐功能所愿意支付的价值。意愿调查法适于其他方法难以涵盖的评价问题，被广泛运用于公共物品的评价。以意愿调查法估算城市小水系生态系统休闲娱乐功能价值的主要步骤：一是提供对城市小水系休闲娱乐功能的假定条件描述，引导调查对象；二是询问调查对象的支付意愿以及对象的相关社会经济背景；三是对统计数据进行分析，得出结论并检验合理性。为减少误差，进行意愿调查法一般需要几百个数量的样本。

此外，小水系还具有其他辅助服务功能，如气候调节功能，表现在提高湿度、缓解热岛效应、诱发降雨等作用，一般采取替代花费法或意愿调查法进行估算。

对于一个具体的园林生态系统，以上效益不一定都十分明显，可根据实际情况对某一生态系统的一种或多种生态效益进行灵活的计算、评价。

（三）系统健康评价

1. 生态系统健康的来源及定义 随着对自然资源利用水平的不断提高，各种工业活动排放的三废大量进入生态系统，超过了生态系统的自净能力；盲目地毁林开荒破坏了森林生态系统健康，使森林自然生态系统失去平衡；对草地的过度利用，使草地退化；植被覆盖度降低，加剧了土地荒漠化过程和沙尘天气的发生。使生态系统不能够提供正常的生态服务功能，生态系统健康问题引起了人们的普遍关注。20 世纪 80 年代末，Rapport 等在研究生态系统胁迫压力时提出了生态系统健康概念。Rapport（1989）指出，一个健康的生态系统表现出某些复杂于组织系统的基本特征，包括一体化、分异、机械化和集中化。人类活动对生态系统变化及人类健康的影响，会胁迫生态系统健康，导致生态系统结构发生变化，进而影响到生态系统的服务功能，对人类健康产生影响，人类不得已又会关注生态系统健康。

Costanza（1992）把生态系统健康的概念归纳如下：①健康是生态系统内稳定现象；②健康是没有疾病；③健康是多样性或复杂性；④健康是稳定性或

可恢复性；⑤健康是有活力或增长的空间；⑥健康是系统要素间的平衡。强调生态系统健康恰当的定义应当是6个概念相结合。从这里看出，一个健康的生态系统必须保持新陈代谢活动能力，保持内部结构和组织，对外界的压力必须有恢复力。也就是说，测定评价生态系统健康包括系统恢复力、平衡能力、组织（多样性）和活力（新陈代谢）等。而Mageau（1995）等认为一个健康的生态系统包括以下特征：生长能力、恢复能力和结构。就人类社区的利益而言，一个健康的生态系统是能为人类社区提供生态服务支持，例如食物、纤维、吸收和再循环垃圾的能力、饮用水、清洁空气等等。

由上述可见，生态系统健康包含两方面内涵，即满足人类社会合理要求的能力和生态环境自我维持与更新的能力。生态系统健康首先要保持结构和功能的完整性，保证生态系统服务功能，这样才具有抗干扰力和干扰后的自我恢复能力，才能为人类提供长期的服务。总的来讲，功能正常，能够自我维持，并能提供一系列的服务（如储存水分等），受到干扰后经过一段时间能恢复的生态系统可称为健康的生态系统。

2. 园林生态系统健康的特性　园林生态系统健康的特性应体现在5个方面。

（1）和谐性。这是城市园林生态系统健康的核心内容，主要是体现人与自然、人与人、人工环境与自然环境，经济社会发展与自然保护之间的和谐，寻求建立一种良性循环的发展新秩序。

（2）高效性。科学、高效地利用各种资源，不断创造新生产力，物尽其用，地尽其利，人尽其才，物质、能量得到多层次分级利用，废弃物循环再生，各行业、各部门之间的共生关系协调。

（3）持续性。园林生态系统健康是以可持续发展思想为指导的，兼顾不同时间、空间，合理配置资源，公平地满足现代与后代在发展和环境方面的需要，保证城市发展的健康、持续、协调。

（4）系统性。园林生态系统是由经济、社会、自然生态等子系统组成的具有开放性、依赖性的复合生态系统，各子系统在城市生态系统这个大系统整体协调下均衡发展。

（5）区域性。园林生态系统健康是建立在趋于平衡基础之上的人类活动和自然生态利用完善结合的产物，是城乡融合、互为一体的开放系统。可见，城市园林生态系统健康与城市可持续发展包含的内在理念是一致的。它包含着社会、经济、自然复合协调、持续发展的含义。实现园林可持续发展是维持园林生态系统健康的最有效途径。

3. 生态系统健康的标准　为了对生态系统健康与否做出准确的评价，必须根据生态系统健康的概念来制定相应的标准，并围绕这个标准派生出各种健康状态。绝对健康的生态系统是不存在的，健康是一种相对的状态。任海等总结了生态系统健康的标准主要包括：活力、恢复力、组织、生态系统服务功能的维持、管理选择、外部输入减少对邻近生态系统的影响及人类健康影响等 8 个方面，涵盖了生物物理、社会经济、人类健康及一定的时间、空间等范畴。作为生态系统健康的评估，最重要的是活力、恢复力、组织及生态系统服务功能的维持等几个方面。

4. 生态系统健康的评价方法 目前生态系统健康评价方法可分为指示物种法和指标体系法。指示物种法主要根据生态系统中指示物种的多样性和丰富度确定丰富度指数或完整性指数。一些学者通过对海洋生态系统、农田生态系统和森林生态系统的功能团（如蜜蜂）研究，提出健康生态系统中多样性和丰度分布符合对数正态分布关系，因此可根据生物群落的多样性和丰度分布来判断其健康程度，其偏离对数正态分布越远，群落或其所在的生态系统就越不健康。

指标体系法是根据生态系统的特征和其服务功能建立指标体系，采用数学方法确定其健康状况，关键是如何建立指标体系。合理的指标体系既要反映生态系统的总体健康水平或服务功能水平，又要反映生态系统健康变化趋势。

生态系统健康评价除了需要对其小尺度生态过程进行研究监测外，从景观尺度进行环境质量监测也是必不可少的步骤。将 3S 技术［地理信息系统(GIS)、遥感（RS)、全球定位系统（GPS）等］和景观生态学原理等宏观技术手段与地面研究紧密配合，通过景观结构变化了解其功能过程。

RS 技术可以同步地对大范围内的地区进行观测，迅速获得广大区域的生态评价信息，并且以其时效性的特点，可以在较短周期内对同一地区进行重复观测，这对生态系统的动态评价及大尺度的生态系统的评估具有重要的意义。GIS 是一个能够综合处理和分析空间数据的计算机技术系统，它除了具有数据采集、数据操作、数据集成和显示等基本功能外，最核心的功能是空间分析。生态评价有大量的数据，特别是在全球等大尺度的生态评价中，数据量将是十分巨大的，对这些数据进行有效的管理和分析是生态评价中一项重要的工作。利用 GIS 技术，可以首先将遥感取得的数据直接输入系统，同时，对评价中所收集到的社会经济等方面的图形、文字等资料数字化。在 GIS 中，对生态监测网络中各站点观测到的数据还可以方便地进行空间插值形成面状数据，此外，生态评价中的多尺度转化通过 GIS 也很容易实现。GPS 技术在生态评价研究中，主要用于生态系统中移动事物的定位监测，如动物的迁移、河道中污染的扩散等。3S 技术可单独使用，但要发挥最大效用需要 3S 集成，即通过把

RS获得的生态信息和GPS获得的定位信息作为数据源，在GIS中进行分析和评价，并制定决策方案。

5. 生态系统健康的评价指标体系　园林生态系统作为一个复杂的自然、经济、社会复合生态系统，在评价园林系统时，不能简单地将自然生态系统中具体的物质形态照搬到园林生态系统中，而应从自然生态系统的协调性、持续生存和相对稳定的机理中找到科学建设、管理和优化发展园林的启示，从而促进园林向健康方向发展。生态系统健康的评价指标包括活力、恢复力、组织结构、维持生态系统服务、管理的选择、减少投入、对相邻系统的危害和人类健康影响等8个方面。将这些指标应用到自然系统、社会经济和人类健康等方面进行生态系统健康的评价。

生态系统健康研究深深植根于生物学和生态学，并与保护生物学、生态环境监测和景观生态学等领域密切相关，也与可持续发展有关。上述学科提供了用于生态系统健康评价的大多数参数，并且主要聚焦于生态学和生物物理的整体性。Hannon提出生态系统总产量，作为生态指标，被用于监测潮汐湿地生态系统健康。Rapport等考察了一些压力和它们的症状，并且给出生态系统压力的5个指标，即营养池，初级生产力，尺度分布，物种多样性和系统恢复力。

Costanza提出了完整的生态系统健康指数：

$$HI = V \times O \times R$$

式中，V为系统活力，是测量系统活动、新陈代谢或初级生产力的一项重要指标；O为系统组织指数，系统组织的相对程度，用0～1的数值表示，它包括组织多样性和连接性；R为恢复力指标，系统恢复力的相对程度，用0～1的数值表示。

（1）活力。活力是指能量或活动性，在生态系统背景下，活力指营养循环和生产力所能够测量的所有能量。但并不是能量越高的系统就越健康。如在园林的水体系统中，并不是说水体中营养成分越高就越健康。活力可用初级生产力和经济系统内单位时间的货币流通率表示。Ulanowicz提出用网络分析方法进行预测的两种数量方法：即计算系统的总产量（TSP）和净输入（NI）。TSP即是在单位时间内沿着各个体的交换途径的物质转移量的简单相加，而NI则可直接从TSP中分离出来。

（2）恢复力。恢复力是指系统在外界压力消失的情况下逐步恢复的能力。这种能力通过系统受干扰后能够返回的能力来测量。受干扰后生态系统恢复可以提供测量恢复力的方法。预测生态系统在胁迫下的动态过程一般要求用计算机模型。通过这些模型可估算出恢复时间及该生态系统可以承受的最大胁迫。

（3）组织结构。组织结构是指生态系统结构的复杂性。组织结构随系统的不同而发生变化，但一般的趋势是根据物种的多样性及其相互作用（如共生、互利共生和竞争）的复杂性而使组织结构趋于复杂。在同一生态系统中，生物成分和非生物成分是互相依存的。如果在受到干扰的情况下，这些趋势就会发生逆转。胁迫生态系统一般表现为减少物种多样性，共生关系减弱以及外来种的入侵机会增加。Ulanowicz 建立了组织测定及预测方程。

从理论上说，根据上述的 3 个方面指标进行综合运算就可以确定一个生态系统的健康状况。然而由于生态系统的复杂性，很难建立统一的指标体系来评价所有的生态系统。不同的生态系统所处的自然、社会、经济状态不同，且同一生态系统发展的不同阶段所具有的特点也不同，需要由不同的指标来监测。不同系统、同一系统不同的时间段上要求使用的指标也不一样，这就使得一致性的指标体系更加难以确定。但是一般生态系统健康评价指标设计应包括以下几个方面的内容：①物理化学指标，主要是包括生态系统的环境指标，如水质、大气质量、土壤的物理和化学性质等；②生态学指标，包括物质循环、能量流动、生命周期、生物多样性、有毒物质的循环与隔离、生物栖息地的多样性、食物链、初级生产力、恢复力、抵抗力、群落结构、稳定性、生态系统服务功能等；③社会经济指标，包括人类健康影响、对相邻系统的危害、区域经济的发展水平、技术发展水平、公众环境质量和生活质量的观念以及政府管理决策等。也可以从两个方面建立指标体系，一是生态系统内部指标，包括生态毒理学、流行病学和生态系统医学；二是生态系统外部指标，如用社会经济指标和结构功能指标来评价生态系统健康等。总之，以生态学和生物学为基础，结合社会、经济和文化背景，综合运用不同尺度信息的指标体系是未来评价园林生态系统健康与否的关键。

第二节　园林的可持续发展

一、可持续发展的生态伦理观

（一）可持续发展理论的提出

随着工业文明向全球的推进，环境恶化、资源匮乏、生态失衡等等，已成为危及人类生存的全球性问题。水和大气的污染，酸雨、沙尘天气肆虐、臭氧空洞、温室效应使人类现代生活的“惬意”与“舒畅”逐渐消失。与此同时，全世界森林面积每年以 1 700 万 hm^2 的速度减少。无数事实证明，人类物质文明的进步在提高生活质量的同时，也给地球环境带来了严重灾难。“假使没有一个环境伦理来保护社会的生物基础及农业基础，那么文明最终将崩溃”。因此，在 1962 年，美国海洋生物学家莱切尔卡逊《寂静的春天》一书出版，开始了人们对人类与自然共同生存问题的思考。1972 年，联合国在瑞典斯德哥尔摩召开了 115 个国家代表参加的人类第一次环境会议，开始了全球性保护环境的实际行动。1980 年，国际自然与自然资源保护联盟起草的《世界自然保护大纲》明确使用了“可持续发展”的概念。1981 年，美国科学家布良出版了《建设一个可持续发展的社会》一书。1987 年，挪威前首相布兰特朗夫人领导的世界环境与发展委员会（WCED）在其报告《我们共同的未来》中首次界定可持续发展概念，该报告指出：“可持续发展是这样的发展，既满足当代人的需要，又不对后代人满足其需要的能力构成危害。”1992 年 6 月联合国在巴西里约热内卢召开了由 100 多位国家政府首脑出席的世界环境与发展大会，会议通过了一系列重要文件。其中包括被认为是这次大会重要标准的文件——21 世纪议程。提出人类社会今后应该走可持续发展的道路。我国政府在 1994 年 3 月发布了中国 21 世纪议程，即中国 21 世纪人口、环境与发展白皮书，作为中国政府处理人口、资源、环境与社会经济发展的战略和政策指南。

把一个完好的地球交给我们的后代，给后代留下一个健全的生态环境，不损害后代的生存和发展利益，已成为全球共识，成为对当代人类的一种强烈的伦理要求。于是生态环境问题必然地成为一个伦理道德问题。因此践行可持续发展理论，必须确立科学的生态伦理观念。

（二）可持续发展的生态伦理观的基本内容

可持续发展理论的核心与本质，是追求经济利益发展的同时，确保人类与自然的和谐、共存、共荣，而不是以单纯的经济增长为发展目标。要实现可持续发展就必须把人类活动限制在生态系统的承受能力之内，必然要求产生与之相适应的生态伦理观。生态伦理观考虑到了人对自然的依赖，是对人类生存的社会性和对自然的依赖性的双重关照。实现可持续发展的发展目标和发展模式，不仅需要制度、政策上的改变，需要法律的约束，而更重要、更深入持久的是要运用道德的约束力，依靠扎根于人类内在的信念，运用道德的规范性原则来调节人们的行为，以人类发自于内心的自觉行为来保证人与环境共同的协调发展。一般认为，生态伦理观的内容主要有以下两个方面：

1. 破除自我中心论，建立人类平等观 与传统的道德观相比，可持续发展的生态伦理观特别强调以平等原则为人际关系的行为准则，要求发展主体必须破除“自我中心主义”，而以人类生存的整体利益和长远利益为视角，对自己的发展行为实行自律，也就是说，一部分人的发展不应该损害另一部分人的利益，人人有发展的权利，人人有维护他人合法权益不受侵害的义务，实现人类的真正平等。

平等包括两个方面：一是体现全球共同利益的代内平等；二是体现社会未来利益的代际平等。代内平等要求任何地区和国家的发展，不能以损害别的地区和国家发展为代价。人类生产越来越社会化、国际化，污染问题也必将随之社会化、国际化。因而，维护人类的共同利益，创造人类生存和发展的良好环境，则必须确立代内平等原则，建立新的伦理秩序——“全球伙伴关系”。

平等原则的另一个重要内容是实现代际平等。资源的有限性要求社会的发展不仅要满足当代人的需求，还要考虑下一代人以及子孙后代的需求，当代人的发展不能以损害后代人的发展为代价。当代人作为后代人自然资源的托管者，应保存可供后代人持续发展的不可更新的资源，使易枯竭资源达到最高程度的再循环，同时提高可更新资源的质量，基本的生态过程和生命维持系统，保持生物物种和遗传基因的多样性。

2. 超越“人类中心主义” 尊重自然、顺应自然，实现人与自然的和谐共处。人类中心主义，把人的利益看成是唯一的、绝对的，把自然界看成人类获取自身利益的工具，人类可以任意使用。由此导致对自然肆无忌惮的索取和掠夺，从而造成全球性的环境污染和生态破坏，严重威胁人类生存。为了人类自身更好地生存和发展，人类必须超越人类中心主义，建立人与自然和谐共处、协调发展的生态伦理观，转变“人定胜天”的盲目自大，实现“天人合一”的和谐共存，这是实现可持续发展的必然要求。

（三）可持续发展的生态伦理观的重要作用

1. 可持续发展的生态伦理观是可持续发展的有力支撑点 实现可持续发展有两个支撑点，即科学技术的发展和价值观念及行为的转变。二者是互动的辩证关系，前者是基础，后者是前提。科学的发展，除了一定的物质条件和社会制度的制约外，还受科学发展观的制约，而科学发展观又受人类自身道德观的制约。可持续发展中一系列问题的解决，如治理工业污染，建立可持续工业，开发无公害农业，防治城市污染等都必须依赖科学技术，科学技术的发展将不断为人类的可持续发展提供强有力的支撑。但人类如果缺乏与自然和谐共进的伦理观，没有爱护自然就是爱护人类自我的内在驱动力，不从根本上树立新的可持续发展的生态伦理观，人类社会的物质文明发展迟早会步入难以为继的境地。

2. 可持续发展的生态伦理观能弥补法律的不足　生态环境问题的出现，大都由于人类行为不当所致。作为道德范畴的生态伦理观念对约束人们的行为有着法律不可比拟的作用。法律的实施离不开公民由道德自律而产生的自觉。也就是说，法制的健全与有效实施，不仅取决于法制本身完备周全，同时也在于人的道德理性。如果没有对自然的爱心、责任心、公平观和平等观，各种环境法规就难以执行。可持续发展的生态伦理观能够促使人们自我约束，自我规范，弥补法律的不足，全面实现可持续发展。

总之，可持续发展是世界各国共同的目标，是一种关于人类和生存环境，在伦理关系上求得共存与和谐的全新发展观。人类只有认识自然规律、尊重自然规律、按自然规律办事，倡导一种热爱自然，尊重自然，保护自然，确立积极主动的生态伦理观，通过各种手段修复已遭破坏的地球环境，并提出诸如节约资源，清洁生产，减少污染，适度发展，合理消费，保护物种等具体的行为规范，树立环境保护与经济建设兼顾的观念，普及生态道德伦理观，确立人与自然协同进化的生态伦理信念，自然才会向有利于人类社会的方向发展，人类才能实现可持续发展。

二、园林可持续发展的支持系统及其建设

可持续发展是当代中国的重大战略，园林可持续发展是推动这一战略的重要一环。园林可持续发展是指通过园林的建设与管理，谋求园林内社会、经济、环境的整体协调，既为当代社会的进步创造条件，又为后代城市的更大发展奠定基础。生态园林是以环境为基础，以植物为主导，在提供景观、休闲娱乐设施和城市开敞空间的同时，构建城市生态系统，成为城市可持续发展的重要基础。

（一）园林可持续发展应遵循的原则

1. 坚持规划优先的原则　规划是城市生态园林建设和发展的蓝图。要加强城市生态园林建设，必须坚持规划先行，尤其是绿地系统规划先行，突出以建立可持续发展的生态环境为城市发展的根本战略目标，充分发挥人文与自然景观结合、山水兼备、湖海相望的特色。如宁波市这几年城市生态园林建设卓有成效，其中一条重要原因，就是增强了规划工作的自觉性，逐步把城市绿地系统的科学研究引入决策的过程之中，并在城市建设中严格按规划实施，充分保留绿化用地，确保城市规划绿地落到实处。

2. 坚持尊重自然的原则 生态园林建设的过程，实质上就是人们认识自然、崇尚自然、顺应自然，实现人与自然和谐统一的过程。宁波市倚山临海、江河纵横、丘陵绵延，自然景观秀美，近几年注重充分发挥这些自然优势，巧妙利用山峦、河流、森林、海洋，基本建成了三江六岸绿色风景线。并针对内河密布、水系发达的江南水乡特点，对 16 条城区主要内河进行整治，在内河两岸建成了 18 万 m^2 的绿化带。另外，还对植物物种多样性进行规划，发掘和利用乡土树种，引种相邻气候带的园林植物，注重植物多样性和乔、灌、草合理搭配，加强古树名木保护并对珍稀濒危植物进行就地植迁保护，确定行道树选种范围，生态型与生活型并重，进一步完善了生态系统，较好的实现了生物群落的多样性。

3. 坚持特色文化的原则 文化特色是城市的魅力所在。宁波市建市已有近 1 200 年的历史，并被国务院确定为国家历史文化名城。宁波以航运兴起，靠港口发展，有着 7 000 多年历史的令中华民族自豪的河姆渡文化。几年来，他们坚持把整座城市作为"古代文化与现代文明交相辉映"的江南水乡生态园林加以精心打造，赋园林以文化内涵和历史积累，融人文自然、人文景观为一体，走出了一条突出文化特色、突出水乡特色、突出亚热带植物类群特色的生态建设之路。

4. 坚持多元化投资的原则 大规模地开展生态园林建设，需要大量的资金投入予以保障。因此，需要当地政府真正处理好眼前利益和长远利益、经济效益和社会效益的关系，特别是为了保证生态园林建设，要有牺牲一些眼前、局部利益的魄力，切实增加投入，并保持每年按一定比例增长。生态园林建设，是惠及当代、利在千秋的功德事业，光靠政府投资建设是不够的，要动员全社会的力量，采取多元化投资的办法，多方面筹措资金落实生态园林建设的各项工作。

（二）园林可持续发展的支持系统及其建设

园林的可持续发展实质上就是不同尺度园林生态系统内部各子系统之间以及园林生态系统与外部系统或环境之间相互协调、同步演进的动态过程。因而园林的可持续发展需要通过以下 6 个支持系统的不断协调与完善来实现和完成。这 6 个支持系统是园林可持续发展的重要内容，是实现园林生态持续性、经济持续性和社会持续性的必要保证。也就是说，一个园林生态系统无论是国家还是区域范围内，要想实现可持续发展就必须保证该系统的输入、输出等过程或环节的永续畅通。任何一个环节链条发生断裂和阻塞，就必然会形成一系列的连锁反应，进而导致园林系统的非持续发展。

1. 环境与资源支持系统及其建设　园林是一个对资源与环境具有强烈依赖性的产业，它是直接利用光、温、水、土、动植物等自然资源和社会资源，通过人力、技术、经济措施进行物质生产的实体，它是人类可持续发展的基础支持系统和坚强后盾。因此，没有环境与资源的可持续，就不可能有园林的可持续发展。也就是说，要保持园林生态系统的持续性，就必须保证环境与资源物质和能量输入的畅通性与永续性。然而，长期以来，由于人们对人地关系以及环境与发展的关系缺乏清醒的认识，加上全球人口、经济发展、工业化和城市化的巨大压力和冲击，人类为了短期和局部的利益，常常以高消耗资源和牺牲环境为代价，结果导致了环境与资源支持系统的不同程度的破坏乃至瓦解。水土流失、沙漠化、土壤瘠薄化、土壤有机质丧失、环境污染、自然灾害频繁等已经严重阻碍着农业的稳步持续发展。环境与资源的耗竭和贬值势必导致农业生产力和经济效益下降，农业生态系统的稳定性、持续性和抗逆能力减弱。

资源与环境的保护、培育与合理利用是实现园林可持续发展的重要内容。从某种意义上讲，保护自然资源和生态环境实际上就是保护园林生态系统。环境与资源支持系统的维护与培育主要包括以下几方面的内容：①恢复与重建已经退化的生态环境，控制环境污染，实施废弃物的资源化利用和城市清洁生产工程，创造健康的生态环境；②保护生物多样性，建立园林植物种质资源库；③进行自然—经济—社会复合生态系统研究，应用生态系统结构与功能相互协调和物质再生的原理进行城市建设和城市园林建设，提出高效、和谐、舒适生态城市结构和调控的合理模式。

具体来说，在水资源保护与可持续利用方面，要重视城市水利设施的兴修与维护，确保其防洪、防潮、排涝、灌溉、供水等综合效益的有效发挥。强化控制水环境污染，深化水资源管理体制改革，充实、完善水资源利用和保护的各类法规，使水资源在市场机制下得以合理配置，综合利用效率最佳。

在土地资源保护与可持续利用方面，搞好园林规划，有选择、有重点地加强土地资源的开发与利用。

2. 管理支持系统及其建设　管理是园林生态系统得以可持续发展的基础。管理系统可直接将各种自然资源、社会资源、资金和技术以及人类劳动构建为人类理想的园林生态体系，是实现可持续发展的重要环节。管理支持系统包括3个层面的内容：①资源环境管理，包括区域资源的优化配置、园林景观的规划与布局；②组织与经营管理，包括园林的具体组织形式，与这些组织形式关系的经营权、经营目的和土地利用方式；③园林生态系统清洁维护管理，包括人力、物力和财力的投入、园林建设的技术配套、实施及管理等日常工作。

3. 经济支持系统及其建设　经济活动及其发展水平与可持续发展关系十

分密切。经济规模、产业结构、效益和单位投入4个因素共同对可持续发展和环境产生影响。经济活动的规模越大，对环境产生的损害越大。这是因为，在其他条件不变的情况下，经济规模的扩大需要消耗更多的资源，向环境排放更多的废物。但是经济规模只是决定环境质量的因素之一。影响可持续发展和环境的其他经济因素包括：①经济结构，不同经济结构所包含的商品类型和服务是不同的，因而所需要的资源和环境投入也有很大的差别；②经济效率，在经济活动中，单位产出所需投入的资源和环境要素是不同的，经济效率越高，单位产出所需投入的资源越少，对环境的压力也越小；③替代物，在经济活动中，必须开发替代物以避免稀缺资源的耗尽；④清洁技术和管理，在经济活动中，减少单位投入和产出的环境耗损，从而有利于环境质量的提高。

经济政策影响生产的规模、组成以及生产效率，进而对环境产生正面的或负面的影响。经济政策通过对使用资源的减少来提高经济效益；环境政策通过刺激采用较少损害环境的技术使效益增加；投资取向则可改变生产的方式，引导新的生产方式形成，从而使人类福利增加。因此，经济政策、环境政策和投资取向是影响可持续发展的3个外部因素；经济总量、投入产出效益、替代物开发以及是否采用清洁技术和科学管理是可持续经济发展的内在要素。

4. 技术与信息支持系统及其建设 “科学技术是第一生产力”，也是园林可持续发展的重要突破口和关键所在。要想实现可持续发展，就必须依靠技术与信息两个重要支撑。进入20世纪90年代，世界科技革命发展迅猛，一场以生物技术、基因工程技术、信息技术、计算机技术与遥感技术为代表的高新技术正在渗透和扩散，园林系统正孕育着一次新的技术变革。

5. 政策与法律支持系统建设 可持续发展已成为国家和地区发展的基本国策和基本战略，因此必须要有相应的法律政策作为保证和后盾，必须要有政府参与，做到有法可依、有法必依。一方面，要加快可持续发展的立法工作，建立健全有关的政策与法令制度，按照可持续发展的系统要求，建立园林系统投入政策、经济调节政策、投资与消费政策、科学技术政策、组织管理政策、资源开发利用政策、环境保护政策，以形成一个完整配套、协调平衡的综合管理政策体系。另一方面，要加大可持续发展的政策与法律的宣传、教育和执法力度，切实把各项政策贯彻落实下去。

6. 社会文化与伦理支持系统及其建设 一个社会的持续稳定需要一定的社会文化和伦理道德作为支撑。

从人类社会发展的各个环节看，要维护一个社会的可持续运行，就必须有合理的资源利用及产品生产与再生产方式、人口自身生产与再生产模式、可持续的消费模式、健康稳定的社会关系与组织模式作为保证。从文化伦理的角度来讲，就必须有科学的世界观、正确的价值观、健康的伦理道德与宗教信仰观、正确的生育观、科学的生产观、可持续的消费观与之相适应。它们在一定程度上反映着人类对自然的态度、人对人的态度，并直接左右着人类的行为，进而影响着可持续发展的进程。因此在实施可持续发展战略的同时，必须加强全社会的科学文化教育和精神文明建设，提高人们的生态环境意识、全球意识和可持续发展意识，让人们自发地、自愿地、自觉地去实施可持续发展，使可持续发展真正成为人类共识，而不止于停留在口头上。

保护生态环境的教育是进行社会文化与伦理道德建设的一个重要途径。人作为社会发展的主体，是实施可持续发展战略活动的核心。因而作为实施可持续发展战略的主体——人的受教育程度是体现社会发展能力的一个重要指标。联合国《21世纪议程》中指出，“教育是实施可持续发展战略及其增强人们解决环境与发展问题能力的决定因素”，“将可持续发展思想贯穿于从初等到高等的整个教育过程中”。很显然，教育在可持续发展能力建设中具有举足轻重的地位。

三、园林可持续发展的技术体系

为实现园林系统环境和资源的永续利用，运用节约资源、保护环境技术，建立有利于可持续发展的技术及其创新体系具有十分重要的现实意义。

（一）建立园林可持续发展的关键技术体系

园林可持续发展的关键技术体系主要涉及园林和经济、社会发展中带有全局性、关键性、方向性的系列重大技术。主要包括以下几个方面：

1. 土壤管理技术体系　主要包括化肥与有机肥配合使用，科学配方施肥，堆肥、厩肥、绿肥与垃圾的利用，豆科作物的有效配置，非豆科作物的固氮以及其他新兴替代肥源（如控施肥、缓释肥、生物肥料等）的开发利用技术。

2. 生态林营造技术和观光林建设技术　包括劣质林地林相改造技术和乡土树种树木园建设技术、园林中抗逆性人工植物景观林建设技术等。

3. 水管理技术体系　主要包括喷灌、滴灌、渗灌等先进节水技术的推广利用，用化学方法控制植物气孔减少蒸腾技术等。

4. 病虫害综合防治技术　主要包括选育抗病虫的园林植物品种，科学使用农药，保持生物多样性，扩大生物防治、植物杀虫剂等的应用。

5. 改善植物生存环境的技术体系　主要包括乔、灌、草复合种植技术、设施栽培技术等。

6. 园林信息化技术体系 主要包括植物的生长模拟与可视化技术、园林系统的信息网络建设技术、园林环境资源的动态监测系统、3S技术在园林生态系统中的应用等。

此外，还包括优良动植物品种的繁育、推广和原有品种的改良和提纯复壮技术、废弃物综合利用和污染控制技术体系、园林生态环境保护和资源高效利用技术体系等。

（二）园林可持续发展的高新技术创新体系

现代社会发展史证明，高新技术决定着人类未来的社会经济生活。21世纪园林高新技术发展主要体现在以下几个方面：

1. 新物种塑造技术 主要通过生物技术、核技术、航天技术、光电技术和常规育种技术的结合，综合不同的优良性状，按人类需要有选择地定向塑造新的物种和类型，不断丰富生物多样性，提高生物抗逆性，并充分利用固氮微生物和藻类，丰富和充实植物营养综合体系的内涵。

2. 快速繁育技术 利用植物细胞的全能性，通过无性繁殖途径，发展人工种子制造产业；利用胚胎移植和胚胎分割技术，发展动物胚胎生产、贮存、利用新兴产业。

（三）园林可持续发展的其他支持体系

1. 促进经济发展 按照“在发展中调整，在调整中发展”的动态调整原则，全方位逐步推进国民经济的战略性调整，初步形成资源消耗低、环境污染少的可持续发展国民经济体系。大力发展服务业，提高供给能力和服务水平，满足人民生活质量日益增长的需要，发展以住宅为重点的房地产业，加强旅游基础设施和配套设施建设，优化配置和充实社区服务设施，壮大社区服务业，改造提升传统流通业、运输业和邮政服务业；发展信息产业，实施信息化战略，推进政务、金融、外贸、广播电视、教育、科技、医疗卫生、社会保障和公用事业等重点领域信息化进程。调整区域结构，减缓区域发展不平衡。加强城镇体系规划，积极发展中小城市，完善区域性中心城市的功能，发挥大城市的辐射带动作用，有重点地发展小城镇。

2. 促进社会发展 建立完善的人口综合管理与优生优育体系，稳定低生育水平，控制人口总量，提高人口素质。建立与经济发展水平相适应的医疗卫生体系、劳动就业体系和社会保障体系。发展卫生事业，建立健全卫生法律法规体系、监督执法体系。继续深化医疗卫生管理体制改革，完善政府调控下的各项医疗卫生管理政策，提倡健康的生活习惯与生活方式；优化卫生资源配置，大幅度提高公共服务水平。加强灾害综合管理，建立健全灾害监测预报、应急救助体系，全面提高防灾减灾能力。

3. 资源优化配置、合理利用与保护　合理使用、节约和保护资源，提高资源利用率和综合利用水平。优化配置、合理利用、有效保护与安全供给水资源；贯彻执行珍惜、合理利用土地的基本国策，加强土地资源调查、评价和监测，科学编制和严格实施土地利用总体规划；改善能源结构，提高能源效率；及时修订、更新气候资源区划，采用先进的计算机信息处理技术和遥感技术，加强对气候资源的监测与评估，使气候资源可持续利用。

4. 生态保护和建设　建立科学、完善的生态环境监测与安全评估技术和标准体系、管理体系，形成类型齐全、分布合理、面积适宜的自然保护区，加强现有森林生态系统、珍稀野生动物、荒漠生态系统、内陆湿地和水域生态系统等类型自然保护区建设。加强城市绿地建设，按照“严格保护、统一管理、合理开发、永续利用”的原则，编制风景名胜区规划，并严格实施。风景名胜区规划中要划定核心保护区（包括生态保护区、自然景观区和史迹保护区）保护范围，制定专项保护规划，确定保护重点和保护措施，逐步改善生态环境质量。重视城市生态环境建设，合理规划城市建设用地，建立并严格实施城市“绿线”管制制度。按现代化城市的标准，确保一定比例的公共绿地和较大面积的城市周边生态保护区域。加大城市绿化建设力度，提高城市大气环境质量。大力推动园林城市创建活动，减轻“城市热岛效应”。加强城市建设项目环境保护及市容环境管理，减少扬尘和噪音。

5. 环境保护和污染防治　实施污染物排放总量控制，开展流域水质污染防治，强化重点城市大气污染防治工作，加强重点海域的环境综合整治。加强环境保护法规建设和监督执法，修改完善环境保护技术标准，大力推进清洁生产和环保产业发展。积极参与区域和全球环境合作，在改善我国环境质量的同时，为保护全球环境做出贡献。

6. 运用法律手段，提高实施可持续发展战略的法制化水平　继续加强可持续发展方面的立法工作。研究、制定一些新的法律法规，加快修改完善现有法律法规，形成基本完善的可持续发展法律制度。各地区要按照国家法律法规，根据当地实际情况，制定实施一些地方性法规，以促进发展各具特色的区域性可持续发展模式和道路。

做好相应的配套制度建设和标准制定工作。建立健全有关可持续发展的各项管理制度，包括现行的各项环境管理制度、自然资源权属管理制度、有偿使用制度和使用权（产权）流转制度、流动人口综合管理制度等，逐步形成具有中国特色社会主义的人口资源环境工作管理制度体系。

大力提高全社会的公共监督和法制化管理水平。加强执法队伍建设，加大执法力度，注意发挥新闻单位、社会中介组织的监督作用，切实保障各级政府和执法部门依法行使管理职能；注重人口、资源、环境有关法律法规知识的宣传、普及和教育，尽快提高社会大众的可持续发展法律意识和法制观念。

复习思考题

1. 简述园林植物的生态效益评价。

2. 何谓生态系统健康？园林生态系统健康有哪些特性？

3. 简述园林可持续发展应遵循的原则。

4. 园林可持续发展的支持系统有哪些？如何建设可持续发展的园林支持系统。

实训指导

实训一 园林生态系统的组分与结构分析

一、目的要求

通过对园林生态系统的调查，了解该系统的组分构成和结构现状，分析该系统的组分和结构特点，以加深对园林生态系统的认识和理解。

二、方法步骤

1. 选定调查对象，明确系统边界。全班调查所在城市的一个行政区（或县级市镇、县城镇），指导教师把全班分成若干学习小组，每一个学习小组负责调查一个园林生态系统（独立的园林单元或区域）；全班调查的行政边界看作系统的边界，每个学习小组调查的对象称为子系统。

2. 实施系统调查，广泛收集资料。确定了系统边界以后，通过同学们的实地勘测、查阅和收集资料，掌握该系统的园林生物和环境因子的种类、数量、特征，明确系统的组分。

3. 分析结构特点，形成分析结论。调查中注意了解系统内的生物与环境之间的关系，掌握系统内各组分的种类和数量比例，分析该系统的空间结构（水平结构及垂直结构）和时间结构，形成分析结论。

三、实训内容

根据对园林生态系统的详细调查，将该系统的各主要环境中所安排的园林生物种类、数量、面积填入表实-1。

表实-1 园林生态系统生物组分调查表

区域位置：　　　　环境状况：　　　　调查的总面积：

生物名称	
数　量	
面　积	

四、作业

分析你所调查的园林生态系统的组分配置的结构特点，指出其中生态合理性，并提出改进建议。

实训二　园林植物群落的物种多样性测定

一、实训目的

1. 加深对群落物种多样性基本概念的理解。

2. 掌握群落物种多样性的 Simpson 指数和 Shannon-Weiner 指数测定方法和物种均匀度计算方法。

3. 了解植物群落物种多样性与生态系统稳定性的关系。

二、实训原理

物种多样性是群落生物组成结构的重要指标，它不仅可以反映群落组织化水平，而且可以通过结构与功能的关系间接反映群落功能的特征，是生态系统稳定性的量度。

目前生态学家趋向把群落物种多样性定义为："群落中物种数和均匀度综合起来的一个单一统计量。"在一个由很多物种组成的群落中，各组成物种的个体数目比较均匀，则此群落的物种多样性指数就高，反之则较低。因而植物群落一般是通过度量群落中的种类数、个体数目（多度）及物种多度的均匀度来表征群落物种多样性。物种多样性在反映植物群落的生境差异、结构类型、演替阶段和群落稳定性程度等方面均有重要的意义。

1. Simpson 多样性指数。在小样本调查时，Simpson 多样性指数计算公式为：

$$SP = 1 - \lambda = 1 - \frac{\sum_{i=1}^{S} N_i(N_i - 1)}{N(N-1)}$$

式中，SP 为 Simpson 指数；N 为所有物种的个体总和；N_i 为第 i 个物种的个体数；S 为物种数目；λ 为属于相同物种的概率，其值为 0～1。

λ 值大说明物种优势度高，多样性低。SP 的直观意义是：当从包含 N 个个体、S 个物种的样地中抽取个体并不放回，连续抽样，如果抽取的个体属于相同物种的概率大，则多样性低，反之则高。当 $N_i/N=1/S$ 时，群落中所有物种的个体数相等，群落有最大的物种多样性。即：

$$SP_{max} = \frac{S(N-1)}{N-S}$$

2. Shannon-Weiner 多样性指数是 Shannon-Weiner 根据信息论提出的，是影响极大的多样性指数计算公式：

$$SW = -\sum_{i=1}^{s} P_i \log_2 p_i \qquad 或 \qquad SW = 3.3219(\lg N - \frac{1}{N}\sum_{i=1}^{s} N_i \lg N_i)$$

式中，SW 为 Shannon-Weiner 多样性指数；N 为群落中所有物种的个体总和；N_i 为第 i 个物种的个体数；S 为物种数目；Pi 为第 i 个物种个体数的百分数；3.321 9 是从以 2 为底的对数到以 10 为底的对数的转化系数。

SW 的直观意义是：该函数可预测从群落中随机抽出一定个体物种的不定度，物种的数目越多、个体分布越均匀，此物种不定度越大。严格说，SW 指数的取样应来自理论上的无限总体。

$$SW_{max} = -\sum_{i=1}^{s} \frac{1}{S} \log_2 \frac{1}{S} = \log_2 S$$

3. 均匀度。是指群落中各个物种多度（个体数目）的均匀度。当群落中所有物种多度分布都是均匀一致时，则群落的物种均匀度为最大值 1，否则小于 1。均匀度实际上反映了群落中的物种多样性，有利于不同多样性指数间的比较。可表示为：

$$E_{sp} = \frac{SP}{SP_{max}} 或 E_{sw} = \frac{SW}{SW_{max}} = \frac{SW}{\log_2 S}$$

三、实训仪器

测绳 1 条，皮尺 1 个，白色粉笔 10 支，计算器 1 台。

四、实训方法与步骤

1. 选择物种丰富均匀和物种较少及个体差异较大的两种不同类型植物群落，记载群落类型（按外貌分类）、生境特点于表实-2 中。

2. 在群落的代表地段位置 20m×30m 的样地，分样带逐一调查群落种类及其个体数目，计入表实-2 中。

3. 统计群落中物种的 N、N_i、S 或 P_i，计算 SP、SW 和 Esp、Esw。

五、实训报告

1. 整理“表 1”，比较两种群落物种多样性指标的差异及形成原因。

2. 较 SP、SW 所计算的群落物种多样性差异，并分析其实用性。

3. 简述决定物种多样性指数高低的主要因素。

表实-2　植物群落物种多样性测定表

地点：　　　样地面积：

种名	群落Ⅰ中株数 Ni	群落Ⅱ中株数 Ni	种名	群落Ⅰ中株数 Ni	群落Ⅱ中株数 Ni	特征	群落Ⅰ	群落Ⅱ
						N		
						S		
						SP		
						SP_{max}		
						SW		
						SW_{max}		
						E_{sp}		
						E_{sw}		
						群落类型		
						层次		
						海拔		
						坡向/坡度		
						土壤条件		
						动物种类		
						其他		

调查人：　　　调查日期：

实训三　城市环境噪声和大气粉尘含量测定

一、实训目的

1. 了解声级计和粉尘采样仪的性能，掌握其使用方法。

2. 比较城市不同区域大气环境的噪声和粉尘污染程度，认识大气污染对城市居民工作和生活的影响。

二、实训原理

噪声污染和粉尘污染是城市大气环境污染的重要因素，严重影响着人们的休息、工作，身心健康和生活质量。

噪声是指那些使人讨厌、受害和不需要的声音。噪声对人体健康的常见影响是听力的减退和引起噪声性耳聋，并使人烦躁不安。极强的噪声可使人的听力器官发生急性外伤，甚至出现脑震荡的休克、死亡。噪声在空气中辐射时产生声压，常以声压级作为声音物理量度。声压级（L_p，单位 dB）为声压与基准声压之比值的常用对数乘以 20。

$$L_p = 20\lg \frac{p}{p_0}$$

式中，p 为声压，N/m^2或 Pa；p_0为基准声压，$20\mu Pa$。

粉尘分为落尘和飘尘，大气中粉尘含量以 mg/m^3或 mg/L 表示，可通过抽吸大气来采集其粉尘测定含量。

三、实训仪器

声级计 1 台、粉尘采样仪 1 台、通风干湿表 1 个、计数器 1 个、钢卷尺 1 把、分析天平 1 个、铝膜 1 个。

四、方法步骤

1. 先按照仪器使用方法做好仪器检查与准备工作。
2. 在某一区域的不同环境地段确定观测点，每组负责一个测点。
3. 测点既要对所测环境地段有代表性，又应避开交通和人流对持续观测的影响。
4. 各组同步进行环境噪声测定和大气粉尘采样。噪声测定 6 次，每 30min 一次。粉尘采样共 1.5h，每采样 30min 即停机 30min。
5. 在粉尘采样期间（1.5h 内）用计数器记录经过的机动车数量，并在每 30min 采样中测定大气温度和相对湿度。
6. 将测定数据计入表实-3 中。

五、实验报告

1. 整理表实-3，比较不同地段环境噪声和大气粉尘含量差异，并分析原因。
2. 根据大气质量标准评价不同地段噪声和粉尘污染状况，并提出减轻污染地段环境噪声或大气粉尘的可能途径和措施。

表实-3 环境噪声和大气粉尘含量测定记载表

组别		1	2	3	4	5	6
地点							
环境噪声（dB）	1						
	2						
	3						
	平均						

（续）

组别		1	2	3	4	5	6
地点							
大气粉尘（mg/L）	W_1						
	V						
	t_2-t_1						
	W_2						
	含量						
机车流量（辆/h）							
气温（℃）							
相对湿度（%）							
人流及周围环境状况							

观测人：　　　　　　　　　　记录人：　　　　　　　　　　时间：

其中，W_1为大气粉尘测定前干燥滤膜（带滤膜夹）的重量（mg）；W_2为采样结束后风干滤膜（带滤膜夹）的重量（mg）；V为采样时采样机的流量（L/min）；t_2-t_1为累计采样时间（min）。

实训四　园林植物物种流动调查

一、实训目的

1. 训练学生对自然生态现象及过程的观察与分析能力。
2. 掌握园林生态系统物种流动调查方法。

二、实训原理

生物在进化的过程中，自然界通过物种流动扩大和加强了不同生态系统间的交流和联系，从而加速生物多样性，对全球生命系统的繁荣产生了复杂而深远的影响。物种流动是指物种的个体或种群在生态系统内或系统之间时空变化的状态。物种流动是生态系统的一种重要的生态过程，它同能量流动、物质循环、信息传递、价值流通、生物生产和资源分解共同构成生态系统的主要生态过程。对于人工生态系统或半人工生态系统的园林生态系统而言，物种流动不仅来自自然界，更来自人为因素。特别是现代园林，不仅从近距离的本地系统迁移植物，而且从远距离的异地系统迁移植物。伴随这种植物迁移，常常会带来相应的其他物种流动，造就一种新的生态系统。因而物种流动扩大和加强了不同生态系统间的交流和联系，提高了生态系统的服务功能。因此，调查研究园林生态系统中的物种流动现象，探讨控制（外来物种入侵）或促进物种流动的对策，不仅是生态系统健康发展的需要，而且对整个国家的经济建设也具有深远的战略意义。

三、实训仪器

测绳 1 条，皮尺 1 个，白色粉笔 10 支，计算器 1 台、计数器 1 个。

四、实训方法

1. 文献调研。选择某一园林系统（如校园），通过查阅资料收集近年来物种流动的资料。

2. 实地考察。

（1）调查方法。按照本园林系统中物种（植物）受影响程度选择具有代表性的区域进行采样对照分析。

植物群落调查：植被类型为乔木、灌木和草本。灌木和乔木调查高度和胸径。取样面积根据亚热带地区植被样方的最小表现面积，灌木取 4m×4m，草本样方选取 2m×2m，每个区调查 10 个样方灌木和 10 个样方草本。

（2）数据分析。将每个区样中所调查的小样方中的物种统计起来，分析其物种组成、物种多样性和物种相似性。计算公式为：

均匀度：$e=H'/\ln s$

种间相遇几率：$PIE=\sum_{i=1}^{s}(n_i/N)(N-n_i)/(N-1)$

Jaccard 指数：$I=c/(a+b-c)\times 100$

其中，s 为种的总数；H' 为 Shannon-Wiener 多样性指数；N 为所有种的个体总数；n_i 为第 i 个种个体数目；a 为第一个样方中种的总数；b 为第二个样方中种的总数；c 为两个样方中共有种的总数。

多样性指数见物种多样性测定部分。计算 Simpson 多样性指数和 Shannon-Wiener 多样性指数。

3. 专家咨询。通过本地专家咨询了解近几年内的本地的物种流动情况。

五、实训报告

1. 调查结果填入表实-4。

表实-4 园林植物物种流动调查表

区号	物种数量	物种名称	物种特性	多样性指数	均匀度	种间相遇几率
1						
2						
3						

2. 分析各区之间的植物物种流动情况及其流动的原因。

实训五 园林环境评价

一、实训目的

1. 通过对某一园林现状和历史上主要生产活动、主要污染源、污染物排放和污染事件的调查，确定该园林生态环境状况。

2. 通过取样分析，了解园林环境中主要污染物的分布和水平，以此分析和评价环境中主要污染物对未来的城市居民健康的风险影响，并在此基础上提出园林环境污染的治理方法及相关建议。

二、实训原理

园林生态评价的一个主要方面就是对园林及其周边环境生态状况进行评价，具体来说，包括园林及其周边的大气污染、水污染、城市粉尘和固体污染以及园林整体环境评价，通过评价对其存在的问题进行分析，为园林生态规划、建设和管理提供基础信息和依据。

三、实训仪器

取样铲、高效液相色谱仪、原子吸收分光光度计等。

四、实训方法

1. 环境污染识别。通过对该园林相关资料（如污染物排放的记录等）的收集与分析、现场访问与调查，识别或判断生产、生活现状对园林环境可能造成的污染及污染来源和污染途径。调查内容包括：园林及其周围生产活动现状及其变迁；历史及现状使用过的原料、特别是有毒有害物质的使用情况；历史及现状各类污染物的排放及处理情况；放射性物质的使用、管理与泄漏现象等。

2. 采样与分析。通过对该园林的采样（土壤样品和水样）与分析，确认或否定第1步环境中关于污染情况的结论，并初步分析可能的环境风险。

3. 风险评估与治理措施。通过进一步采样分析确定环境污染的具体分布范围和污染程度，分析其对未来用地的环境风险，并提出场地环境评价，一般包括采样与分析、未来土地利用的风险评估及治理方案的评估与选择。

五、实训报告

按照以下编写格式完成园林环境评价报告。

园林环境评价报告

1. 引言

1.1 第1步和第3步园林环境评价主要结论概述

1.2 第3步园林环境评价工作内容及范围

2. 园林位置及平面图

3. 污染源

3.1 污染源及其分布

3.2 污染物的种类、性质、排放量及排放时间

4. 采样及分析

4.1 土壤采样

4.1.1 采样计划（包括：目的、采样类型及布点原因说明、分析项目及原因）

4.1.2 采样方法（包括：采样方法及程序、样品筛选）

4.1.3 实验室分析（包括：实验室数据分析质量保证、各参数分析方法及检出限）

4.1.4 结果分析（包括检测结果表述、污染状况分布图、与标准比较分析）

4.2 地下水采样

4.2.1 采样计划（包括：目的、采样类型及布点原因说明、分析项

目及原因）

4.2.2 布点（包括布点目的及原则、布点位置、采样深度）

4.2.3 实验室分析（包括：实验室数据分析质量保证、各参数分析方法及检出限）

4.2.4 结果分析（包括检测结果表述、污染状况分布图、与标准比较分析）

5. 治理技术或方案

6. 结论与建议

6.1 结论

6.1.1 场地环境评价结论总结

6.1.2 治理达标分析

6.2 建议

实训六　某城市河道两侧或住宅区或工业区等的园林生态设计

1. 实训目的。通过特定生境的综合环境条件分析和群落配置设计，培养同学们对不同园林植物种类生物学特性、生态学特性以及种间、种内关系和群落稳定性等基本原理的综合应用能力。

2. 实训条件。设计地段的地形图或平面图（1∶200），生境条件及相关背景资料，园林绘图室或园林设计室。

3. 实训内容。根据园林生态规划和生态设计要求进行园林植物群落配置设计，绘制平面图。

4. 方法步骤。

（1）布置课题、讲解要求、现场调查。

（2）确定设计原则，选择植物种类。

（3）确定植物群落水平及垂直结构。

（4）绘制平面图，撰写设计说明。

（5）方案讲评，相互交流。

5. 设计要求。

（1）以植物造景为主，园林小品为辅。

（2）植物选择时，注重园林植物的生态环保功能。

（3）植物群落配置设计充分体现生态环境条件与植物生态学特性的一致性、种间种类关系及群落稳定性的基本要求，兼顾景观设计要求。

6. 实训作业。

（1）平面设计图。

（2）设计说明。

主要参考文献

包满珠 . 2003. 花卉学 . 北京：中国农业出版社 .

常杰，葛滢 . 2001. 生态学 . 杭州：浙江大学出版社

陈敏豪等 . 2002. 归程何处——生态史话文明 . 北京：中国林业出版社 .

陈阜等 . 2001. 农业生态学 . 北京：中国农业大学出版社 .

陈有民 . 2004. 园林树木学 . 北京：中国林业出版社 .

段大娟等 . 1999. 园林小品及其植物配置的探讨 . 河北林果研究 .

傅伯杰，陈利顶等 . 2003. 景观生态学原理及应用 . 北京：科学出版社 .

付荣恕，刘林德 . 2004. 生态学实验教程 . 北京：科学出版社 .

高志强等 . 2001. 农业生态与环境保护 . 北京：中国农业出版社 .

戈峰 . 2002. 现代生态学 . 北京：科学出版社 .

郭晋平 . 2001. 森林景观生态研究 . 北京：北京大学出版社 .

何平等 . 2001. 城市绿地植物配置及其造景 . 北京：中国林业出版社 .

姜林，王岩 . 2004. 场地环境评价指南 . 北京：中国环境出版社 .

孔国辉，汪嘉熙，陈庆诚等 . 1988. 大气污染和植物 . 北京：中国林业出版社 .

冷平生等 . 2003. 园林生态学 . 北京：中国农业出版社 .

李秀珍等 . 2003. 景观生态学 . 北京：科学出版社 .

李振基，陈小麟等 . 2000. 生态学 . 北京：科学出版社 .

李博，杨持，林鹏等 . 2000. 生态学 . 北京：高等教育出版社 .

刘托 . 1997. 园林艺术欣赏 . 太原：山西教育出版社 .

刘福智等 . 2003. 景园规划与设计 . 北京：机械工业出版社 .

刘常富，陈玮 . 2003. 园林生态学 . 北京：科学出版社 .

刘茂松，张明娟 . 2004. 景观生态学—原理与方法 . 北京：化学工业出版社 .

卢文喜 . 1999. 地下水系统的模拟预测和优化管理 . 北京：科学出版社 .

瞿辉等 . 1999. 园林植物配置 . 北京：中国农业出版社 .

曲仲湘，吴玉树等 . 1983. 植物生态学 . 北京：高等教育出版社 .

尚玉昌 . 2002. 普通生态学 . 第 2 版 . 北京：北京大学出版社 .

沈允钢 . 2002. 生态系统生态学 . 北京：科学出版社 .

宋永昌 . 2001. 植被生态学 . 上海：华东师范大学出版社 .

苏雪痕 . 1994. 植物造景 . 北京：中国林业出版社 .

孙儒泳，李博，诸葛阳等 . 1993. 普通生态学 . 北京：高等教育出版社 .

孙儒泳.2002. 基础生态学. 北京：高等教育出版社.
土人景观网站 turenscape. com
万叶等.2001. 园林美学. 北京：中国林业出版社.
王玉晶等.2003. 城市公园植物造景. 沈阳：辽宁科学技术出版社.
王玉晶等.2003. 中外园林景观赏析. 北京：中国农业出版社.
杨小波，吴庆书等.2000. 城市生态学. 北京：科学出版社.
应立国等.2002. 城市景观元素——国外城市植物景观. 北京：中国建筑工业出版社.
俞孔坚.2000. 景观、生态与感知. 北京：科学出版社.
臧德奎.2002. 彩叶树种选择与造景. 北京：中国林业出版社.
张吉祥.2001. 园林植物种植设计. 北京：中国建筑工业出版社.
周淑贞等.1997. 气象学与气候学. 北京：高等教育出版社.
周志翔.2003. 园林生态学实验实习指导书. 北京：中国农业出版社.
褚泓阳等.2002. 园林艺术. 西安：西北工业大学出版社.
祝廷成，钟章成，李建东.1988. 植物生态学. 北京：高等教育出版社.

图书在版编目（CIP）数据

园林生态学/谷茂主编．—北京：中国农业出版社，2006.10
21世纪农业部高职高专规划教材
ISBN 978-7-109-10662-8

Ⅰ．园…　Ⅱ．谷…　Ⅲ．园林植物—植物生态学—高等学校：技术学校—教材　Ⅳ．S688.01

中国版本图书馆CIP数据核字（2006）第116533号

中国农业出版社出版
（北京市朝阳区农展馆北路2号）
（邮政编码100125）
责任编辑　杨金妹

北京中科印刷有限公司印刷　　新华书店北京发行所发行
2007年1月第1版　　2012年8月北京第4次印刷

开本：720mm×960mm　1/16　印张：15.75　插页：1
字数：275千字
定价：32.50元

彩图 4-1　薇甘菊危害荔枝园

彩图 4-2　薇甘菊危害植物园

彩图 5-1　上海浦东世纪公园植物造景（一）

彩图 5-2　上海浦东世纪公园植物造景（二）

彩图 5-3　苏州拙政园湖畔的“垂柳”造景效果

彩图5-4　苏州拙政园海棠春坞景点处的“竹与假山”

彩图 5-5　苏州沧浪亭"竹径通幽"

彩图 5-6　上海浦东新区广场的草坪绿化效果

彩图 5-7　热带风光的疏林草坪

彩图 5-8　杭州虎跑泉景区利用密集的树林形成幽深宁静的景观效果

彩图 5-9　水体与园林植物的生态组景

彩图 5-10　苏州留园植物与水景

彩图 5-11　深圳黄埔雅苑居住区翠悠园组团绿地

彩图 5-12　广州美林海岸组团绿化鸟瞰